U0174543

第7期

刘华杰 主编

中国博物学评论

Chrysolophus amherstiae

商务印书馆
The Commercial Press

图书在版编目（CIP）数据

中国博物学评论 . 第 7 期 / 刘华杰主编 . —北京：
商务印书馆，2023
ISBN 978-7-100-22628-8

Ⅰ. ①中… Ⅱ. ①刘… Ⅲ. ①博物学—中国—文集
Ⅳ. ① N912-53

中国国家版本馆 CIP 数据核字（2023）第 116836 号

中国博物学评论

第 7 期

刘华杰　主编

商 务 印 书 馆 出 版
（北京王府井大街 36 号　邮政编码 100710）
商 务 印 书 馆 发 行
北京新华印刷有限公司印刷
ISBN 978 - 7 - 100 - 22628 - 8

2023 年 8 月第 1 版　　　开本 787×1092　1/16
2023 年 8 月北京第 1 次印刷　　印张 16½
定价：98.00 元

目　　录

学术纵横

物的探究与博古

自然之诗

评 论

生活世界

书评·动态

《中国博物学评论》，2023，（07）：1-6.
学术纵横

吃虫：维多利亚时期英国的饮食、旅行和昆虫学
Eating Insects: Food, Travel and Entomology in Victorian England

张蕴文（北京大学哲学系，北京，100871）

ZHANG Yunwen (Peking University, Beijing 100871, China)

摘要：英国在 17 世纪下半叶之后率先摆脱饥荒，还引领了工业革命。维多利亚时期英国整体上并不缺少粮食，也没有食虫文化，英国人霍尔特却在 1885 年出版了一本呼吁吃虫的小册子《不如吃虫去》。他的思想基于怎样的时代背景？又得到了怎样的传承和发展？本文的分析是，贫富分化、局部饥荒的存在和富人对食物的饕餮之欲共同构成了开发新食物的动机，而海外旅行中的食虫见闻将食虫重新带入英国文化，与正在蓬勃发展的昆虫学一起构成霍尔特的写作背景。食虫思想在 20 世纪和 21 世纪继续发展，如今形成初步成熟的食虫学（entomophany）。

《不如吃虫去》（*Why Not Eat Insects?*）篇幅短小，与其说是一部书，不如说是小册子。在搜索引擎中查询，只能得到这组循环解释：这是一本怎样的书？文森特·霍尔特（Vincent M. Holt）写的书；霍尔特是何方神圣？《不如吃虫去》的作者。名不见经传的作者和小册子，迫使我们不得不仔细阅读书里的内容，搜寻书外的相关线索，在故纸堆中搭建一个更合理的说明。

首先介绍一下这本小书的版本信息：此书由利登霍尔出版社（Leadenhall Press）在 1885 年首次出版。该出版社在 1880 年代风头很盛，每年发行多达 40 本书，包括价值 6 便士的商业书（trade title），《不如吃虫去》价值 1 先令。

后来，从 1966 年"及时重提"（H. G. H.，1968）开始，该书在英文世界多次重印 [1]，均沿用最初版本。英国昆虫学出版商 E. W. Classey 发行的 1988 年摹真复印本由英国昆虫学家劳伦斯·芒德（Laurence Mound）作序推荐，是此前 20 年里 5 个重印本中最畅销的（E. Charles Nelson，1989），普莱尔出版社（Pryor Publications）1992 年的重印本也被引用过（Deroy, O., Reade, B., & Spence, C.，2015）。

霍尔特提出的"可否吃虫？"是昆虫学上的"著名问题"（R. I. Vane-Wright，1991），民族学、历史学、生态学、文化学等领域的学者也都关心过"我们能不能吃虫子"这件事。就学术的社会学条件来衡量，专家、期刊、实验室、会议、课题等现代学术标配都齐全，所涉及的专门性学科称为食虫学。当然，也可以按现代人更熟悉的实用视角，说成"昆虫作为食物"（insects as food）或"可食用昆虫"（edible insects），作为农学中应用昆虫学下属领域的一个话题来看待。

从《可食用昆虫：食品和饲料安全的展望》一书的目录可以一窥食虫学的研究范围：昆虫在自然界中的角色；食用昆虫的文化、宗教和历史；可食用昆虫的自然资源属性；食用和饲料昆虫养殖的环境机遇；可食用昆虫的营养价值；昆虫作为动物饲料；昆虫饲养；作为食品和饲料的昆虫加工；食品安全与保存；食用昆虫作为提高民生的动力；经济学：现金收入、企业发展、市场贸易；食品与饲料昆虫的推广；昆虫食品安全中的监管体系；展望。（Arnold van Huis et al.，2018）

有趣的是，霍尔特的小册子翻译成中文不到两万字，论证不精细，立场不客观，却四两拨千斤地谈到了现代食虫学所关心的几乎所有问题，并且是以一种通俗的方式。也难怪食虫学的许多现代论文都会引用《不如吃虫去》，在书名里，他就巧妙地表明了立场，书名直译为"为什么不吃虫子"，不是疑问句，而是反问句。他几乎是在直白地询问英国人："为啥不吃虫子呢？"

霍尔特的阐述分三篇，第一篇直接抨击不吃虫的理由站不住脚。虫子在化学组成和外形上与我们习惯的肉用动物具有相似性，甚至相比之下更优越，上流阶级脸不厌细而工人甚至饿死，食用昆虫的基本条件和动机都

---

[1] 纳布出版社（Nabu Press）在 2012 年、安山岩出版社（Andesite Press）在 2015 年和 2017 年、富兰克林古典商业出版社（Franklin Classics Trade Press）在 2018 年都出版过平装本。

具备，为什么社会上没有相应的行动？偏见而已。

偏见是文化体的价值判断。霍尔特颇具洞见地看到"医学的进步"压制了"民间智慧"，以虫为药的传统式微；他还注意到不同阶级选择食物时的区别，上层阶级更能引领风尚，对食物更挑剔，却也更加任性。第二篇阐明，"高贵的欧洲人"和"未开化民族"之间，存在着相互凝视，乃至鄙夷。处在鄙视链上游的，是现代、旧大陆和贵族，下游则是原始、新大陆和穷人。霍尔特的说服策略是，在价值判断标准里把是否食虫的权重增加，旧有的价值判断服务于论点，即"应该食虫"。也就是说，不特别批判原始或现代、新旧大陆、穷或富，而是几乎完全以是否食虫作为标准，对有食虫文化的弱势文化体，着重以其他成就（如美洲的奎宁、烟草等）为整个文化体辩护；对没有食虫文化乃至厌虫的强势文化体，通过"招安"，把食虫文化融入文化体来辩护——博物学辨认可食用的种、科学认可昆虫的生化成分、欧洲人的祖先罗马人吃蜗牛、贵族吃牡蛎蜗牛等。

一言以蔽之，把食虫的归为好的，把不食虫的归为坏的。如此说服后，在第三篇，霍尔特结合地理大发现以来昆虫学家生产的分类学知识和旅行家[1]记录的地方性知识，按目（order）细细列举了常见的可食用昆虫及烹饪法，不仅有给穷人的饲养和采集方案，也有给富人的精致食谱。

尽管霍尔特不对贫富作价值判断，但他对两个群体的说服策略十分不同。工人的食物和营养得不到保障，境况好一些的是翻来覆去的"面包、培根"，差一些的甚至会"饿死"。《不如吃虫去》给出的解决方式似乎延续了17世纪中叶以前的乡绅[2]救荒书传统，既不像清教徒作家将饥荒归咎于人类的堕落和上帝的惩罚，也不似乌托邦思想家将饥荒的发生归咎于政体缺陷，而是立足社会现实，扎根日常生活，谋求更加切实的救荒手段（冯倩丽，2019），也就是扩大食谱，吃虫。然而，维多利亚时期[3]，

---

[1] 当时昆虫学家和旅行家身份会在同一个人身上重合，正如当时"客观的"博物知识和"神秘的"地方性知识常常混在一起，由于博物知识在现代的客体化，在这里仍然区分开来。

[2] 根据史学家彼得·科斯的定义：乡绅是一种小贵族（lesser nobility），拥有一定的地产或城市财产或稳定的职业收入；乡绅还是地方精英，享有一定的公共权威，能干预和控制地方事务（Peter Coss，2003：11）。

[3] 在英国历史上指维多利亚女王在位的时期（1837—1901年）。本书出版于1885年，处于维多利亚时期末。

英国经过农业革命[1]和制度改良[2]，粮食短缺已经成为历史。在国家层面并不缺少粮食，而饥荒又切实存在于霍尔特（以及同时代其他作家如狄更斯）的文字中，这是因为此时看似光鲜亮丽的"日不落帝国"有着比中世纪和都铎王朝时期更严重的赤贫，"奇迹般的生产增长与大众几成饿殍的现象并存"（波兰尼，2007）。

有人挨饿，也有人脍不厌细。说服富人时，霍尔特借助于旅行文学和昆虫学著作描述食虫对味蕾的刺激和这类食物的洁净营养。近代以来，随着地理大发现和欧洲的殖民扩张，旅行文学进一步发展和繁荣（张德明，2012）。而在林奈之后，旅行和旅行写作再也不同于以往了，到18世纪后半叶，不管考察的动机最初是否是科学的，旅行者是否是科学家，博物学都在其中发挥了作用

[1] 17世纪中叶至19世纪后期，劳动力和土地生产力提高，英国农业生产史无前例地迅速增长。恩勒爵士（The Lord Ernle）、明根（Gordon Edmund Mingay）、克里奇（Eric Kerridge）等英国农业史专家对这次农业革命的重要时段和主要原因有争议，但基本都同意农业革命到维多利亚时期末已经完成。

[2] 在17世纪的英格兰，可能由于作物多样，同时从殖民地购买粮食、颁布《济贫法》等，极端天气不再直接导致农业产量下降和饥荒困境（R.W.Hoyle, 2017）。反观过度依赖马铃薯的爱尔兰，则在19世纪中叶因马铃薯病害遭受饥荒。

（Mary Louise Pratt，2008：26）。旅行见闻丰富了英国人可见的昆虫种类，也启发了人们对昆虫的应用。霍尔特也许读到过阿尔丁出版社（Aldine Press）一位匿名作者发表的文章（1869年），这篇文章不仅态度和他一致——"我们可能想象人们是饥荒时期没东西吃才会吃蝗虫，但是在波斯、叙利亚和阿拉伯这些东方国家，蝗虫是饮食中重要的组成部分"，而且列举了许多直接或间接的旅行文本介绍异域食虫风俗，以及古代西方学者如希罗多德、狄奥多罗斯等对食虫风俗的了解。

19世纪，随着发现的昆虫种类增加、显微镜的发明和昆虫应用价值的发掘等，昆虫学逐渐繁荣。有三类昆虫得到了最多的关注：奇特的、有害的和有用的（E. O. Essig，1936）。哈瑞·韦斯（Harry B. Weiss，1952）梳理了1874年约翰·史密斯（John Russell Smith）出版的小册（tract）与手册（pamphlet）目录，从2600本册子中选出13篇与昆虫学有关的进行分析，也得到了相同的结论。韦斯同时注意到，"小册子是淑女的厕所读物、绅士的口袋读物""小册子数量繁多，而且对昆虫知识的传播非常重要"。

至此，作者和小册子的形象就丰满起来了。从引用文本、立场和说服策略

上看，霍尔特有可能是一位英国乡绅。而从霍尔特开篇特别指出日常语境下的"昆虫"与学术意义上"昆虫"的区别，以及后文对昆虫纲[1]各目，以及物种拉丁名的运用来看，他无疑相当了解昆虫学。《不如吃虫去》是一本关于有用昆虫的小册子，基于旅行文本和昆虫学文本，有着托马斯·库恩所说的"前科学"形态[2]，而如今，由专家、期刊、实验室、会议、课题支撑的食虫学范式下的常规科学正在蓬勃发展，至于只是小众学科的理论积累，还是会与时代需求一拍即合、推动一场"饮食革命"，我们拭目以待。

参考文献

Anonymous (1869). *Edible Insects*. London: The Aldine Press, 2(11):111.

Arnold van Huis et al.（2018）. 可食用昆虫：食品和饲料安全的展望. 刘玉升、喻子牛译. 北京：科学出版社.

Coss, Peter (2003). *The Origins of the English Gentry*, London: Cambridge University Press.

Deroy, O., Reade, B., & Spence, C. (2015). The insectivore's dilemma, and how to take the West out of it. *Food Quality and Preference*, 44, 44–55.

Essig, E. O. (1936). A Sketch History of Entomology. *Osiris*, 2:80–123.

H, G. H. (1968). Review of Why Not Eat Insects? by V. M. Holt. *The Irish Naturalists' Journal*, 16(3), 83.

Holt, V. M. (1885). *Why Not Eat Insects?* London: The Leadenhall Press.

Nelson, E. C. (1989). VM HOLT. Why Not Eat Insects? Archives of Natural History, 16 (1) : 101–12

Pratt, Mary Louise (2008), *Imperial Eyes: Travel Writing and Transculturation*. London and New York: Routledge.

R. W. Hoyle，冯雅琼（2017）. 农业史、气候外因与饥荒的终结. 中国乡村发现, (05):143–149.

Tuer, Andrew W. (1893). *British Printer*. Vol. IV, No. 34, July-August, 225–226.

[1] 法国的 Pierre André Latreille 是 18 世纪最优秀的昆虫学家，他的第一篇论文把昆虫分成14 个目，后来把昆虫分成甲壳纲、蛛形纲、昆虫纲。这里的昆虫纲就是我们现在所理解的昆虫纲（E. O. Essig，1936）。
[2] 库恩在《科学革命的结构》中认为一门科学的发展过程为"前科学时期—常规科学—反常与危机—科学革命—新的常规科学"，在前科学时期，学科并没有形成共同的范式，即没有就哪些问题值得研究、应该用什么方法、有哪些理论等达成共识。

Vane-Wright, R. (1991). Why Not Eat Insects? *Bulletin of Entomological Research*, 81(1), 1–4.

Weiss, H. B. (1952). Thirteen Entomological Pamphlets 1655–1846. *Journal of the New York Entomological Society*, 60(4):221–224.

冯雅琼（2019）. 近代早期英国救荒知识的产生及传播——以乡绅为主体的考察. 世界历史，(04):78–93；155.

卡尔·波兰尼(2007). 大转型: 我们时代的政治与经济起源. 冯钢、刘阳译. 杭州: 浙江人民出版社.

薛俊强、吴大娟（2021）. 恩格斯对英国《济贫法》的批判及其当代价值意蕴. 理论与现代化，(06):48–60.

张德明（2012）. 英国旅行文学与现代性的展开. 汉语言文学研究，3(02):108–112.

《中国博物学评论》，2023，（07）：7-28.

学术纵横

不如吃虫去
Why Not Eat Insects?

霍尔特著，张蕴文译

"虫子吃光了我们的每一片绿叶，而我们农民却只能挨饿。"

"那不是正好，吃掉它们，你们还能长点膘！"

伦敦：Field & Tuer, The Leadenhall Press，1885 年

序　言

在写作本书时，我充分意识到，公众偏见存在已久且根深蒂固，与之对抗十分困难。我只要求我的读者公正地倾听，不偏不倚地对待我的论据，然后不带偏见地去判断。如果可以做到这些，我相信很多人会被说服，用实践证明将昆虫作为食物的便利。昆虫种类繁多——我所指的昆虫均食素、洁净、可口、有益健康，而且在进食上毫无疑问比我们更为讲究。我确信它们永远不会屈尊吃我们，而我同样确信，一旦发现它们有多美味，总有一天，我们会相当乐意烹饪和食用它们。

译名对照

B
白蚁 termite, Termitidae

C
蚕 silkworm
蚕蛹 chrysalid
苍蝇 fly

D
大菜粉蝶 large white cabbage butterfly, *Pieris brassicae* Linnaeus
大灰蛞蝓 great grey slug
大蚊幼虫 leather-jacket, 成虫为 crane fly, larvae of Tipulidae

E
峨螺 whelk

F
飞蛾 moth, Lepidoptera
粉虫 meal-worm, *Tenebrio* L.

G
干酪螨 cheese-mite,
1)*Tyrophagus casei*(Ou-deman)
2)*Tyrophagus putrescentiae*(Schrank)

H
海参 trepang
海蛞蝓 sea slug
黑蛞蝓 black slug
红蛞蝓 red slug
胡蜂 wasp
蝴蝶 butterfly, Lepidoptera
黄毛夜蛾 yellow underwing moth, *Triphaena pronuba*(Linnaeus)
蝗虫 locust，Acrididae

J
甲虫 beetle，Coleoptera
甲壳类动物 Crustacean
甲鱼 turtle
茧 chrysalid
教堂墓地虫 the churchyard beetle, *Blaps mortisaga*
金龟子 chafer, Scarabaeidae; cockchafer
金针虫 wireworm, 1)larvae of Elateridae
菊绿缢管蚜 green fly, *Rhopalosiphum rufomaculatum* Wilson

K
蛞蝓 slug

L
栎牛头天社蛾 buff-tip, *Phalera bucephala* (Linnaeus)
鹿角锹甲 stag beetle, *Lucanus ceryus* (Linnaeus)
罗马大蜗牛 *Helix pomatia*

M
鳗鱼 eel
毛虫 caterpillar
毛毛虫 caterpillar
蜜蜂 bee
墨鱼 cuttle-fish
牡蛎 oyster
木蠹蛾 cossus

N
鸟蛤 cockle

P
瓢虫 ladybird, Coccinellidae

Q
蛴螬 chafer-grub
球鼠妇 wood-lice, *Oniscus asellus*

R
软体动物 mollusk

S
生蚝 oyster alive

T
鳎鱼 sole
天牛 longicorn beetle, Cerambycidae
庭院大蜗牛 garden snail
秃头蝗虫 bald locust

W
蜗牛 snail, Stylommatophora
芜菁叶蜂 turnip sawfly, *Athalia flacca* Konow
蜈蚣 centipede, Chilopoda
五月虫 may-bug
五月金龟子 maychafer

X
蟋蟀 cricket，Gryllidae
小菜蛾 cabbage moth
小菜粉蝶 small white cabbage butterfly, *Pieris rapae*（Linnaeus）
小灰蛞蝓 small grey slug
鳕鱼 cod

Y
蚜虫 aphid, Aphididae
椰长鼻象 palm weevil,
1)*Rhyncophorus ferrugineus* Fabricius 2)*Protocerius praetor* Faust
椰长鼻象幼虫 palm-grub, *Rhyncophorus ferrugineus* Fabricius
叶蜂 sawfly, Tenthredinidae
宜食蜗牛 edible snail
蝇 fly
蛹 chrysalid; pupa
幼虫 grub; larva
鱼翅 shark's fins

Z
葬甲 carrion beetle，Silphidae
蚱蜢 grasshopper，Acrididae
章鱼 octopus
鳟鱼 trout

第一篇　何不食虫？

　　"蝗虫、秃头蝗虫、甲虫、蚱蜢及其类，汝辈可食。"

　　　　——《利未记》第 11 章第 22 段

　　为什么不吃虫子呢？说真的，为什么不呢？有什么反对吃昆虫的理由？这里我指的"昆虫"一词包含了其他生物，如一些小型软体动物和甲壳类动物——虽然学术上没有把它们归为昆虫，但为了简便，姑且也这么称呼。

　　有人会回答："啊！我都不会碰那些讨厌的东西，更不用说吃了！"但是，为什么偏偏要讨厌这些动物？不管从哪个方面看，它们都不令人讨厌。而且相比现在许多受人追捧的所谓美味佳肴，它们在任何方面都更适合作为人类的食物。

　　从化学分析来看，昆虫的肉与更高等的动物的肉似乎有相同的物质组成。再次，看看这些昆虫的主食——判断动物是否适合作为人类的食物，这是最常用的标准[1]，我们会发现，绝大多数昆虫完全以一种或几种植物为生。事实上，接下来向读者推荐的所有可作为食物的昆虫都是严格的素食者。人们认为，肉食性动物，如狗、猫、狐狸等，不是文明人所应食用的正当食物。同样，我也不会要求读者去考虑食用苍蝇、葬甲或琵甲属的"教堂墓地虫"（*Blaps mortisaga*）等食秽昆虫是否合理和可取。

　　但是，一个人会花 3 先令 6 便士[2]大快朵颐十几只生蚝，怎么会对食净且悦目的蜗牛嗤之以鼻、不寒而栗呢？龙虾食腐，经验丰富的渔民放在捕虾罐里的诱饵——腐烂的肉或鱼，甚至让螃蟹都敬而远之，但这片国度的所有顶级餐厅都大量消费龙虾；然而，如果在一张餐桌上出现一盘精心烹饪的食净的蛞蝓，胆子最大的客人也不敢品尝它。无独有偶，鳗鱼通常被炸、炖或做成饼来食用——尽管它是水中十足的清道夫鱼（scavenger），就像同样受人欢迎的食腐动物猪一样吞食一切污物，都是《圣经》中"不洁的动物"。人们也曾极度厌恶猪，就像现在讨厌昆虫一样。但如果没有做培根用的小猪，穷人们要怎么过活！

　　我们很难摆脱那些从小被灌输的看法，但是我仍然相信未来有一天，蛞蝓

---

[1]　在西方基督文化中，洁净（clean）这一概念远早于现代科学中的"卫生"，有着丰富的文化内涵，见玛丽·道格拉斯（2008）的《洁净与危险》。作者在这里根据吃得干不干净将动物们做了"食净"与"食腐"的区分，强调猪、龙虾等动物"食秽"（unclean-feeding）或"食腐"（foul-feeding），而可食用昆虫"食净"（clean-feeding）。——本文注释如未特殊说明，均为译者注。

[2]　此处原文为 three-and-sixpence，英国 12 便士为 1 先令。

在英国会像美味的海参或海蛞蝓[1]在中国一样流行；英国农民会津津有味地享用一盘油炸黄油蚱蜢，正如阿拉伯人或霍屯督人（Hottentot）[2]享用一盘经过同样烹调的蝗虫那样。

有很多原因可以解释为什么这值得期待：首先，哲学要求我们不要忽视任何健康的食物来源；其次，成天吃猪油培根面包（或者没有培根的猪油面包、没有猪油也没有培根的面包）的工人们，一定非常乐于换个口味，品尝一碟油炸金龟子或蚱蜢做的好菜。"穷人怎么活的呀！"活得不好，我知道。但他们因为愚蠢的偏见忽视掉了有益健康的食物，上等人应该带头克服这样的偏见。

当前持续存在的一个问题是：农民如何才能最大限度地战胜吞食他庄稼的昆虫？我建议穷人收集吞食庄稼的昆虫作为食物。为什么不呢？我并非妄称穷人可以把昆虫当主食，但我确实想表达：他们可能以这种方法愉快而健康地改变目前的饮食，同时给农业带来非常大的好处。农民的孩子们会因为采集这些农业害虫而获益，农民在家还可以享受到可口且富含营养的昆虫美食，一举两得。

毕竟，穷人反对吃昆虫的偏见并非十分强烈，从一些地区保留着老式医术，用球鼠妇丸、蜗牛和蛞蝓治疗肺病，可以看出这一点。几年前，在英格兰西部，我自己就认识一个工人，如果碰巧看到小小的白色蛞蝓，他就会习惯性地捡起来当点心吃掉，像摘野草莓吃一样。

可能需要强大的意志力，才能摆脱那些长久以来阻碍着我们的愚蠢偏见。但是，如果我们不能抛弃这些偏见，就像我们随着知识浪潮的不断前进驱走过时的生物自生说和藤壶鹅[3]一样，这个先进时代的优越性如何体现呢？

很多人并不在意吃干酪螨——一种小型蝇的幼虫。他们常说"那只是奶酪"。这当然有一定道理，因为这些幼虫完全以吃奶酪为生。但如果我给其中一位端上的卷心菜里有菜里自带的幼虫，他会怎么说？明明我同样可以理直气壮地辩护"那只是卷心菜"。事实上，我认为卷心菜端上来时周围有一圈以它为食的风味毛虫十分合理。现在的情况是，

[1] 海参英文为 Trepang，海蛞蝓英文为 sea-slug，这里其实指代的是同一物种，作者以此暗示命名在心理上的影响，后文也有提及。

[2] 霍屯督在 19 世纪作为民族术语使用时指科伊科伊人（Khoikhoi），在广义上与现在的科伊桑（Khoisan）所指称的对象一致。尽管作者并没有贬低意，但这个词可用于种族辱骂，因此作者也引用了希腊罗马这些文化优势民族的事例。

[3] 中世纪传说藤壶鹅（barnacle geese）是从藤壶树上的藤壶中出来的。

这只毛虫意外逃过了女帮厨（scullery-maid）的法眼，在合拢的卷心菜褶叶间被煮熟，正好得到这份菜的人完全没了食欲，然后，丑陋的毛虫被小心地藏在他的盘边，或者被直接扔出去，以免这位不速之客进一步恶心用餐者。

但是，可能同样是这些人，在用餐开始时，为餐盘[1]上的几十只看起来更恶心的牡蛎由衷欢呼，并实打实地生吞了十几只牡蛎作为宴会的开胃菜！在真正的饕餮餐桌上，一个碰巧得到煮熟的幼虫和它们自然、洁净的食物[2]的人，不应该因为吃饭时扫兴而受同情，相反，像得到了肝翅[3]的人一样，他几乎令人嫉妒。我很清楚，许多人第一次听到这种说法会感到震惊，但仔细考虑后，我没有见到任何一个能正确推理的人否认它的实践真理性——即使是虽然经常吃生蚝、爱吃食腐龙虾，但在我直言不讳地提出一个实践证据后仍嗤之以鼻的人。

最近几年，对昆虫的普遍厌恶似乎有所增加，而不是减少。毫无疑问，这是因为它们不再作为药材被人们熟知。曾几何时，乡村医生和智者将它们作为治疗处方，这至少让人们习惯服用昆虫。鼠妇能将自己卷成黑色药丸形状，利于通便；蜈蚣是治疗黄疸的特效药；金龟子能治疗瘟疫；瓢虫专治腹绞痛和麻疹。但除了在偏僻的乡村角落，一个民间游医[4]偶尔会与教区医生争上几句，医学的进步和对民间智慧的压制已经摧毁了对昆虫药用价值的信任。

当这些理论式微，难道不应该有效地引入食用昆虫的有用实践吗？报纸上时不时刊出读者来信，询问消灭诸如金针虫[5]、大蚊幼虫、蛴螬等害虫的最佳方法，而我已经发现了一个特别可取的方法：将一些小木棍的末端粘上芜菁片或马铃薯片，然后埋起来，小木棍的另一端伸出地面作为标记。这样为害虫设下陷阱，早上，蔬菜片上就会爬满作乱的破坏者们。接着有人会说："然后随便处置。"而我会说："然后把它们收集起来送上餐桌。"要让普遍利己的人类不辞劳苦地做一些事，仅仅因为这些行为的益处还不够，还要让行为直接作

[1] 原文为 board，也有伙食的意思。
[2] 作者在这里刻意把卷心菜说成是"虫子们的食物"，虫里有菜，而不是菜里有虫，是为了进一步说明虫子其实是一道好菜，而不是破坏者。
[3] 原文 liver wing，鸟类的右翼塞入肝后烹饪而成，是老饕钟爱的一种食物。

[4] 原文为 stray wise woman，在近代英语中指接生婆或民间治疗师（folk healer），这些民间治疗师通常是老年妇女，没有行医执照，用传统疗法、草药等治疗。
[5] 即叩甲幼虫。

CHINESE RESTAURANT.

Menu, 11 *Sept.*, 1884

Hors D' ŒUVRE.

Pullulas à l' Huile.　Saucisson de Frankfort.

Olives.

Bird' s Nest Soup.

Visigo à la Tortue.

Souchée de Turbot au Varech Violet.

Biche de Mer à la Matelote Chinoise.

Shaohsing wine.

Petit Caisse à la Marquis Tsing.

Roulade de Pigeon farcie au Muscus.

Copeau de Veau à la Jardinière au Muscus.

Sharks' Fins à la Bagration.

Boule de Riz.

Shaohsing Wine.

Noisettes de Lotus à l' Olea Fragrance.

Pommes pralinée.　Compôte de Leechée.

Persdeaux Salade Romain.

Vermicelli Chinoise à la Milanaise.

Beignet Soufflé à la Vanille.

Gelée aux Fruits.

Biscuit Glace aux Amande pralinée.

Glace à la Crême de Café.

DESSERT.

Persimmons, Pommes Confit, Pêches,

Amands Vert, Grapes.

THÉ IMPÉRIAL.

中国餐馆

1884 年 9 月 11 日菜单

前菜

牡蛎群　法兰克福红肠

橄榄

燕窝汤

乱真甲鱼汤

Souchée de 多宝鱼 au 紫菜

中国水手式海参

绍兴酒

Petit Caisse a la Marquis Tsing

开心果馅鸽肉卷

小牛肉薄片配麝香蔬菜什锦

鱼翅 la Bagration

饭团

绍兴酒

油橄榄香莲榛子

糖衣苹果　荔枝果酱

Persdeaux 罗马沙拉

米兰风味中国粉丝

香草拔丝舒芙蕾

水果果冻

糖衣杏仁饼干冰淇淋

咖啡奶油冰淇淋

甜点

柿子，糖渍苹果，鱼 / 桃花，

青杏仁，葡萄

帝国

用到他或他的胃——如果这些金针虫等能够被视为食物，人类收集它们的动机将会倍增。形形色色的昆虫世界里潜藏着巨大的危害，就算我们没有从可悲的个人经验中了解这一点，只要浏览埃莉诺·奥默罗德[1] 小姐关于有害昆虫的杰作，也能大概明白。

如果一种拓宽食物范围的新尝试曾风靡一时，那么在上层阶级中，就不能说会有什么真正强烈的反对。上面是最近的健康展览会上中国餐馆的正餐菜单[2]，里面的旧式佳肴受到上流人士（fashionable people）的享用和追捧，这些人却对自家忽视的新式美味嗤之以鼻。

---

[1] 　Eleanor Anne Ormerod（1828—1901），英国昆虫学先驱，最早定义农业昆虫学的人之一。

[2] 　菜单中译名仅略取大意，有部分未能译出。有兴趣的读者可进一步研究。

让我们来看看这些看上去最光鲜的食客吃得津津有味的食物——更恰当地说，一些无法完全克服偏见全身心地去享受这些美食的女士除外。

"燕窝汤"广受欢迎，我并不意外。就个人而言，我认为这可能是我尝过的最美味的汤品。然而，诸位精致食客，知道它是用什么做的吗？一种小燕子的巢，这巢主要由它嘴里分泌的黏液细丝制成。这听起来还不够脏吗？然而，制成的这绝佳汤品不仅美味，而且据说能增强体质，还是治疗消化不良的特效药。每年中国和日本进口的燕窝价值超过 20 万英镑，考虑到燕窝汤在健康展览会上大受欢迎，把它们进口到英国的伦敦商人一定会因其魄力大赚一笔。

"乱真甲鱼汤"也是一道上等汤品，一种仿甲鱼汤，由章鱼或墨鱼制成——墨鱼啊！随便去一家水族馆，看着那些丑陋的动物，告诉我，它们难道不令人反胃吗？它们难道看起来好吃吗？

"中国水手式海参"，这道菜吓坏了更为讲究的女士们。为什么？仅仅因为它的英文俗名是"海蛞蝓"。毫无疑问，如果事先只知道它不那么常见的名字"海黄瓜"或"海参"，没有人会拒绝它。名字又能代表什么呢？海蛞蝓不管叫什么名字，吃起来都一样香甜！吃过的都说好，尽管其原料看起来像大型

黑色蛞蝓或旧鞋皮革——并不是说如果海蛞蝓的组成成分果真如此，就有理由反对吃它：世界上有一半美味的小牛脚冻[1]是用旧羊皮纸和皮革边角料制成的，而且蛞蝓不比牡蛎差！

我们最近有机会品尝了中国菜单上一些寻常的菜品，"养生中式正餐"一下子成为这个季度的流行宴会之一。由此可见，我们的判断是准确的。在那里，人们有机会惊奇地看到这样的场面：最体面的女士们和先生们，穿着得体的晚礼服，坐下来参加宴会，正如菜单上显示的那样，最受欢迎的单品是燕窝汤、墨鱼、海蛞蝓和鱼翅之类，原因无非是这样很时髦。我冒昧地说，如果是在以前，有人向这些体面人提议在乡间别墅的菜单中加入这些菜品，他们一定会反感。时尚是世界上最强大的原动力，为什么上流人士中没有人引领时尚，让餐桌上的昆虫菜品常态化呢？人们会马上跟上这一潮流的。

在健康展览会上吃了那些本不习惯的菜品，发现它们多么美味后，人们怎么会不到处寻找这些分明在脚下却被忽视的新美食宝库呢？偏见啊偏见，汝之

---

[1] 原文为 calves' foot jelly，一种典型的明胶甜点。由于从动物骨骼中提取明胶非常耗时，直到 19 世纪中叶，吃明胶甜点一直是身份的象征。

力量如此巨大！人们会把某种菌类冠以蘑菇之名，仔细描述它可口的味道，同时又会踩碎或丢弃不受待见的嫩马勃菌（puff-ball）和十几种其他常见的菌类，要是他们能意识到这些菌类与他们着迷的那种同样美妙和健康就好了。

人们也会一边享用牡蛎和鸟蛤，一边讨厌蜗牛；一边享用会让他们生病的不易消化的食腐龙虾，一边嫌恶地看待食净的毛毛虫。如果只是富人这样，这一切也不会那么荒谬，因为他们能承受挑剔的代价。但是，当我们在农业萧条时期，竭尽所能想减轻挨饿工人的痛苦时，难道不应该发挥影响力，向他们指明一种被忽视的食物来源吗？

第二篇　昆虫食客

无论肤色、民族和时代，凡是有人居住的地方，几乎都可以举出食用昆虫的事例。如果列举古代或当代被认为是未开化民族的例子，我猜想会遇到这样的反驳："我们为什么要模仿这些未开化种族呢？"但是稍作调查便不难发现，虽然这些民族文明程度不高，但他们大多数比我们更讲究食物健康，当我们对他们喜爱一盘烹调得当的食净蝗虫或椰长鼻象幼虫感到汗毛竖立时，他们只会以更大的恐惧看着我们食用不洁净的猪或生蚝。况且，如果我们不曾效仿这些野蛮种族，我们怎么能培养出珍贵的秘鲁树皮，也就是奎宁[1]；我们怎么能无论贫富，每天都以进口马铃薯为食；我们怎么能爱上咖喱；我们的人民怎么会起初与本能的恶心斗争，后来借意志力才习惯于"毒草"，即烟草[2]的镇静影响？

从远古直到现在，每个时期我们都可以举出吃昆虫的例子。《旧约·利未记》第 11 章第 22 段里，摩西直接劝告以色列人吃食净的昆虫，对他们说："蝗虫、秃头蝗虫、甲虫、蚱蜢及其类，汝辈可食。"据记载，施洗者约翰曾在沙漠里靠食用蝗虫和野蜂蜜为生。然而，一些批评家显然认为蝗虫是不自然的食物，并且不知道它们在东方多么受人喜爱，以至于不遗余力地长篇大论来证明，被译作"蝗虫"的这个词本应是一种腊肠树（cassia-pod）的名字。

事实并非如此，几乎每一个著名的旅行者都给我们讲述了东方民族如何喜欢这些昆虫。普林尼记录了这样的事实：在他的时代，帕提亚人（Parthians）大

---

[1] 奎宁于 1820 年首次从原产于秘鲁的金鸡纳树树皮中分离出来，是一种用于治疗疟疾和巴贝斯虫病的药物。

[2] 原产于南美洲，用于医疗和宗教仪式，欧洲探险家于 16 世纪发现烟草后学习美洲原住民将烟草用于医疗，吸烟逐渐成为时尚，直到 20 世纪发现吸烟对健康有负面影响。

量食用蝗虫。希罗多德则描述了纳萨蒙人（Nasamones）把蝗虫磨成粉烤成蛋糕的做法。据斯帕尔曼（Sparrman）说，霍屯督人将蝗虫作为神赐迎接，哪怕整个国家都因此荒废——这确实是"偷鸡不成蚀把米"的例子：这些食蝗者由于吃下这些数量惊人、营养美味的迫害者，变得又圆又胖。

克里米亚、阿拉伯、波斯、马达加斯加、非洲和印度都以丰富多样的烹饪方式吃蝗虫。有时只需要炸一下，拔掉腿和翅膀，用胡椒和盐调味，食用虫身；有时磨成粉末来烤蛋糕；还有时，像煮龙虾一样将它水煮至变红。在印度，和其他所有食物一样，它们也是咖喱味的。[1] 在阿拉伯、波斯和非洲部分地区，有日常售卖蝗虫的商店；对摩尔人（Moors）而言，蝗虫非常宝贵，出现在顶级餐厅的菜单上。他们的烹饪方法是摘下头、翅膀和腿，煮半小时，用胡椒和盐调味，然后在黄油中炸。我可以亲自作证，这个将不受待见的昆虫变成一口佳肴的菜谱，也适用于我们英国的蚱蜢，后面会详细介绍。

从荷马时代开始，蝉的悦耳谐鸣和可口风味塑造了每一个希腊诗人的主题。亚里士多德告诉我们，最优雅的古希腊人享用它们，将蛹或茧一类视作至味，其次是怀卵的雌蝉。蝉明明比我们一个劲、一直吃的许多食物健康得多，但是为什么这种风味在现代希腊消失了？没人能够说出个所以然。如今，美洲印第安人和澳大利亚原住人仍然在吃蝉。

根据普林尼的说法，罗马的美食家常常用面粉和葡萄酒喂肥木蠹蛾（Cossus）幼虫，以把它们端上餐桌。"Cossus"一词所代表的具体昆虫尚且存疑，可能是鹿角锹甲或天牛的大型幼虫。古罗马美食家在食物上极尽挑剔和讲究，那么，我们为什么会对他们心中的美味佳肴嗤之以鼻呢？

艾莲（Aelian）[2] 告诉我们，在他的时代，一位印度国王曾为他的希腊客人端上一盘烤幼虫作为甜点，这些幼虫是从某种树或植物中采集的，当地人将这视作款待。毫无疑问，这些是椰长鼻象的幼虫，一只幼虫有一个人的大拇指那么大。在今天，人们从棕榈树中采集它们。西印度群岛的人仍津津有味地食用它们，称之为格鲁格鲁（Grugru）。

---

[1] 西蒙兹（Simonds）在他的《食物的奇闻》（Curiosities of Food）中聪明地提到，蝗虫的名字"格莱鲁斯"（Gryllus）本身就有邀请人"快来吃我吧！"的含义。——原作者注

[2] Claudius Aelianus（175—235），罗马作家，有两本重要的动物学著作《动物学本性》（De Natura Animalium）和《各物志》（Varia Historia）。

科尔比（Kirby）在他的《昆虫学》（Entomology）中提到，算是美食家的约翰·拉·福雷（John La Forey）爵士很是中意这些烹饪得当的幼虫。

天牛科提供了丰富的美味幼虫储备，它们大量分布在一些国家，被其中大部分国家的居民捕食。正如我之前提到的，罗马人曾为供应餐桌而饲养它们，如今那份悉心的照料已悉数转移到获得食物地位的猪身上。梅里安夫人（Mademe Merian）[1] 也提到了天牛科中一个族（tribe）[2]，它们被挖空洗净，精心烤制，苏里南的本地人和白人居民以此为食。圣皮埃尔（St. Pierre）在旅行记述中也提到过这种昆虫或类似物种——穆塔克（Moutac）幼虫，这同样是白人和当地人的食物。在爪哇，魏德曼（Wiedemann）注意到金龟子的一个种是居民的食物来源。我要举的最后一个鞘翅目中的例子是广为人知的一种粉虫——一种小甲虫（拟步行虫）的幼虫，土耳其妇女为了拥有领主喜欢的丰满身形而大量食用这种昆虫。中国人把"蠕行泥地、结茧墓眠的虫子"当作食物，

吃的是缫丝后的蚕蛹。他们用黄油或猪油炸蚕蛹，加入蛋黄，用胡椒、盐和醋调味。一个叫法万德（Mr. Favand）的传教士说，他觉得吃这种食物能令人神清气爽，身强体壮。达尔文医生[3] 也在他的《植物学》（Phytologia）中提到了这道菜，他还说人们也食用一种白色的地下幼虫（earth grub）和天蛾（sphinx moth）幼虫——他试吃后觉得非常美味。霍屯督人生吃毛毛虫，或者烤着吃：用大葫芦收集，带回家，放在铁锅里，一边搅一边用小火烤熟，不添加任何调味剂或酱汁，然后一把把吃掉。有个旅行者尝过几次，他告诉我们，这道菜精美、营养、健康，尝起来就像是甜奶油或甜杏仁酱的味道。

说完了严格意义上的昆虫世界，我现在来介绍一些常见的陆生软体动物，它们曾经是——事实上现在仍然是——许多民族的食物，这些民族的人和我们一样有教养，而我们却对这些软体动物有着强烈的狭隘偏见，仍然不肯食用它们。普林尼告诉我们古罗马人极其喜食蜗牛，他们甚至通过培育和饲养来吃到更多更大的蜗牛。众所周知，目前在欧洲的大部分地区，蜗牛广受欢迎。既然

---

[1] Maria Sibylla Merian（1647—1717），德国博物学家和科学插画家。她是最早直接观察昆虫的欧洲博物学家之一。

[2] 生物分类法中的一个次要等级，介于亚科和属之间。

---

[3] 伊拉斯谟斯·达尔文（Erasmus Darwin，1731—1802），自然选择学说提出者达尔文的祖父。

我们理所当然地喜爱并模仿法国烹饪的几乎每个方面，食用蜗牛根本无需诉诸先例。尽管如此，如果英国人天性固执，希望在自己的祖国找到一个先例，那也不是找不到。李斯特（Lister）就曾在《英格兰动物志》（*Historia Animalium Anglicae*）中讲述，在他那个时候，人们在泉水中煮蜗牛，用油、盐和胡椒调味，然后端上餐桌。

甚至蜘蛛也被视作美味点心，不仅未开化的民族喜欢它们，有教养的欧洲人也如此。列奥谬尔（Reaumur）讲述了一位嗜好蜘蛛的年轻女士，她只要看到蜘蛛就抓住吃掉；法国天文学家拉兰德（Lalande）也好这一口；还有罗塞尔（Rosel）谈到一个德国人习惯像涂黄油一样将蜘蛛涂在面包上。我无论如何都不赞同这种口味，因为蜘蛛是捕食者，会吞食它的同类昆虫，无论它的饮食洁净与否，我们都应该避免吃蜘蛛，就像我们不吃食肉的兽类一样。

现在，我已经提供了充分的例子，古今的文明和野蛮民族都食用昆虫，这应该足以鼓励任何一个思维正常的人去尝试他周围未知的美食。我们骄傲地模仿希腊人和罗马人的人文技艺，甚至珍惜他们死去的语言，那为什么不从他们的餐桌上得到有益的启示呢？我们模仿原始民族使用的药物、香料和调味品不计其数，为什么不更进一步呢？

第三篇　好吃的昆虫及其烹饪

我们已经看到，从摩西时代到今天，直翅目昆虫家族的许多成员，包括蝗虫、蟋蟀和蚱蜢，为世界多地所食用和喜爱。现在让我们看看英国的情况，并思考我们为何不像其他地方的人一样把这种洁净的肉类加进餐桌。

关于食用"蝗虫及其类"，我们不是没有先例。一个教会的例子已经支持了《圣经》的书面许可：多年前，谢泼德（R. Sheppard）牧师根据摩洛哥居民烹饪他们最爱的蝗虫使用的菜谱，将我们常见的一些大蚱蜢端上了他的餐桌。食谱是这样的："先摘掉它们的头、腿和翅膀，再撒上胡椒粉、盐和欧芹末，用黄油煎炸，最后加点醋。"他觉得蝗虫好吃极了，根据个人经验，我完全赞同他的观点。只要有机会尝试这道菜，很少有人会不愿意吃这道美味。我吃过生的蝗虫，也吃过熟的，生吃味道很好，熟的也很美味。

上述菜谱很简单，但任何懂点烹饪的人都知道如何在此基础上加以改进，创造出诸如"焗蚱蜢"（Grasshoppers au gratin）或"膳食总管式嫩煎蜘蛛"

（Acridae sautés à la Maître d' Hôtel）这样的菜肴。

在鞘翅目，即甲虫中，我们发现有许多虫子可以作为食物，有些是在幼虫时期，有些是在成虫时期，有些在任何时期都可以。也不需要从食肉动物或食腐动物的行列中补充，因为压根儿就没有。只有严格素食者可以食用，但数量已经很充足。

前面说到过锹甲的幼虫，有很多人认为就是木蠹蛾，即罗马人用面粉和酒饲养用来食用的那种虫。这些幼虫极具破坏力，在变成甲虫形态之前，经年啃食我们的橡树树心。如果罗马人的口味得以复兴，那将是木材种植者的一大福音。这些木材蛀虫中的很多种类都可能是很棒的食物，就像东印度和西印度的格鲁格鲁和穆塔克幼虫一样。我注意到尤其是一种胖乎乎的白色幼虫，其数量巨大，寄生于我们的黄华柳（sallow）幼苗，从茎的底部往上蛀。砍伐种植林时，为什么要浪费这种美味呢？就算富人愚蠢地拒绝让这些幼虫上餐桌，它们至少该是木匠家庭的享受，是家中辛劳顶梁柱的加餐。这样就有办法减少这些暂时被认为不值得搜集的破坏性害虫的数量。

能有什么站得住脚的理由来反对吃虫呀！毕竟，类似的甲虫幼虫在世界各地被当地人和白人食用，并且被一致认为是健康可口的。

面包虫，一种小型甲虫的幼虫，通常被人嫌弃地认为只适合驯化的鸟食用。即使是饥肠辘辘、胃口很好的水手，在吃压缩饼干前，也会先在桌子上轻敲，把虫子抖出来。务必要这么做——但是在那之后，劳烦他把虫子收集起来，用猪油炸一下，再把这些美味撒在干巴巴的饼干上，他就再也不会扔掉面包虫了。

在普通金龟子（Melolontha vulgaris）中，我们发现了一个积习难改的敌人。这个花了三年时间啃食我们的苜蓿和禾草根部的巨大白色蛴螬，变成甲虫形态后，竟然继续肆意破坏我们的果树或林木的叶子。毫不夸张地说，我们应该不遗余力地与这个敌人作战，因为它在两个阶段都是餐桌上的上等佳肴。鸟儿比我们更明智，它们很清楚多脂肪的金龟子作为食物的价值。活泼的白嘴鸦跟着犁头大步流星地走过翻起的苜蓿地，扑向美味的蛴螬时，是多么快乐啊！在高高的树梢上，鸟儿们在成群的金龟子中享受着怎样的盛宴啊！

伊拉斯谟斯·达尔文在他的《植物学》中说："我观察到家雀杀掉五月金龟子，吃掉它的主要部分，并且据说火鸡和白嘴鸦也是如此。由此我得出结论，如果烹调得当，五月金龟子可能是受欢迎的食物，如同东方的蝗虫或白蚁一样。白嘴鸦跟在犁后面捕获的大蛴螬或其幼虫，可能与名为格鲁格鲁的幼虫和吃棕榈树的大毛虫一样美味，这两样虫子在西印度群岛会被烤着吃。"这可是我们最伟大的哲学家和最深刻的思想家之一公开表达的观点，而这个观点毫无疑问是正确的。

我再次根据个人经验表示赞同。像我一样尝一下吧，真的很美味！金龟子不仅常见，而且大小适中，肥瘦合宜；而它们的蛴螬长成后，至少有两英寸[1]长，而且脂肪含量高。

对于主妇[2]们来说，发现一种新的食物来改变目前阶段的单调，是多么大的福音啊！为什么我们的创造力在其他方面取得如此巨大的进步，在烹饪方面却停滞不前呢？既然如此，对那些渴望在客人面前摆上精致新菜肴的女主人们来说，还有什么比"咖喱五月金龟子"更好的呢？如果你想取个更含蓄的名字，也可以叫作"格鲁格鲁式幼金龟"（Larvae Melolonthae a la Grugru）。有土地的客人应该把握这个机会，在餐桌上根据"报复法"（lex talionis）对这个最让他们头疼的昆虫进行报复。另

一道菜，"金针虫酱炸金龟子"（Fried Chafers with Wireworm Sauce），则应该和农民一起享用。不过，也许"虫"这个字眼会引起反感，因此，让我们照顾那些矫情食客的文雅感受，在菜单上把它写成 "金针酱炸金龟"（Fried Melolonthae with Elater Sauce）。我知道，金针虫是虾的绝佳替代品，而且每个花园里都有成千上万与虾同属一科的甲壳类（Crustaceans）动物，也就是普通鼠妇（Oniscus muriarius）[3]。我吃过这些东西，发现它们的味道非常类似于它们海里的表亲。鼠妇酱就算不比虾酱更好吃，至少也能平分秋色。

下面是食谱：在可能的范围内尽量收集一些品质上乘的鼠妇（这并不难，因为它们大量聚集在每棵腐树的树皮下），焯水，它们会瞬间死掉，但不会如想象那般变红。同时在炖锅中加入四分之一磅新鲜黄油、一茶匙面粉、一小杯水、少量牛奶、一些胡椒粉和盐，然后将炖锅放在炉子上。待酱汁变稠后往炖锅加入焯过水的鼠妇，一道做鱼时极佳的酱料就做好了。试试看吧！

接下来是膜翅目（Hymenoptera），叶蜂是我们非常熟悉的昆虫，它在幼虫

---

[1]　1 英寸 =2.54 厘米。

[2]　原文为 housekeeper，也有"管家"的意思。

[3]　甲壳纲（Crustacea）等足目（Isopoda）潮虫亚目（Oniscoidea）潮虫科（Oniscidae）鼠妇属（Porcellio）动物的俗称。

阶段对醋栗灌丛造成了可悲的破坏，经常把它们的叶子都剥光，从而破坏了所有结果的机会。我们都知道这种虫子在树上的量有多么大，劝说我们的园丁或其他任何人及时采取措施阻止它们的破坏行动又有多么难。而如果人们知道它很好吃，就不用担心这贪吃虫不间断的破坏了。厨师和园丁的妻子将争先恐后地去寻找数量并不多的醋栗灌丛。还有一种芜菁叶蜂，农民们叫它"黑子"，它有时会吞噬整片田的草根，使其寸草不生。

膜翅目中还有蜜蜂和胡蜂，我们已经从蜜蜂那里得到了美味甘甜的金黄色蜂蜜，如果我们愿意，同样可以从胡蜂那里得到毫不逊色的美味开胃菜。当老伊扎克·沃尔顿（Izaak Walton）[1] 整个上午都在用烤得正正好的胡蜂幼虫作饵去引诱狡猾的鳟鱼时，哪个弟子没有察觉过他中午吃的奶酪面包或三明治被赋予了一种崭新的令人胃口大开的味道呢？也许是因为他的饭菜是和肥美的幼虫装在同一个篮子里运到钓鱼现场的；也可能是鱼儿咬得太紧，他没有时间仔细洗手，在浮漂上下浮动和替换诱饵的

间隙迅速咬了一口午餐。无论如何，每个渔民都可能会在吃饭时尝到煮熟的胡蜂幼虫，或者至少闻到它的气味，而我从未见过有人因此倒胃口。上述味道和气味吸引了我，加上对昆虫食品没有偏见，我把烤好的幼虫撒在面包上，发觉它们风味一流，难怪鳟鱼这么喜欢这种独特的诱饵。

我承认胡蜂偶尔也食肉，但这是例外，而不是常态。此外，我相信，它们用来喂养幼虫宝宝的糖液完全是从成熟的水果和花朵中提取的植物汁。它们的婴儿和我们的婴儿一样，只吃所谓"流食"（spoon victuals）。那么，让我们欢迎"蜂巢焙胡蜂幼虫"成为我们的新昆虫菜。在旺季，被打下来销毁的胡蜂蜂巢比比皆是，我就知道一个园丁在他家周围很小的范围内采走了多达 16 或 20 个巢。一个又一个装满肥嘟嘟的幼虫的饼块被踩在脚下，简直是暴殄天物！

下一个目，鳞翅目（Lepidoptera，蝴蝶和飞蛾类），不但提供了丰富的实践经验，还充分证明了我针对杂食人群的食虫理论。常用于形容昆虫的"可怕""讨厌"之类的刻板词汇用于这类昆虫就很不公平了，它们以成虫形态优雅的美感闻名，幼虫或毛虫形态也几乎总是怡人的彩色，看着很顺眼。它们的饮食也是最正宗的素食，在第一阶段吃树

---

[1] Izaak Walton（1593—1683）是一位英国作家和传记作者，他的著作《钓鱼的艺术》（*The Compleat Angler*）1653 年在伦敦首次出版。

叶,第二阶段则食用甘甜的花蜜。

小小的蚂蚁一定了然且欣赏以植物或花朵汁液为食的昆虫的甜味——它仔细地饲养和照料大量的"奶虫",即蚜虫或菊绿缢管蚜,从它们丰满的身体中诱出它嗜好的珍珠般的蜜露。既然一直被教导在许多方面向蚂蚁学习,那么我们也应该学习它对昆虫作为一种甜蜜的食物来源不带偏见的赏识。

我记得在《瑞士家庭鲁宾逊》(*Swiss Family Robinson*)[1] 中,有这样一段巧妙的描述:一些旅行者在夜间举着火把在森林中游荡,巨大的飞蛾因为对光亮毁灭性的爱不断扑灭火把,让旅行者们不堪其扰。然而,当饥饿的旅行者被烤蛾的诱人气味鼓动,冒险用这些自杀者垫垫肚子,发现吃起来和闻起来一样美妙时,烦躁就变成了喜悦。

回想起来,我相信这段描述多少有些人为夸大,可能来源于作者在旅途上观察到的当地人的实际习惯。我清楚地记得,读到这段描述时,我那贫乏的想象力不费吹灰之力就再现了丰满的烤蛾诱人的香味,但我当时并没有想到要去尝试这样的小菜。然而,最近我这样做了,发现现实完全符合我童年的想象——一只烤得很好的肥嘟嘟的飞蛾吃起来和闻起来都一样美妙。各位美食家,尝尝吧!有什么理由反对吃一种外表美丽、内里甜蜜的造物?它以花蜜滋养,是传说中神的食物啊!

要想让大众口味接受同一个目的幼虫,即"毛毛虫",等待我的可能是更大的考验。但为什么呢?我永远无法彻底理解,餐桌上的卷心菜里意外出现一只煮好的毛毛虫时,人们总感到十分反胃。这种感觉纯粹是一种习性,是不公正的偏见造成的。这些矫情、颤抖的人,一看到吃蔬菜的熟毛毛虫就胃口全无,推开盘子——尽管他们可能刚吞下一打活生生的牡蛎,或者把食腐的龙虾吃了个精光,也许正愉快地期待着没去除内脏的山鹬(woodcock)上桌。我之前指出,我们权威的达尔文医生说中国人吃的天蛾幼虫非常可口。还有一位旅行家告诉我们,他发现霍屯督人吃的毛虫味道像杏仁酱。当然,在选择食用的毛虫时,有必要辨别它以有毒还是无毒植物为食,但这并不比区分可食和有毒的浆果或真菌更困难。

在我们的菜园里成群结队的有害毛毛虫,有很多都非常适合收集起来吃。在此无法全面描述,但我将指出几个最好的——需要特别注意的是,它们都以我们种给自己吃的蔬菜为食。首先

[1] 瑞士作家约翰·戴维·怀斯(Johann David Wyss)的野外生存小说,首次出版于1812年。

是我们最熟悉的一种蝴蝶——大菜粉蝶（Pontia brassica），它的毛虫长成后有一英寸半长，有吃卷心菜为生的恶习，常常把叶子吃得只剩下叶脉，因此园丁都对它很熟悉。它的背上呈绿色，下面是黄色，沿背部和两侧有黄色条纹，全身有黑色斑点，或多或少地覆盖着小毛。埃莉诺·奥默罗德小姐提到这些害虫时说："徒手抓毛毛虫是一种烦琐的防治措施，但土地面积不大的时候，也是一种可取的防治方法。"[1]

如果采摘的成果能成为园丁的一道正餐，或者作为"霍屯督式毛虫"（Larvae Pontiae a l' Hottentot）出现在他妻子的菜单上，人们就不会觉得这种有效的防治措施烦琐了。奥默罗德小姐还讲道："初夏，当第一窝毛虫长成，从卷心菜上消失时，它们已经去到附近任何一个有遮挡的角落里化蛹，数量极多，孩子们随随便便，一采就是一百个。它们主要出现在外屋、盆栽棚之类的地方，在每个隐秘的角落，在坑坑洼洼的台阶、梯子、横梁或架子底面，也附着在粗糙的石墙或灰泥上。"我之前讲述过中国人吃蚕蛹，我们为什么不效仿他们呢？

蚕吃的是桑叶、生菜等食物，这些

毛毛虫吃的是家里种的卷心菜。我们何不抛开愚蠢的偏见，爱上配有蛋黄和佐料的黄油煎蚕蛹，也就是"中国式蚕蛹"（Chrysalids a la Chinoise）呢？

这也适用于小菜粉蝶（Pontia rapae），它的毛虫小一些，呈绿色，柔软光滑，沿背部有一黄色条纹，两侧同样有黄色的斑点。

还是卷心菜上的虫子，我们接下来说说小菜蛾（Mamestra brassicae），它的毛虫可能是所有虫子里最频繁"入侵"餐桌的。这种幼虫大约有一英寸半长，五颜六色——从暗肤色到绿色，表面光滑，看起来赤条条的。它一旦侵入卷心菜或花椰菜，就直接啃噬进菜心，这天性使它成为园子里的大麻烦，也使它经常不经"邀请"就被煮熟了出现在餐桌上。

正是由于一场意外，某个中国人的房子和猪圈被烧成平地，让他第一次品尝到美味却不那么洁净的猪肉。那些意外出现在餐桌上的小毛虫，也是为了让我们熟悉它们洁净健康的味道。不要让这些殉道者徒劳地无声呼吁，它们邀请我们从中获益。不要哕嗦着把它们牺牲的证据藏在临时的菜叶"裹尸布"下，让我们微笑着张开双臂欢迎这些未来美味的先锋。

清单还没完，我接下来要提名大黄毛夜蛾，它的毛虫以芜菁和卷心菜叶为

---

[1] 见《有害昆虫手册》（Manual of Injurious Insects）。——原作者注

食。这种蛾子本身很常见，从白天的藏身之地惊起时，它就会在我们面前缓慢地飞起来，体型和黄色下翅使其十分显眼。在飞蛾成群的季节，无论昼夜，都可以像捕蛾人那样通过用网粘或在树上撒糖来捕到大量的蛾子。如果用黄油烤好，它丰满的虫身足以与旅行者故事中火把下的小吃相媲美。

此外，还有一种常见的栎牛头天社蛾。这是一种俊丽的蛾子，前翅呈美丽的灰色，上面红一块黑一块，而翅尖是浅黄色的。除了俊秀，让我悄悄地把我邪恶的联想告诉你：它的虫身有一英寸长，丰满、圆润，而且香甜……所有人都认识它的毛虫——无论是伦敦人还是乡下人，因为在六月底的城市和乡村，它们最喜欢在酸橙树上成群结队。经常可以看到它们带有黑色条纹或环纹的黄色身影在伦敦人行道的干旱沙地中爬行，寻找合适地方把自己埋进土壤，以度过昆虫的炼狱期（insect purgatory）。这些漫游者是从树上下来的，抬头看这些树，一些枝条的叶子都被剥光了。其余毛虫顺着树干匆匆爬行，知道时间到了：大自然催促它们褪下艳丽的外衣，在泥土中韬光养晦，直到破茧成栎牛头天社蛾。

当伦敦人从树荫下匆匆走过时，他从未想到这些毛毛虫很好吃。按他的秉性，他要么直接踩过去，要么小心翼翼地避开它们。街头的男孩把它们捡起来，玩弄一番，最后压扁，奇怪的是，他从来没有想过尝一下。男孩子几乎什么都吃一嘴，但对昆虫的偏见似乎自幼就植根于他们心中——毕竟我从未见过一个孩子尝试不熟悉的虫肉甜点。

在丰季，树上的浅黄尖蛾成群结队，数量多得只要稍微费点力气，就能满载而归。我们得到美味，酸橙树的嫩叶也得以幸存，可以说一举两得。

夜间绕着田野和花园飞来飞去的常见飞蛾更是数以千计，大多数都有肥美的身体，当然应该吃掉。你问为什么？因为它们是香甜、秀丽和美味的化身，是从最芬芳的花朵上采集到的花蜜的活仓库！在和煦的夏夜里，只需坐着，敞开窗户，它们就会以灯为祭坛，自愿、挑逗地献出自己，在我们眼皮子底下煎烤自己，似乎在说："难道我们熟透虫身甘美的香味诱惑不到你吗？用黄油煎我们吧，我们很好吃！煮我们、烤我们、炖我们，我们怎么都好吃！"

我现在要讲讲我们英国的陆地软体动物，从蜗牛开始。有人说："就像渔夫讨厌水獭一样，园丁也讨厌这种贪吃的、具破坏性的害虫。"哪怕只拥有很小一片花园的人也会对它加以诅咒。大量蜗牛躺在我们的脚边，是一种健康的食物，同时也是一种待消灭的害虫，但它们仍然几乎完全被富人和穷人所忽视，尽管富人渴望新的菜品来引诱他们那枯燥的味觉，穷人也在挨饿。考虑到整个民族饮食习惯中对类似软体动物的喜爱程度，这就更令人奇怪了：对富人来说，没有比牡蛎更美味的食物；穷人也消费了大量便宜的软体动物，如鸟蛤、峨螺等。

只要在伦敦任意一个贫困地区的街道上走一走，就能了解小贩的生意做得有多大，他们的手推车上装满了一盘盘做好的软体动物，种类繁多。而在乡下，穷困的工人和他们的家人一周又一周试图只吃面包——有条件的情况下加点培根——来维持身体和灵魂的联结，尽管数以百计有营养又健康的蜗牛和蛞蝓晚上在农舍花园成群结队。

为什么要这样肆无忌惮地浪费食物？偏见，愚蠢的偏见！实际上英国有一半的穷人已经饿死了，但他们也不肯伸手去收集法国邻居所喜欢的丰富的软体动物食材。这样的例子很多，我自己就知道几个。有些地方的穷人会收集蜗牛和小蛞蝓，并把它们生吞下去，用来治疗咳嗽或胸闷；但他们似乎从来没有想到，这种强身健体的药材是相当丰裕的，足以作为一种令人愉快和强身健体的食材。药用软体动物生吃没什么不对，

因为蜗牛和蛞蝓像这个纲[1]的所有动物一样，主要由白蛋白组成，生吃很容易消化。

富人当然可以选择拒绝这种愉快、健康的食物，随他们高兴；但挨饿的穷人继续忽视这种丰富的食物来源，似乎就是一种过错了。我们可以通过榜样的力量来做些什么，主人们可以根据欧洲大陆所有地区使用的食谱来准备美味的蜗牛菜肴，随着时间的推移，仆人们也会效仿。

在这个过程中，有一个很大的绊脚石，那就是人们普遍认为只有一种所谓的宜食蜗牛（罗马大蜗牛）在欧洲大陆被用作食物。众所周知，大错特错！所谓的宜食蜗牛和同类相比，唯一的优势是它的大小。正是这一点吸引了罗马人，并将它作为最佳的食用种来养殖，命名为"宜食蜗牛"，导致人们错误地认为只有这种蜗牛可食用。这种蜗牛在英格兰并不常见，但在南部各郡如肯特郡（Kent）、萨里郡（Surrey）都有分布，许多人认为它是由入侵的罗马人引进的。

常见的庭院大蜗牛（*Helix asper-sa*），还有许多较小的种类，在法国和其他喜欢蜗牛的地方均被用作食材。

毋庸置疑，我们所有种类的蜗牛都

_____

[1] 腹足纲。

可食用，除非是在它们刚吃过某些有毒植物后就采集来食用。为了避免这种危险，通常要么让蜗牛饿几天，要么在准备上桌之前用健康的草喂它们几天。我们读到，罗马人习惯用饲料和新酿葡萄酒养肥蜗牛，直到它们够大、够美味。在今天的意大利，人们有时在食用蜗牛前将它们在麸皮中保存一段时间。在欧洲大陆的许多地方，可以看到蜗牛牧场（snail-preserve，即 escargotieres），人们将花园里可用的角落用木板拦起来，上面有围网。这些围栏里饲养着数以百计的蜗牛，人们用健康的蔬菜和草药喂食，这赋予了它们食客所喜欢的那种味道。我希望在英国的每个农舍花园里都能看到一个结构简单的蜗牛牧场。关于这个话题，在拉乌尔（G. M. S. Lovell）的优秀作品《可食用的英国软体动物》（*Edible British Mollusk*）中可以找到更多资料，我从中抄录了以下食谱，我可以亲自担保，味道非常好。

1. 调制蜗牛：以藤食蜗牛为上品。在炖锅中加水煮至沸腾，蜗牛扔进去煮一刻钟；去壳，多洗几遍，尽量清洗干净，放在清水中再煮一刻钟；然后取出来，冲洗弄干，和少量黄油一起放在煎锅里，稍煎几分钟至呈棕色；最后配上少许开胃酱。

2. 法式蜗牛：将蜗牛壳敲碎，扔进沸水中，加入少许盐和药草便足够让整道菜入味。一刻钟后取出，把蜗牛从壳中挑出，再次煮沸；然后放入锅中，加入黄油、欧芹、胡椒、百里香、一片月桂叶和少量面粉。充分搅拌后，加入打匀的蛋黄，以及柠檬汁或一些醋。

现在，你不觉得这些菜谱听起来不错吗？我吃过生的蜗牛，也吃过熟的蜗牛。生吃很有营养，但几乎没有味道；经过精心烹饪后，它们就很好吃了。我再怎么试着描述它们微妙的味道也没有用，请你们自己尝一尝再评价。

我们发现普遍食用蛞蝓的例子不是很多，除非是作为治疗肺病的药方；但我不明白为什么它们与蜗牛的亲缘关系如此密切，却普遍被忽视了。我认识两个园丁，他们一直习惯于捡起偶然看到的小灰蛞蝓并吞下它们。一个人这样做是因为他认为自己的胸部虚弱，另一个人则说他喜欢它们——两个理由都很诚实。穷人可以用常见的蛞蝓做很有营养的汤和可口的菜，而如果放任这些蛞蝓，会对农场和花园的作物造成巨大的损害。

大灰蛞蝓（*Limax maximus*）、红蛞蝓 [1]（*Limax rufus*）、黑蛞蝓（*Limax*

---

[1] 根据《拉英汉昆虫名称》（中国科学院动物研究所，1983），red slug 在英语中常指代茶斑蛾或绿翅白点斑蛾，在这里结合语境仍译成红蛞蝓。

ater）和小灰蛞蝓大量分布在英格兰的多数地区，如果烹调得当，都同样好吃。白天走在田野和花园里的人不相信蛞蝓可能造成巨大的破坏，是因为他们看到的蛞蝓相对较少。然而，如果在夜幕降临后打着一盏好的牛眼灯（bull's-eye lantern）出去，他们就会看到，成群的蛞蝓，灰的、黑的、红的、大的、小的，正从垃圾堆、空心树、墙缝、从每一个可以想象到的藏身之处爬出来，向庄稼前进。

这些成百上千的蛞蝓难道不应该作为食物被穷人收集起来吗？较大的品种可以像中国美食海蛞蝓一样，切开晒干保存。要防止蛞蝓夜间搞破坏，可以将花园里的残渣或白菜叶放在木板或瓦片下。它们在夜里会到这些陷阱前觅食，天亮后发现有庇护所，就会留在那里束手就擒，而不是回到平时的据点。

工人不要说这样的话："我们很饿——肉太贵了，面包几乎也一样贵。因为金针虫、大蚊幼虫和五月虫使庄稼变得稀稀拉拉，面包虫把我们的一点点面粉储备弄得用不了了，毛毛虫在我们的卷心菜上成群结队，叶蜂破坏了我们出售醋栗的全部希望，一大群大蛞蝓和蜗牛吞噬了其他幸存的东西，金龟子把我们的果树叶子啃得光秃秃的。"

是的，肉很贵。但是，如果你勤奋地收集金针虫、大蚊幼虫和美味的白色

蛴螬来吃，小麦的收成会比现在丰厚一倍；面包虫至少会被养肥；你本该亲手采摘你的卷心菜和醋栗树，这样你就可以享用潜在破坏者并从中获益；你应该欢迎甚至寻觅蜗牛和蛞蝓，养在你的小型蜗牛牧场里；至于金龟子，你应该以6便士20个的价格卖给乡绅的管家，就像采来美味的蘑菇卖给他们一样，或者你可以在它们有机会毁坏你可怜的果树之前，把它们炸成晚餐。这样，你不仅可以保卫小花园的生产，还可以用健康美味的菜肴来改变你单调的饮食。

大自然，如果不受干扰，会使她的所有生物相互平衡，因此不会有任何一种生物不适当地增加和繁殖。这一原理被概括成了古朴的话语：

大跳蚤有小跳蚤
在它们的背上咬它们；
小跳蚤有更小的跳蚤，
以此类推，无穷无尽（ad infinit-um）。

在不受干扰的情况下，大自然的整个体系（machinery）以完美的节律运行，恰到好处地保持着平衡。然而，如果我们贸然插手，这个系统（system）很快就会失调。进口或种植不合土壤本性的异域（fancy）水果时，我们干扰了系统；

FRENCH.

Menu.

Potage aux Limaces à la Chinoise.

Morue bouillie à l' Anglaise, Sauce aux Limaçons.

Larves de Guêpes frites au Rayon.

Phalènes à l' Hottentot.

Bœuf aux Chenilles.

Petites Carottes, Sauce blanche aux Rougets.

Crême de Groseilles aux Nemates.

Larves de Hanneton Grillées.

Cerfs Volants à la Gru Gru.

菜单

中式蛞蝓汤

英式蜗牛酱煮鳕鱼

蜂巢焙黄蜂幼虫

黄油嫩煎蛾

毛毛虫炖牛肉

金针虫酱汁新鲜胡萝卜

锯蝇醋栗泥

芥末金龟子蛴螬

烤锹甲幼虫吐司

FRENCH.

Menu.

Potage aux Limaçons à la Française.

Soles frites, Sauce aux Cloportes.

Hannetons à la Sauterelle des Indes.

Fricassée de Poulets aux Chrysalides.

Carré de Mouton, Sauce aux Rougets.

Canetons aux Petits Pois.

Choufleurs garnies de Chenilles.

Phalènes au Parmesan.

菜单

蜗牛汤

鼠妇酱炸鳎鱼

咖喱金龟子

蚕蛹焖鸡

金针虫酱煮羊颈

青豆小鸭

花椰菜伴毛毛虫

烤蛾吐司

消灭鸟类来保护这些变种水果，又破坏了大自然的生物平衡——鸟类是昆虫的天敌。因此，昆虫这端过分地增加而超重，给我们的庄稼造成极大的损害。为了从吞噬者口中拯救庄稼，我们必须在天平的另一边额外加一些重量，以补偿我们杀死鸟类造成的减损。我已尽力说明如何增加这一重量，以及如何恢复平衡。

以上我草拟了两份菜单[1]，包括一些可以用昆虫制作的样品菜。当然，这些菜单上的昆虫多得有些不自然，但这只是为了说明如何将它们有效地引入一顿寻常宴会的主菜清单中。

---

[1] 每份菜单均为法英对照，现仅保留法文，并译成中文。

《中国博物学评论》，2023，（07）：29-43.

学术纵横

伊丽莎白·格威利姆在印度殖民地的博物生活
Elizabeth Gwillim's Natural History in Colonial India

姜虹（四川大学文化科技协同创新研发中心，成都，610015）

JIANG Hong（Sichuan University, Chengdu 610015, China）

摘要： 随着"格威利姆项目"上线，伊丽莎白·西蒙兹·格威利姆及其妹妹玛丽·西蒙兹两个世纪前在印度殖民地的博物生活呈现在世人眼前。伊丽莎白在1801年跟随丈夫旅居印度，直到1807年去世，在这期间博物学成为她生活的重心。已发现的121幅格威利姆[1]鸟类博物画准确生动，推翻了将奥杜邦视为按实际大小绘制鸟类图像第一人的论断。姐妹俩的书信提供了丰富的博物生活图景，包括鸟类和植物的观察记录、本土自然知识、物种和信息交换、与当地人的互动、植物学课、绘画等。对格威利姆博物生活的发掘对女性博物学和帝国博物学的历史研究都具有重要意义，玛丽·西蒙兹的鱼类博物学同样值得关注。

关键词： 伊丽莎白·格威利姆，鸟类，植物，玛丽·西蒙兹

Abstract: With the initiation of Gwillim project, Elizabeth Symonds Gwillim and her sister Mary Symond's practice in natural history have come to light. From 1801 to 1807, when Gwillim sojourned in India as the wife of a colonial officer, natural history had been the most important part in her life. Gwillim's 121 life-size and precise bird illustrations, 20 years earlier than Audubon's, challenged the claim that Audubon was the first artist who

---

[1] 依照英文习惯，以姓氏作为正式称呼，文中"格威利姆"均指"伊丽莎白·格威利姆"。

drew life-size birds. Letters written by Gwillim and Mary Symonds recorded rich stories of her study in natural history, such as observations of birds and plants, folk knowledge of nature, exchanges of species and information, interaction with natives, botanical lessons and drawing experiences, etc. The discovery of Gwillim's natural history is significant for historical studies both in women's natural history and imperial natural history, so is Mary Symonds' natural history of fish.

Key words: Elizabeth Gwillim, birds, plants, Mary Symonds

在 1925 年 5 月的《鹮》(*Ibis*)杂志上,加拿大比较动物学家凯西·伍德(Casey A. Wood)讲述了偶然求得两位博物画家作品的故事。伍德一直在为麦吉尔大学鸟类学图书馆收集手稿和绘画等材料,1924 年一次偶然的机会,他从一位伦敦商人尘封已久的仓库中购得伊丽莎白·西蒙兹·格威利姆(1763—1807,昵称贝琪[Betsy])绘制的 121 幅鸟类博物画及其妹妹玛丽·西蒙兹(生于 1772 年)的 30 来幅印度鱼类绘画。(Wood, 1925)姐妹俩曾在 1801—1807 年跟随伊丽莎白·格威利姆的丈夫亨利·格威利姆旅居印度,亨利担任了当时马德拉斯(Madras,现在的金奈)最高法院的助理法官,姐妹俩在那里绘制了大量印度本土动植物。伊丽莎白主要画鸟,玛丽画鱼,她们也画了一些植物和风景。伍德为这次发现激动不已,伊丽莎白·格威利姆的鸟类绘画让他尤为震惊:一方面,格威利姆绘制的鸟类都是写生或描摹当地人刚猎杀的鸟类,比起参照长途运输后的标本绘制的作品更加准确生动,不会在色彩和形态方面犯错,也提供了生境、习性以及本土自然知识和文化等更多信息;另一方面,这些作品都根据鸟类的实际大小绘制,有些画幅长达 35 英寸(近 90 厘米),推翻了鸟类学界一直以来的观念,即奥杜邦是第一位按实际大小绘制鸟类的画家,因为格威利姆这些作品比奥杜邦那部号称"世界上最大"的鸟类图谱早了 20 多年。然而,伍德的惊奇发现并没有引起太多的关注,除了格威利姆部分鸟类绘画参加过两三次展览,姐妹俩的作品和手稿在伍德那篇文章之后沉寂了将近一个世纪,直到麦吉尔大学在 2019 年启动了"格威利姆项目"(The Gwillim Project),才让两人重新浮出水面。这个项目联合了麦吉尔大学布莱克-伍德博物学特藏馆(Blacker-Wood Natural History Collection)和英国诺威奇南亚特藏馆（The South Asia Collection）收藏的画作和手稿。多位项目参与者研究了她们对印度博物学和人文的关注，转录了她们的书信，连同所有绘画作品都共享出来，以鼓励更多的研究者深入了解她们。本文也是基于该项目提供的文本和图像材料，向国内读者主要介绍伊丽莎白·格威利姆的鸟类学和植物学。

图 1　"格威利姆项目"首页

一、鸟类博物学实践

伊丽莎白·格威利姆出生在一个中产阶级家庭，父亲培养了姐妹基本的绘画技能，还聘请了风景画家乔治·塞缪尔（George Samuel）教她们水彩技巧

和风景画。她们与塞缪尔一家成为亲密的朋友，经常在信中提及他，画风也受到塞缪尔的影响，格威利姆会模仿他的风格去画鸟类图像的背景。（Gwillim, 1802.3.18）[1] 根据"格威利姆项目"网站提供的信息，伊丽莎白与亨利·格威利姆在 1784 年 5 月 27 日结婚，1785 年他们的女儿出生，但不到一岁便夭折了。格威利姆在 1806 年的一封信中说她"没有自己的孩子"，此外再没有提及关于孩子的话题，膝下无子可能让她能将更多的时间和精力花在博物学上。1801 年 2 月晚些时候，格威利姆夫妇和未婚的玛丽起航前往印度，差不多 5 个月后抵达印度马德拉斯。1807 年 12 月 21 日，伊丽莎白·格威利姆在印度去世，年仅 44 岁。1808 年，亨利·格威利姆和玛丽·西蒙兹起航返回英国，5 月 13 日在法尔茅斯登陆。

18 世纪末到 19 世纪初伊丽莎白·格威利姆活跃的时期，正值林奈植物学在英国盛行。科学在大众文化中的渗透、林奈方法的简单易行、植物探究与社会性别意识的契合等原因，使得植物学被当成最适合女性参与的科学。当时鸟类研究还主要依靠猎杀、诱捕，在全世界搜罗新奇的物种，大量鸟类剥制标本和

---

[1]　书信现藏于大英图书馆。

活鸟被运回欧洲，成为珍奇柜、博物馆和动物园的热门收藏。相比植物学，不管是射杀、剥制标本，还是长途跋涉去追逐飞羽，都与优雅得体、贤妻良母的女性气质不符，投身鸟类博物学的女性远比植物学要少。重新发现和了解格威利姆的鸟类探究，对于女性／性别与博物学的研究有着重要意义。

麦吉尔大学布莱克－伍德博物学特藏馆里共收藏了格威利姆姐妹164幅博物画，包括121幅鸟类画、31幅鱼类画和12幅植物画，其中鸟类作品是重头戏。旅居印度那几年，观察鸟类和描绘它们是伊丽莎白·格威利姆博物生活的主旋律，她和妹妹的家书淋漓尽致地展现了她对鸟类的痴迷。和大多数旅居殖民地的官员或商人太太们一样，伊丽莎白·格威利姆并没有摆脱传统的女性角色和性别观念，她们在兼顾家庭生活的同时去探究自然。女性在19世纪下半叶成为鸟类保护的先锋和重要力量，19世纪之初的伊丽莎白·格威利姆虽然在画鸟时偶尔会对它们的痛苦产生同情，但她显然对帝国博物学的目标和认知是认同的。她的鸟类博物学实践植根于帝国博物学的大背景，也正是仰仗于殖民主义事业她才得以远航，能够在殖民地生活并探索远方的自然世界。她热爱自然，也对异域物种充满猎奇心，渴望收集尽

可能多的新奇物种，为英帝国的博物收藏贡献一分力量，不管是标本、图像还是羽毛。她并没有亲自去猎杀和剥制标本，但她总是欣然接受当地猎人送来的鸟类，有捕获的活鸟，也有刚被射杀的猎物。她总是马不停蹄地将它们画下来，还会让人处理鸟皮，甚至尝试将活鸟运回英国。她曾在1802年给妹妹海斯特·西蒙兹（Hester Symonds）的信中写道：

> 我给你寄了雉鸡的羽毛，是从我们昨天吃的雉鸡身上拔下来的。我在试着养几只，那是村民在树林里抓到后带到我们的住处卖给我们的。我猜想它们应该就是现在驯养的家鸡原生种，但形体发生了很大的变化。如果你看它们颈部和肩上的羽毛，你会发现末端有点像稻草。普雷（Pray）在找人问有没有博物馆收藏了这种鸟，因为挺罕见的。我倒是乐意弄一些填充标本寄回去，也尽量寄一些活鸟回去。它们非常漂亮，但野性十足。村民们还抓孔雀来卖，我买了很多，因为野孔雀很少飞到周围来。（Gwillim, 1802.3.18）

如信中所言，当地村民和猎人不断给格威利姆送鸟，有些刚死去，顶多能保存一天，就算没死的也活不了多久。因此，为了趁它们在活着或刚死去还未

变色和腐烂前将其真实、准确地画下来，她不得不争分夺秒，忙得不可开交，甚至连写信的时间都没有。玛丽·西蒙兹在一封信中详述了姐姐画鸟的状况：

可怜的贝琪总是麻烦不断，如果你要对着死物作画就会明白了。在她专心画完之前，这些死去的鸟就会开始发出恶臭。它们被带来时要是还活着，就会瞪眼、乱踢、乱啄，或者搞些讨厌的小把戏，冷不防吓她一跳。有时候它们站着不动，她还以为这些鸟病了。她总是没画完就极其温柔地把它们放飞，免得它们遭受痛苦，然后发泄到她身上，或者阴魂不散盘旋在她头顶，拍打着大翅膀，把她吓得半死。我可没骗你，这些麻烦都挺头疼的，但我们尽了一切努力去克服这些弊病。现在请了一位可敬的摩尔（Moor）老人，他一次只抓一只鸟，用巧妙的方式控制住它们或者喂养这些可怜的俘虏，这样她可怜的小心肝也好受些。

……干燥的鸟皮堆满了屋里所有角落，但我猜你很快将看到它们所有的图像，只要我们能够如愿碰上好运气。我向你强调过，这是她不惜一切代价收集它们的主要动力，我真心希望她身体健康，可以一直保持这样的娱乐爱好。（Symonds, 1803.2.7）

除了忙于画鸟，格威利姆也总是留心身边的鸟类，细致地观察它们。格威利姆在1803年给海斯特·西蒙兹的长信中描述多种鸟类，包括它们的习性、鸣叫和形态等特征，以及它们与当地人的关系，甚至还在信的最后列了一份马德拉斯鸟类清单，包括各种鸭子和鸽子、天鹅、鹌鹑、岩鸽、冠鸦、森林云雀、猫头鹰和翠鸟等。这封长信中如此描述黑卷尾：

他们驱赶了黑卷尾，因为它一大早就开始叫不停，声音很大，音调挺好听，但通常只有两个调子在那儿重复。它和乌鸫很像，快乐地停在杧果树顶。它与乌鸫颜色和大小都一样，但没有黄色的喙——"乌鸫颜色很黑，但有橙黄色或褐黄色的喙"。虽然它没有乌鸫那样漂亮的装饰，整体更像乌鸦，但我想你会喜欢它的。它的声音婉转动听，拖着长长的燕尾，像我们的喜鹊一样停在牛的头上或羊身上，它的名字就是这么来的 [1]。它也是当地人最喜欢的鸟。它一天中大部分时间都在叫，但主要是早晚叫得比较大声。（Gwillim, 1803, 无日期）

---

[1] 格威利姆在这段话中提供了黑卷尾的两个英文名字：king crow，源于它与乌鸦的相似性；cowbird，字面意思是"牛背上的鸟"。现在比较通用的是 black drongo。

她在另一封信中讲述了黄胸织雀（*Ploceus philippinus*）的故事：亨利·格威利姆爬上山峰的树上去摘下它的悬巢，她自己则在笼子里养了一对，还试图让这种鸟跨越重洋，运送回英国。可惜的是，留存的画作里没有这种鸟。但从她对这种鸟详细的描述，也可以看出其观察之细致：

> 黄胸织雀是有名的悬巢鸟，它会在悬崖峭壁或湖边的树梢上编织悬挂鸟巢，巢内有两室，印度人传言它们会将萤火虫放在巢内来照明。可以肯定的是，巢内的确发现过萤火虫，但很可能只是作为食物，因为黄胸织雀以昆虫和谷物为食，主要食物是包裹在稻壳中的大米。它们灵巧地抓住稻谷，抛向空中，剥开稻壳，快得不可思议，令人惊叹。
>
> （Gwillim, 1806.2.11）

二、鸟类图像的初略分析

"格威利姆项目"的研究者沙拉菲娜·马斯特斯（Saraphina Masters）比较了伊丽莎白·格威利姆与同时代几位鸟类学家和鸟类画家的鸟类图像，从中可以看出格威利姆受同时代人的影响和她的超越之处。（Masters, 2021）在格威利姆开始画鸟前的半个世纪，英国鸟类学之父乔治·爱德华兹（George Edwards, 1694—1773）的《罕见鸟类博物学》（*A Natural History of Uncommon Birds*, 1743—1751）提供了一手的观察记录和精确的图像，与格威利姆的描写和绘画有着相似的风格。另一位英国博物学家和绘图员威廉·勒温（William Lewin, 1747—1795）的鸟类插图与格威利姆的图像在鸟的姿态上有几分相似，尤其是尾部的摆放方式和背部的羽毛刻画。格威利姆在去印度前，很可能就读过博物学家吉尔伯特·怀特的朋友和通信者托马斯·彭南特（Thomas Pennant, 1726—1798）的《印度动物学》（*Indian Zoology*, 1790）。马斯特斯的这种推测不无道理，格威利姆曾在信中（Gwillim, 1803, 无日期）提到过怀特的《塞尔伯恩博物志》，必然对里面的鸟类描述和怀特经常提到的彭南特有所熟悉，了解彭南特的书就不足为怪了。托马斯·比威克（Thomas Bewick, 1753—1828）的《英国鸟类志》（*A History of British Birds*, 1797, 1804）应该是格威利姆最熟悉的鸟类学著作，她曾在书信中明确提到了比威克书中的一种猫头鹰，也表示渴望得到第二卷《水鸟》（在格威利姆离开英国后出版）。马斯特斯还举了一个很有说服力的例子，格威利姆的大杜鹃（*Cuculus canorus*）和紫翅椋鸟（*Sturnus vulgaris*）姿态与比威克插图极为相似，马斯特斯甚至认为格威利姆可能在去印度前就画了这两种鸟，或者根据比威克的书绘制，因为紫翅椋鸟在英国常见，在印度并不常见。在这些鸟类学家和画家中，唯一的女性是萨拉·斯通（Sarah Stone, 1760—1844）[1]，其作品在皇家艺术学院展览过，马斯特斯认为格威利姆可能在十八世纪八九十年代看过其展出的作品。两人的鸟类水彩图像一比较，格威利姆的画显然要精细准确得多。马斯特斯所做的这些比较值得更深入的研究，从中我们可以看到格威利姆对当时鸟类博物学家的传承和超越。她研读文字之书和自然之书，加上娴熟的绘画技艺，使她能够准确记录和描绘所接触到的鸟类。

如前文所言，格威利姆绘制的印度鸟类有一个优势：她总是及时绘制当地人送来的鸟，或者亲自观察身边的鸟，不像当时大部分鸟类画家那样依靠博物馆的剥制标本。异域鸟类的标本从猎杀到呈现在画家面前，需要数月或更长时间，标本的姿态僵硬，颜色也会发生一些变化。还有一些画家错误地借用植物图谱里的植物作为背

图 2　比威克《英国鸟类志》第一卷第104页中的大杜鹃插图和格威利姆的大杜鹃绘画（为方便比较，后者为镜像翻转图）

图 3　比威克《英国鸟类志》第一卷第88页中的紫翅椋鸟插图和格威利姆的紫翅椋鸟绘画（为方便比较，后者为镜像翻转图）

图 4　格威利姆绘制的剑鸻

景，这些因素都可能导致图像不准确。格威利姆深知鸟类在死去后发生的一些变化，所以她总是牢牢把握时机，在最短的时间里将所获得的鸟画下来，就避免了以上因素可能导致的错误，

[1]　萨拉·斯通受雇于阿什顿·利弗（Ashton Lever）爵士，为他的私人博物馆画藏品。

在准确性上更有保障。在写本文时，我对比了时下常用的几部鸟类图谱和"懂鸟"小程序中的实际照片，发现伊丽莎白不少图谱的色彩和形态还原度非常高。例如这幅剑鸻（*Charadrius hiaticula*），准确性一目了然。其准确性还体现在，在带有背景的图像中，她不会从其他植物图谱中随意借用，而是用当地的植物和风景，在准确再现鸟类特征时也反映了当地的植物、生态环境和生活场景等。例如红原鸡（*Gallus gallus*）图中远处的森林、椰树、马厩和干活的印度人等；噪鹃（*Eudynamys scolopaceus*）图中，一雌一雄两只噪鹃停在枝头，背景中的海滩、海岛、渔船、椰树和居民房等，都是马德拉斯海边的典型景观。

图 5　红原鸡

在格威利姆作品中，鸟类学家最看重的还有两点：一是画幅大小，二是羽毛细节。凯西·伍德在 1925 年发表在《鹮》杂志上的那篇文章中写道："美国人（包括我自己）一直引以为豪的是，我们的奥杜邦是第一个连最大型鸟类都按实际大小绘制的画家，之所以这么说，是因为雌性野火鸡和华盛顿的老鹰等，都是在最大开本的纸上精确重现。然而，就谁最先而言，我们现在不得不承认，格威利姆才是第一个按实际大小精确绘制大量鸟类的艺术家和鸟类学家，最大的

图 6　雌雄噪鹃

长度达 35 英寸。"（Wood, 1925）奥杜邦那部《美国鸟类》号称世界上最大、最贵的书，在十九世纪二三十年代出版，采用双象版（double-elephant folio）纸张印刷。再看看格威利姆的鸟类绘画，实际长 86—95 厘米的白颈鹳（*Ciconia episcopus*）画幅长 93 厘米，宽 69.2 厘

米 [1]，黑鹳（*Ciconia nigra*）和红原鸡也差不多这么大，如果按此尺寸印刷成册，的确不比《美国鸟类》小。格威利姆姐妹俩不时在寄往英国的家书中索要绘画材料和工具，也曾想尽办法去获取颜料、纸张等物。在这类物资匮乏的状况下，她按实际大小去绘制鸟类更属不易。在羽毛的刻画上，加拿大鸟类学家和艺术家特伦斯·肖特（Terrence Shortt）认为"伊丽莎白·格威利姆的鸟类绘画体现了她对羽区学（pterylography）的精通，在 1800 年之前，没有哪位艺术家展示这般才能"。（Shortt, 1980）鸟类身体各个部位羽毛的形态、颜色、排列方式等是鉴别鸟类物种的重要特征，格威利姆在绘制鸟类时对羽区的细致观察毋庸置疑。例如插图 7 中的黑鹳，颈部、头顶、背部、腹部、两翼等各处的羽毛颜色和形态特征一目了然。这也体现了格威利姆作品的准确性。

三、植物学

格威利姆同样十分重视植物学。她在给妹妹的信中写道，她很认真地学了一段时间植物学，一位绅士朋友

图 7　黑鹳

到乡下来时带给她很多植物学书籍，德国传教士、植物学家约翰·罗特勒（Johann Peter Rottler, 1749—1836）每周会给她上一两次植物学课。（Gwillim, 1804.10.16）这些书籍和课程，应该让她对当时英国盛行的林奈植物学非常熟悉。她自称"已经成为优秀的植物学家"，手头有新版米勒词典之类的 [2] 植物学资料，有助于她阅读拉丁文。（Gwillim, 1805.3.6）格威利姆在 1803 年给母亲的信中写道："当地人实际上非常重视植

[1]　鸟类的实际数据来自"懂鸟"微信小程序，画幅尺寸来自麦吉尔大学图书馆。

[2]　此处提到的米勒词典应该是指园艺学家菲利普·米勒（Philip Miller）《园艺、植物学和农学词典》（*Dictionary of Gardening, Botany and Agriculture*），是 18 世纪下半叶植物学家和园艺师常备的工具书。

物知识的学习，虽然他们学习植物学的模式不同于我们的现代模式。很多有用的植物被奉为神灵，他们很崇敬那些植物。"（Gwillim, 1803.10.20-21）"现代模式"显然是指她从欧洲植物学书籍和植物学课堂里学到的林奈植物学。与大多数厚此薄彼的欧洲植物学家不同，格威利姆非常重视印度本土植物学"模式"，甚至觉得当地人对植物的了解和应用优于英国人。她在同一封信中写道："甚至最底层的人也懂植物学，他们非常重视天然产品。他们将所有的疾病分成热性的或寒性的，分别用特定的植物来治疗。英国医生肯定不同意他们对疾病和草药功效的看法，但他们的经验能力比推理能力更强，病人能够得到治疗，他们的治疗方式也比我们的更安全。"（Gwillim, 1803.10.20-21）格威利姆也充分意识到学习植物学对了解当地文化的必要性："我不该让自己去学一门这么新、这么难的东西，但不了解一点植物学，就不可能读懂印度语言。他们提到了不同仪式所必需的特殊植物，如果没有植物学家教给你的那些植物知识，就很难搞清楚意思。而学了一点植物学之后，几乎就无法停下来了。"（Gwillim, 1805.3.6）格威利姆常常会兼顾林奈方法和当地人对植物的认知方式，用林奈系统去命名和描述植物，也会谈到本土植物俗名、文化和利用。例如，她在谈到一种牧草时说道，

（这些地方）覆盖着一种最有营养的牧草，印度人对这种植物有多种叫法，植物学上称其为 *Agrostis linearis*[1]。它长得不高，满地蔓延，延绵不知道尽头，到处生根发芽，白色的圆茎带甜味，叶子纤细，花量大。妇女们会先用小锄头挖开地面，将它们连根拔起。每位妇女每个月能拿到一塔半[2]的报酬，养马员的工钱也差不多如此。（Gwillim, 1804.10.12）

妹妹玛丽也曾在给母亲的信中写道："这些种子和植物都是某些贫穷的村民从山上和树林里采集的，她（贝琪）通过当地的医生得知了这些植物的俗名，婆罗门告诉她梵语名称，而（植物学）书籍则让她查找出林奈植物学里的名字。因此，通过采集植物和在花园里栽培它们，可以学习这个国家的语言和生活方式。"（Symonds, 1803）从中不难看出，格威利姆对欧洲和印度的植物认知方式同等重视。

---

[1] 狗牙根，已更名为 *Cynadon dactylon*。
[2] 塔，Pagoda，旧时货币，这里应该指的是东印度公司在马德拉斯发行的星塔（star pagoda）金币，价值最高的一种印度塔。

在英帝国的植物学网络里，格威利姆也是一位积极分子。她参与了植物标本、种子、图像和其他信息的交换，将英国寄来的种子分发给周围的人，在印度的庭院里栽种英国的蔬菜，跟欧洲亲友和植物学家分享印度本土植物知识。历史悠久的《柯蒂斯植物学杂志》在对三种植物的描述中提到过格威利姆，我们可以从这三种植物中一窥格威利姆在印度的植物学实践与英帝国植物学的联系。

第一种植物是 1804 年第 19 卷 722 号图版描绘的丝瓜。这幅图由西德纳姆·爱德华斯（Sydenham Teast Edwards）在雷金纳德·惠特利（Reginald Whitley, 1754—1835）的苗圃里绘制，该植物的种子是"友善的亨利·格威利姆爵士夫人从印度寄回来的……她的博物学线稿非同寻常，优雅而精确"（Sims, 1804）；第二种植物是 1806 年第 23 卷 892 号图版描绘的蜀葵，也由伊丽莎白·格威利姆寄回英国的种子培育出来。（Sims, 1806）描述中提到的惠特利与西蒙兹家族往来密切，在肯辛顿的布朗普顿（Brompton）管理着一个苗圃，以引种异域植物著称。格威利姆在印度时经常给惠特利寄送种子和植物，丝瓜和蜀葵不过是其中两种。

《柯蒂斯植物学杂志》中提到格威

图 8　格威利姆绘制的夜香木兰

利姆夫人的第三种植物，是 1807 年第 25 卷 977 号图版描绘的夜香木兰[1]。伊丽莎白的植物学老师约翰·罗特勒以为这是一个新种，在 1805 年想以她的名字命名为 *Gwillimia indica*，不曾想早在 1802 年这种植物从中国传到欧洲时，亨利·安德鲁斯（Henry Andrews）就已经描述过了。（Noltie, 2020）《柯蒂斯植物学杂志》977 号图版的文字描述写道："我们得知，马德拉斯一些植物学家将这种植物当成新属，并以 *Gwillimia* 命名该属，以纪念科学的女

----

[1] 拉丁名为 *Lirianthe coco*。

赞助人……我们并非随意采纳了另一个名字，尽管我们也希望向这位友善的夫人表达最诚挚的敬意。"（Sims，1807）从格威利姆的信中可以看出，她很荣幸自己的名字被用来命名植物，也很尽心去绘制这种植物的插图，甚至往英国寄送了四次树苗。她详细描述了这种植物："至少在这里它会开出芬芳的花儿，散发并不浓郁的清雅香味。它来自巴达维亚（Batavia，雅加达旧称），在那里被称为牛奶花（Sampa Salaca）……我估计罗特勒博士是想把这幅画连同干燥标本一起寄给史密斯博士[1]。"（Gwillim，1805.8.24）通过这三种植物，我们可以清楚地看到格威利姆与殖民地和宗主国的精英植物学家们建立起广泛的联系，积极参与到帝国博物学实践之中。

四、余论：妹妹玛丽·西蒙兹的鱼类博物学

伊丽莎白·格威利姆的妹妹玛丽·西蒙兹跟随姐姐姐夫旅居印度，直到伊丽莎白在1807年12月去世后才随姐夫亨利·格威利姆在1808年返航，1809年5月抵达英国。玛丽和姐姐一样，从小就接受过绘画训练。她在印度生活的几年里，也画了不少作品，包括鱼类、风景、人物和肖像画等。她的31幅鱼类绘画现藏于麦吉尔大学，而诺威奇南亚特藏馆所藏的马德拉斯画册里，78幅水彩画主要出自玛丽之手。姐妹两人的关注点有所不同，但她们常常会一起画画，记录身边的自然和人文，渴望将自己所感知的世界分享给英国的亲朋：

> 贝琪一直在画鸟，非常忙，友善的村民总是给她带来许多新奇的鸟儿。我跟您保证，我也不失时机，忙着描绘乡村的风景。无论好坏，我都尽可能现场渲染着色，让它们接近自然。我相信上帝总有一天会让我们有幸与您和朋友们分享这个乡村和村民的故事，届时您会看到我们共同描绘的世界。（Symonds，1805.2.2）

凯西·伍德在1924年偶然获得姐妹俩的作品时，最开始发现的是玛丽·西蒙兹的鱼类作品，"大概有30幅尺寸较小（10英寸×14英寸）、装裱好的印度鱼类彩色绘画作品"。伍德曾误以为这些鱼类也是格威利姆所绘，但格威利姆写给母亲的书信揭示了答案：

---

[1] 指伦敦林奈学会创始人詹姆斯·史密斯（James Smith）。

图 9　玛丽·西蒙兹绘制的一种印度飞鱼（*Exocoetus*. sp）

图 10　玛丽·西蒙兹绘制的短吻三刺鲀（*Triacanthus brevirostris*）

这里（指科夫朗[1]）的岩石和河流如同威尔士的一样充满浪漫气息。这里没有巍峨的高山，却有丰富的稀有物种，尤其是鱼类，种类很特别。这里有不少世界上其他地方见不到的鱼类，若非亲眼所见，我都不敢相信会有这样的鱼类存在。每种颜色都有：各种红色的鱼，还有绿色、紫色和黄色的鱼，带条纹的鱼，仿佛最艳丽的花朵，许多鱼整个就像由一排排珠宝和红、黄宝石镶嵌而成的链子构成。玛丽画了三十多种，但这不过是很小一部分，要把它们画完得耗费相当长的时间。她本打算将这些画作寄回国，但鉴于"威尔士王子号"上丢失了太多东西，安德森博士恳请她在寄回去前让一位当地画家复刻一份，万一

发生意外也不至于全部弄丢。（Gwillim, 1805, 无日期）

这封信提到让当地画家复刻这些鱼类绘画，现藏作品中还有一些带有乌尔都语（Urdu，印度南部邦的一种语言）题字，这使得研究人员无法确认这些作品是玛丽·西蒙兹原作还是复制品。（Nikčević, 2021）有些奇怪的是，在"格威利姆项目"所提供的玛丽·西蒙兹书信中，她几乎没有提到过自己观察或绘制鱼类的情况，反倒几次提及姐姐的鸟类学和植物学实践，也不时和姐姐一样恳求英国的家人寄送颜料和其他绘画材料。她的其他绘画作品也表明，她和姐姐一样对印度的自然和人文都很关注。兴许将来会有更多关于玛丽·西蒙兹印度鱼类博物学研究的信息浮出水面，更多地揭示姐妹俩的博物生活。

[1]　格威利姆写的是 Covelong，即现在的 Kovelam，印度金奈南边 40 千米的一个渔村。

如前文所言，在 18、19 世纪博物学的黄金时期，涌现出众多女性博物学家，然而大部分女性所从事的都是"优雅、更符合女性气质"的植物学分支，参与鸟类博物学的女性屈指可数，而鱼类因为水生环境的特殊性，投身其中的女性博物学家更是寥若晨星。对伊丽莎白·格威利姆和玛丽·西蒙兹姐妹博物生活的发掘，既丰富了女性博物学的历史图景，也将为帝国博物学的历史研究增添新的面向。目前对姐妹俩的博物学研究还远远不够，关于她们的一些说法未必准确，例如在格威利姆对羽区的判断上，肖特是否过誉，还有待更多的比较研究。姐妹俩是否还有更多的文本和图像材料存留于世也是未知数，她们在去印度之前对博物学的了解程度如何，她们与博物学家、艺术家的交流，诸如此类，也值得更多的关注。本文仅仅根据"格威利姆项目"目前所提供的原始材料和研究人员的初步研究做简单的介绍，以期国内学界能够去关注她们的故事，发掘淹没在历史洪流中的其他女性博物学家）。

（本文中涉及的博物图像未作特殊说明者，均从麦吉尔大学图书馆在线档案下载。网址：https://archivalcollections.library.mcgill.ca/index.php/gwillim-collection）

参考文献

Gwillim, E. (1802.3.18). Letter to her Sister, Hester 'Hetty' Symonds James. File Name: Letter-010-EG-03-1802.

Gwillim, E. (1803). Letter to her Sister, Hester 'Hetty' Symonds James. File Name: Letter-039-EG-XX-1803.

Gwillim, E. (1803.10.20–21). Letter to her Mother, Esther Symonds. File Name: Letter-036-EG-10-1803.

Gwillim, E. (1804.10.12). Letter to her Mother, Esther Symonds. File Name: Letter-047-EG-10-1804.

Gwillim, E. (1804.10.16). Letter to her Sister, Hester 'Hetty' Symonds James. File Name: Letter-050-EG-10-1804.

Gwillim, E. (1805.3.6). Letter to her Sister, Hester 'Hetty' Symonds James. File Name: Letter-054-EG-03-1805.

Gwillim, E. (1805.8.24). Letter to her Sister, Hester 'Hetty' Symonds James. File Name: Letter-057-EG-08-180.

Gwillim, E. (1805). Letter to her Mother, Esther Symonds; received in England February 28,

1806. File Name: Letter-056-EG-XX-1805.

Gwillim, E. (1806.2.11). Letter to her Sister, Hester 'Hetty' Symonds James. File Name: Letter-062-EG-02-1806.

Masters, S. (2021). Comparisons of Gwillim's Birds. https://thegwillimproject.com/artwork–2/artwork/comparisons-of-gwillims-birds/. 2022–03–19.

Nikčević, H. (2021). "Curious for Fish" : Mary Symonds's Fish Watercolours, https://thegwillimproject.com/artwork-2/artwork/curious-for-fish-mary-symondss-fish-watercolours/. 2022–03–15.

Noltie H. J. (2020). Lady Gwillim's 'Madras' Magnolia , https://stories.rbge.org.uk/archives/34065. 2022–03–12.

Shortt, T. M. (1980). Gwillim as Artist and Ornithologist, in *Elizabeth Gwillim: Artist and Naturalist* 1763–1807, ed. Walkinshaw, A. The Robert McLaughlin Gallery, Oshawa, p.38.

Symonds, M. (1803). Letter to her Mother, Esther Symonds. File Name: Letter-037-MS-10-1803.

Symonds, M. (1803.2.7). Letter to her Sister, Hester 'Hetty' Symonds James, Madras. File Name: Letter-065-EG-05-1806.

Symonds, M. (1805.2.2). Letters to her Mother, Esther Symonds. File Name: Letter-052-MS-02-1805.

Wood, C. A. (1925). Lady [Elizabeth] Gwillim—Artist and Ornithologist. *Ibis*. 67 (3): 594–599.

Sims, J. (1804). "Hillia Longiflora" , Plate 722, *Curtis's Botanical Magazine*, vol. 19.

Sims, J. (1806). "Althaea Flexuosa" , Plate 892, *Curtis's Botanical Magazine*, vol. 23.

Sims, J. (1807). "Magnolia Pumila" , Plate 977, *Curtis's Botanical Magazine*, vol. 25.

《中国博物学评论》，2023，（07）：44-53.

学术纵横

卢梭植物学的复兴
Revival of Jean-Jacques Rousseau's Botany

刘元慧（清华大学科学史系，北京，100084）

LIU Yuanhui (Tsinghua University, Beijing 100084, China)

摘要：卢梭植物学在18世纪很盛行，但一度销声匿迹。卢梭植物学的重新发现是伴随着现代博物学复兴而来的，情感审美的视角和女性主义的视角在重新理解卢梭植物学时是带有历史性的。近年来，学者们对卢梭《植物学通信》的关注客观上重现了卢梭植物学的理性特质。卢梭植物学的复兴为理解晚年卢梭的复杂性提供了重要的依据。

关键词：卢梭，植物学，植物结构，博物学

Abstract: Jean-Jacques Rousseau's botany was popular in the 18th century, but once disappeared from the scene. The rediscovery of Rousseau's botany came hand in hand with the revival of modern natural history, which gave a sentimental, aesthetic and feminist view to understand Rousseau's botany. However, researchers who focused on Rousseau's *Letters on the Elements of Botany* have gradually recovered the rational characteristics of Rousseau's botany. The revival of Rousseau's botany makes a chance to understand Rousseau's complexity in his later years.

Key words: Jean-Jacques Rousseau, botany, structure of plants, natural history

植物学在卢梭（Jean-Jacques Rousse-au，1712—1778）整体思想中很重要。这是因为，在因《爱弥儿》（*Emile*）遭受政治谴责和驱逐的时期，卢梭处于被禁言状态，"植物几乎成为卢梭对话和通信的唯一主题"（Sir Gavin de Beer,1954:207），他的思想是通过植物来言说的。有学者甚至认为卢梭晚年作品中已将植物学放置于他整体理论的支点位置，（Cantor, 1985）也有学者认为这种转向是卢梭继续思考个人和社会历史本质的一种策略。（Kuhn, 2006）卢梭本人也有很多植物学活动，包括编写植物术语词典、植物学考察、植物学通信、标本集制作和交易等，他晚年的自传体作品《忏悔录》（*Confessions*，写于1766—1770）和《漫步遐想录》（*Reveries of the Solitary Walker*，写于1776—1778）同样蕴含了他的植物学思想。在这众多植物学活动中，有八封信件享有特殊的地位。据卢梭植物学研究的权威曲爱丽（Alexandra Cook）考证，1774年，卢梭曾亲自对寄给德莱赛尔夫人（Madeleine-Catherine Delessert）的八封植物学信件进行整理，这八封信件是为了帮助德莱赛尔夫人向她四岁的女儿玛德隆（Madelon）教授植物学，具体内容是理解和识别开花植物以及制

作标本集的方法[1]。这八封信件可以视为卢梭植物学教育的独立教材，也可以视为卢梭自然教育的一个范本。以这八封信件为主体，卢梭的《植物学通信》（*Letters on the Elements of Botany*）也成为18世纪英国最流行的植物学著作之一。（George, 2006:3）

一、卢梭植物学的重新发现

刘华杰在卢梭《植物学通信》的中译本序言中开篇就提到："在相当长时期内，学校里、社会上并没有告诉我们卢梭还关心过植物，更没有讲清楚卢梭的非凡思想与植物学有何关联。"甚至法国文学、哲学专家对此都并不熟悉。（卢梭，2013：中文版序）而现在，中国已经有不少学者关注到卢梭的植物学了。熊姣将卢梭视为浪漫情感主导的博物学进路的开创者，认为卢梭开展的是充满情感与浪漫色彩的典型的"博物学式"植物研究。（熊姣，2012）冯庆将卢梭植物学描述为一种浪漫主义的抒情植物学，是用"真诚的灵魂直接面向真实的自然"，从中找到"一种全新的内在自

---

[1] 卢梭在1774年整理此八封信件后，还将自己的标本集送给玛德隆，这本包含了168份精美标本的标本集现藏于法国蒙莫朗西的卢梭博物馆。

由"。（冯庆，2018：132）姜虹发现卢梭在植物学教育方面反对学究式的学习，强调实践和修养，倡导一种适合女性的植物学研究。（姜虹，2016）植物学作为卢梭潦倒晚年的一种精神救赎与自我辩护，常被视作一种植物学情怀，被追认的首先是文学价值、审美价值和道德价值，但是，卢梭的植物学思想以及这些思想的前提还没有被系统地梳理过。杜雅曾尝试将卢梭的植物学整合进卢梭的自然谱系之中，植物学同秩序与人性，一并成为理解卢梭"自然"概念的媒介。杜雅认为，"投身植物学"是卢梭"直观自然，认识自身并体察自足存在的精神实验"。（杜雅，2017）这实际上已经开始在哲学的意义上来审视卢梭植物学了。

目前在西方情况大体也是如此。曲爱丽在专著《让－雅克·卢梭与植物学：有益的科学》（*Jean-Jacques Rousseau and botany: the salutary science*）中指出了卢梭植物学的处境。在18、19世纪，卢梭是植物学的重要传播者，这一时期他的肖像画常常突出他的植物学活动。尤其在"法国大革命"期间，这一形象得到了充分的彰显。在1794年10月11日的纪念活动中，植物学家们纷纷出席了纪念卢梭科学献身精神的盛大活动，他对植物学普及的贡献是众所周知的。

《植物学通信》作为18世纪英国最流行的植物学著作之一，曾被译成荷兰语版（1798）、葡萄牙语版（1801）、俄语版（1810），还先后激发了德国和俄国本土的教育改革，然而，这一植物学遗产现在却鲜为人知。（Cook, 2012:xvii, 321-323）这是有历史缘故的。

卢梭植物学通常被视为启蒙科学，主要强调它在科学普及和科学教育中发挥的积极作用，因此，卢梭植物学常常被放在18世纪欧洲的植物学文化（botanophilia）现象（Lustig, 2002:486）的语境之中考察。这使得研究者们认为将卢梭植物学和18世纪的休闲植物学（polite botany）、女性气质的（feminine）植物学[1]以及其他更

---

[1] 卢梭植物学确实展现了为女性写作、适于女性学习（George, 2006:6）的特点。在《植物学通信》最早版本的扉页，编译者直接写上"致大不列颠的女士们"（To the ladies of Great Britain），这就奠定了这本植物科普书的公共形象。在欧美学界有一些著作专门研究卢梭植物学对女性教育和女性社会参与起到的促进作用，并与近几十年来兴起的性别和女性主题下的卢梭研究（Kleinau, 2012:465）汇流。但要注意的是，卢梭植物学能（平等地甚至更具有倾向性地）对女性进行启蒙，和卢梭植物学本身具有女性气质，这是完全不同的两个命题。如果说卢梭的工作使得众多女性得以参与植物学活动，进而使得那个时代的植物学整体上具有了女性气质，这也不等于卢梭植物学本身具有女性气质。卢梭植物学教育与他的教育思想一致，本质上关注的是人性。

为广泛的植物学文化或风尚放置在一起是很合理的。也正因如此，当启蒙运动偃旗息鼓，植物学的职业化和反林奈潮流将植物学文化和植物学科学彻底割裂的时候，卢梭植物学在这种边缘化的过程中就随植物学文化一齐没落了。1929年，伦敦大学第一位植物学教授约翰·林德利（John Lindley）在就职演说中，认为要坚定地区分休闲文雅的植物学和科学的植物学，称前者是"女士们的娱乐"，后者则是"思维严谨的男性的职业"，从而将严重的性别偏见置于植物学职业化中。（希黛儿，2021：8）如史蒂文·夏平（Steven Shapin）所说，"到了30年代，科学文化中与文雅礼仪和休闲活动联系在一起的活动不再受待见，社会转而'支持严肃、实用、非娱乐性的［科学］文化'。"（希黛儿，2021：212）卢梭植物学是在这种背景下销声匿迹的。

林奈学会在保存卢梭植物学火种方面起到了关键作用。1785年，林奈学会成员、剑桥大学植物学教授托马斯·马汀（Thomas Martyn）将卢梭寄给德莱赛尔夫人的八封植物学信件翻译成英文，出版了最早的英文版《植物学通信》，这为卢梭植物学在当时科学传播中的巨大影响力提供了基础。一百年后，阿尔伯特·詹森（Albert Janson）的《植物

学家让-雅克·卢梭》（*Jean-Jacques Rousseau als Botaniker*）出版。1954年，曾任林奈学会主席（1946—1949）、时任大英博物馆[1]馆长（1950—1960）的加文·德比尔爵士（Sir Gavin de Beer）为这本出版了近70年的书作评注[2]，发表在科学史书评季刊《科学年鉴》（*Annuals of Science*）上，足见植物学家卢梭长期被社会和学界遗忘的事实。

近半个世纪以来，随着博物学文化的复兴，学者开始关注卢梭晚年自传体作品中的植物学思想，关注18、19世纪植物学活动中的女性参与者，卢梭植物学也被重新发现并得到了阐释。正是在这种复兴的背景下，卢梭植物学首先被赋予了情感审美和女性主义的内涵，如上文所说，它被看作一种抒情的、适合女性的、浪漫主义的博物学。

二、卢梭的植物结构

《忏悔录》和《漫步遐想录》中的植物学思想是文学化、浪漫化的，但《植物学通信》不是。这使得卢梭植物学的复兴出现了另一种视角。关注《植物学

---

[1] 现在通常称为伦敦自然博物馆，1963年后从大英博物馆中分离出来。
[2] 加文·德比尔爵士对詹森书中的两章作了意译、修订和扩充。

通信》的学者，总能关注到卢梭对植物结构的把握，从而恢复卢梭植物学的理性特质。将卢梭晚年的自传体作品和他的《植物学通信》放于一处时，就更清晰地感受到卢梭不断地想在感性和理性之间获得平衡的努力。

保罗·坎托（Paul A. Cantor）旗帜鲜明地认为，卢梭的植物学兴趣就在于研究植物的纯结构（pure structure），卢梭的植物学研究是在能被直接观察的植物结构层面保留生命的诗意。（Cantor, 1985:365-367）卢梭尊重自然现象的完整性，拒斥与事物表象失去关联的科学方法，"拒斥用抽象分析取代生命综合（living synthesis）作为整体的自然现象"（Cantor, 1985:366）。坎托是要强调，卢梭对植物的组成问题不感兴趣，他认为只需要重复而精细地观察植物结构。

卢梭对自己植物学活动的描述印证了坎托的观点："［我］观察了这株草又去观察那株草，研究了这种树又去研究另一种树，把它们的特点加以比较，搞清楚它们之间的关系和差异，研究它们的结构，观察这些鲜活的机器的运作。我有时还成功地找出了它们生活的普遍规律和它们之所以有不同结构的原因和目的：这样来研究，我不能不惊诧于天工造物的神奇，并感谢它给予我这么美妙的感受。"（卢梭，2016：118）

对于卢梭来说，植物结构是植物世界最基础的非人工密码。卢梭将一株完整的植物分为"根、茎、枝、叶、花和果实"这些部件（卢梭，2013：2），植物学就是"依据这些部件之间的类比关系，以及这些部件形成的不同组合"（卢梭，2013：6），最终将植物世界的不同科区分开来。植物结构不是一种理想状态下能被印在植物学教科书上的人工刻画的植物结构模型，也不是现实的某个具体的植物身上单一的构件，它是蕴含在活的植物身上的一组类比关系，是在比较中进行推理进而获得判断的过程。在卢梭看来，如果从外部强加一个名称给植物，并且记住这些命名，在植物结构的意义上，对植物仍是一无所知。真正的植物学家"眼睛和心灵都已极其熟悉各种比较鉴别技巧，以至于在初次见到一种植物时，你就能自己进行分类、排序和定名"（卢梭，2013：99）。

但并不是说懂得命名的植物学家不了解植物的结构，因为命名本身的规则和秩序往往是通过领会植物的结构而来的。卢梭想表明的是，如林奈命名法这样的植物学，只能教那些已经知道所有植物的人如何更好地观察它们，却无法教初学者如何识别它们（Sir Gavin de Beer, 1954:209）。在卢梭那里，认识植物伴随着对植物结构的把握、对其中展现的秩序和系统性的认识，而不能在对植物世界完成认识后再来建立某种系统性。所以，卢梭自然不会认可某一种分类系统，他接受的是这些分类系统背后蕴藏的指向神意的植物结构。分类系统的合法性就在于对植物结构不同面向和层次的把握，这使得卢梭最终成为一个分类学多元论者。他基于诸如性系统、植物习性、植物家族甚至仅凭叶来区分植物，而且始终相信，真正的植物学要对植物的所有部分进行研究（Cook，2012:198）。

在卢梭那里，研究植物结构是有要求的。第一，必须是在活的眼睛和活的植物之间直接建立联系，"要恰当地认识一种植物，就必须亲自观察它的生长"（卢梭，2013：92）。第二，上述联系建立在历时的观察中，连续观察能避免将对植物结构的领会还原成一套抽象法则。（Kuhn，2006:8）第三，不能研究表达错误或者不完备的植物。例如，果园、花园或来自异域的植物，不同部件的表达和习性都已经改变了。按照卢梭的想法，自然中自身"出错"的植物实际上也会被排除在外。卢梭植物学与当时植物学的整体预设一致，都建立在一个充实的存在之链上。卢梭所设想的自然是一种极其精密的活体自然，自然的美和

天工造物的伟大建立在这种精密之上。自然现象的完整性恰恰建立在对"错误"或"混乱"的排斥上。

卢梭正是要用这样一种蕴含了精密秩序的结构来塑造公民的心灵结构。乔治（Sam George）认为，卢梭用《植物学通信》对女性教学，实际上是鼓励惯常被认为缺乏纪律的女性参与到秩序和规则中（George，2006:6）。所以，曲爱丽觉得植物学是卢梭道德社会秩序（moral social order）计划的一部分，是一门真正有益的、可及的、民主的科学。（Cook，2007:150）在《论科学与艺术的复兴是否有助于使风俗日趋纯朴》中，卢梭区分了两种人。第一种是如笛卡尔和牛顿这样的人，他们是可以从事自然科学的；第二种是一般民众，他们所应探讨的最崇高的科学是道德。卢梭认为，对于天才来说，从事自然科学是好的，而对于自然科学的教授对象来说，自然科学则是坏的，这是科学使得社会败坏的根源。在卢梭看来，"大自然认定要收其为徒的人，是不需要老师的"（卢梭，2012：41）。退去早年道德家的口吻，卢梭在晚年找到了"诸科学的解毒剂"——植物学，以此净化灵魂（Cook，2012:13）。晚年卢梭通过植物学给了所有人一个可及自然、可及创始神的路径，在他那里，通过植物结构建立心灵结构

的人得以组成一个拥有自然秩序的公民社会，而神意将在这样一个公民社会中显现。

三、卢梭植物学的理性特质

上文其实已经展现了卢梭植物学的理性特质：卢梭通过植物结构来认识植物，认识的前提则是植物结构中蕴含了精密的秩序。卢梭还认为，植物结构与人类道德社会的结构是同构的，都符合神意的自然秩序。将卢梭的植物结构、人类道德社会的结构和自然秩序绑定在一起，用理性特质来描述它们，是有依据的。

卢梭倾向于将植物看作自然界鲜活的机器，这种观念和他的家庭背景有一定关系。卢梭是大师级钟表匠（master watchmakers）的儿子，出生在钟表行会的起源地日内瓦，日内瓦科学传统影响了卢梭的认知方式。社会出身使他与工匠群体紧密联系在一起，这些工匠中不少都在从事经验科学（empirical sciences）。其中，对他影响最大的是他的世交——德鲁克家族的让–安德烈·德鲁克（Jean-André Deluc）。德鲁克是卢梭的密友，也出身钟表匠家庭，后来成为欧洲声名显赫的地质学家，也是历史上第一个使用地质学（géologie）这一

术语的人。这位成功的现代科学家与不少高级工匠（higher 'artisannat'）关系密切。因为这层关系，卢梭有权使用放大镜、解剖仪器等精密仪器，他还曾请求德鲁克为他打造植物学仪器。在日内瓦高度发达的技术力量之下，卢梭欣然接受并主动使用仪器来满足他的科学兴趣。（Cook, 2012: 64–70）这一背景不仅让卢梭形成了一种潜在的机械思维方式，也使得他对自然视觉和仪器视觉的冲突并不敏感。他既认为通过精细观察能看到的植物结构就是植物研究的最终对象，又能欣然接受透镜这一技术媒介横亘在肉眼和植物之间。

瑞士科学的自然神学基底也影响了卢梭的植物学思想。瑞士地处加尔文主义新教文化的十字路口，自身缺乏一个官方的科学中心，这使得瑞士的知识分子在一种去权威化的氛围下接受了其他新教国家的科学传统和科学前沿。这种开放性的基底来源于"科学是宗教的堡垒"这一信念——科学揭示的自然处处都在证明有一位仁慈的创始神。（Cook, 2012:56）卢梭的植物学老师迪弗努瓦（Jean-Antoine d'Ivernois）就认为，在自然赋予植物的地方研究植物总是最好的。（Cook, 2012: 75–77）另一位虔诚的植物学家、林奈性系统的反对者哈勒（Albrecht von Haller）对卢梭影

响也很大，他认为，只有自然分类系统才能展示创始神隐藏的计划。（Cook, 2012: 83–86）当卢梭将这一神圣使命赋予植物学时，植物学传统作为医学女仆（Cook, 2012:62, 67）的身份就必须被抛弃了，因为医学扭曲了自然秩序（Brillaud, 2021:2）。将植物学从医学的统治下解放出来，确实是卢梭植物学的研究目标。

总的来说，卢梭在言说植物学时对三个对象加以区分：一个是重农派的培根式自然管理体系（Cook, 2012:23），一个是基于殖民主义的异域植物学和园艺学，一个是传统的药用植物学（尤其是家庭式女性草药学）。换言之，农民、园丁、医生（药婆）都无法成为植物学活动的主体，他同时也鄙视炫耀式的博物学收藏行为（卢梭，2016：116）。从这种区分来看，卢梭植物学其实仍是一种自然哲学。在卢梭看来，在植物学家和自然之间没有中间人（Brillaud, 2021:3），这也是他通过散步想要达到的状态——与整个大自然结合成一体（卢梭，2016：114）。在《漫步遐想录》中他言说自己通过一种完全不思考的状态来和自然融为一体，但事实上，他仍然是在一种沉思活动中完成这一结合的。卢梭所说的完全不思考的状态，其实是用一种沉浸于自然中的感性状态来中和他的理性思维模式，而不是指他有能力彻底抛弃理性。

更进一步，卢梭植物学通向的神意自然、在漫步中抵达的自然，一定程度上就是一种理性自然。卢梭的弟子伯纳丁·德·圣皮埃尔（Bernardin de Saint Pierre）曾追随卢梭进行植物学活动，他留下的关于卢梭唯一的描述是，"试图用符号呈现其他人尝试用文字去表达但都未成功的事物"（Cook, 2017:396），卢梭的自然秩序是可以用符号语言来描述的。这与福柯对18世纪博物学的描述不谋而合。福柯认为普遍符号理论和普遍数学的设想有关联（福柯，2021：136），而福柯的结论是，"结构把博物学的可能性与普遍数学（la mathesis）联系起来了"（福柯，2021：142）。观察结构的过程使得可感性被可见性取代，认识结构的过程使得植物被植物结构取代，描绘和塑造结构的过程使得自然的神意被人的理性取代。所以，以植物结构为植物学活动的中心，本身就是理性主义的。

在卢梭晚年的植物学活动和思考中，他被感性和理性两极不断地拉扯，这可能也构成了卢梭晚年痛苦的一个根源。在认识植物的过程中，从思维自发的理性结构，可能正是卢梭晚年想要平衡甚至逃脱的。值得注意的是，卢梭晚年的植物学兴趣也是断断续续的，植物学更像他选择的一种对象，用来辨认自己当前的心灵结构与思维方式，认识自身在历史中的不同状态。

【参考文献】

Brillaud, Jérôme（2021）. Beans and Melons: Rousseau's Vegetable Garden. *Neophilologus*. 105: 1–17.

Cantor, Paul（1985）. The Metaphysics of Botany: Rousseau and the New Criticism of Plants. *Southwest Review*, 70(3):362–380.

Cook, Alexandra（2007）. Botanical Exchanges: Jean-Jacques Rousseau and the Duchess of Portland. *History of European Ideas*, 33(2):142–156.

Cook, Alexandra（2012）. *Jean-Jacques Rousseau and Botany: the Salutary Science*. Oxford: Voltaire Foundation.

Cook, Alexandra（2017[2005]）. Rousseau's Anticipation of Plant Geography. In the *Alexander von Humboldt: From the Americas to the Cosmos*. Coordinated by Raymond Erickson, Mauricio A. Font, Brian Schwartz. New York: Bildner. Chapter 31: 387–401.

George, Sam（2006）. Cultivating the botanical women: Rousseau, Wakefield and the instruction of ladies in botany. *Zeitschrift für Pädagogische Historiographie*, 12(1): 3–11.

Kleinau, E.（2012）. Botany and the Taming of Female Passion: Rousseau and Contemporary Educational Concepts of Young Women. *Studies in Philosophy and Education*, 31(5): 465–476.

Kuhn, Bernhard（2006）. "A Chain of Marvels": Botany and Autobiography in Rousseau. *European Romantic Review*, 17(1):1–20.

Lustig, A. J.（2002）. Roger L. Williams. Botanophilia in Eighteenth-Century France: The Spirit of the Enlightenment. (International Archives of the History of Ideas, 179.) *Isis*, 93(3):486–487.

Sir Gavin de Beer D.Sc., Hon. D.-ès-L. F.R.S.（1954）. Jean-Jacques Rousseau: Botanist. *Annuals of Science*, 10(3): 189–223.

杜雅（2017）.秩序、人性与植物世界——卢梭的"自然谱系".华中科技大学学报,31(2):121–128.

冯庆（2018）.抒情植物学：从卢梭、歌德到浪漫主义.读书.2018(09):131–138.

福柯（2021）.词与物：人文科学的考古学.莫伟民译.上海：上海三联书店.

姜虹（2016）.卢梭的女性植物学.自然辩证法通讯,38(2):80–85.

卢梭（2012）.论科学与艺术的复兴是否有助于使风俗日趋淳朴.李平沤译.北京：商务印书馆.

卢梭（2013）.植物学通信.熊姣译.北京：北京大学出版社.

卢梭（2016）.卢梭全集：第3卷，一个孤独的散步者的梦及其他.李平沤译.北京：商务印书馆.

安·希黛儿（2021）.花神的女儿——英国植物学文化中的科学与性别（1760-1860）.姜虹译.成都：四川人民出版社.

熊姣（2012）.卢梭晚年的植物学情怀.中国社会科学报,2012-12-24,B01 版.

《中国博物学评论》，2023，（07）：54-65.

学术纵横

叶嘉莹先生的诗学成就与博物情怀
Ye Jiaying's Poetic Achievements and Natural Feelings

蒋昕宇（人民教育出版社博士后科研工作站，北京，100081）

JIANG Xinyu (Postdoctoral Scientific Research Workstation, People's Education Press, Beijing 100081, China)

摘要： 叶嘉莹先生以毕生精力从事古典诗词教育与研究，取得了世人瞩目的诗学成就。叶先生以"兴发感动"为核心的诗教观的形成，极大程度上源自她对古诗词中生命意识的关注、挖掘和提炼；通过对古人比兴寄托之咏物词的理解和阐释，建立了以"诚"为核心的人伦物理评价标准；以咏荷为题材的诗词创作践行了她对词文体"弱德之美"特质的认知，更记录了她的博物情怀与诗意人生。

关键词： 叶嘉莹诗学，兴发感动，咏物，博物情怀

Abstract: Ye Jiaying has devoted all her life to the education and research of classical poetry and made remarkable achievements in poetics. Ye's view of poetry education, with 'Rise moving' as the core, stems from her attention, excavation and refinement of life consciousness in ancient poetry to a great extent; Through understanding and interpreting of the ancient chanting words entrusted by the 'Bixing', she established a physical evaluation standard of moral with 'sincerity'as the core ; The Ode to the lotus not only expressed her cognition of the 'beauty of weak virtue' of the 'Ci' style, but also recorded her natural feelings and poetic life.

Key words: Ye Jiaying's poetics, Rise moving, Chanting creation, Natural feelings

一、应物斯感："兴发感动"与古诗词生命意识

叶嘉莹先生以毕生精力从事古典诗词教育与研究，取得了世人瞩目的诗学成就。在众多头衔与身份中，叶先生始终最看重自己教书育人的初心。她在70余年的从教生涯中形成了以"兴发感动"为核心的诗教观，影响广泛。近年来，有不少学者高度关注"兴发感动"说，从形成过程、结构层次、价值意义等角度研究，认为这源自先生的旧学功底和学诗经历，特别是对王国维、顾随等先生诗教特色的继承（朱维，2012），是对中华千年诗教传统的集成与超越（齐益寿，2014），也是中西方文论的汇通与发展（朱兴和，2020）。然细究叶先生"兴发感动"说的思维理路，其说能够成立和发挥作用，很大程度上是因为她关注、挖掘和提炼古诗词中的生命意识，并注入饱满的个人体会进行有效传达。

叶先生明确指出，中国诗歌中最重要的质素是兴发感动的力量。（叶嘉莹，2014a：29）这种兴发感动的力量源自对自然生命的敏锐感知和个人情感的投入，叶先生把人对外界景物的认识分为感知、感动和感发三种由浅入深的层次（叶嘉莹，2016a：145—151），而衡量

诗歌艺术成就的高低，最基本的标准"第一是感发生命的有无，以及是否得到了完美的传达；第二是所传达的这一感发生命的深浅、厚薄、大小"。（叶嘉莹，2014a：33）毋庸置疑，叶先生所推崇的"兴发感动的力量"的文化渊源是古代诗教观，从先生在讲演中时常引用《毛诗序》"情动于中而形于言"，《诗品序》"气之动物，物之感人，故摇荡性情，行诸舞咏"，《文心雕龙》"人禀七情，应物斯感，感物吟志，莫非自然"等古代文论话语，就可见一斑。但古人往往只停留在诗歌起源论和诗人创作生发论，未能把对世间万物的生命感知融入诗歌评赏和教化之中。而叶嘉莹先生结合个人的真实感知，充分发掘了古诗词中的自然生命元素，还着力剖析古人书写和生发的艺术成就。

首先，叶嘉莹先生解读古诗十分关注其中自然生命元素的价值和意义。如对伟大诗人杜甫的名作《秋兴八首》的分析："盖此八诗，原但为杜甫寓居夔州，因见秋日草木之凋伤，景象之萧森，而内心油然有所感发而作。"（叶嘉莹，2014b：19）明确将其认定为自然感发，而非情感先入为主的刻意雕琢。对于诗作中经由意象而流露出的较为明确的情感倾向，叶嘉莹也说："所谓意象不一定限定为视觉的，它可以是听觉的，也

可以是触觉的，甚至可能是全部属于心理的感觉。"（叶嘉莹，2014b：155）这就将诗歌的发生和本质集中到了主体性对外界的关注和由此自然生发出的情感力量。在对这组诗的解读中，先生格外关注杜甫《病柏》《病橘》《枯棕》《瘦马》《雷》《火》等诗作，还用《岳麓山道林二寺行》"一重一掩吾肺腑，山鸟山花吾友于"一句总结概括该组诗是诗人杜甫秉持人与自然万物为友的情怀，细腻体察自然万物、人类生活的特点与变化，进而自然流溢出的真切情感。

其次，叶嘉莹先生对诗中"物"的解读精细而透彻，并呈现出通达而开放的态度。古人对诗歌中名物的关注由来已久，三国时期陆玑《毛诗草木鸟兽虫鱼疏》开创的诗歌名物研究传统影响深远。古代诗歌历经长久阐释与研究，如杜诗即有"千家注杜"的深厚基础。叶先生能一一理解辨析古人对诗中名物多样的解读，并提出为学界认同的独到观点，得益于她对世间万物的真实感知和敏锐细腻的感受力。如对女词人徐灿《踏莎行·初春》词"芳草才芽，梨花未雨，春魂已作天涯絮"的解读：

中国的古典诗词给人很多的联想，有很多的出处，这个"未雨"是什么呢？李贺的诗《将进酒》说"桃花乱落如红雨"，此处雨是说花落；所以这个雨有花落的意思。白居易的《长恨歌》说"梨花一枝春带雨"，说杨贵妃悲哀哭泣的样子，像"梨花一枝春带雨"，此处雨是花上的雨水。所以这首词中的雨有两种可能：一个是说花落了，一个是说花上有雨，是梨花上带着雨水。如果从梨花来说，她用的是梨花，梨花应该是带雨。还有一种可能，即暗示有一种花落如雨的感觉。所以说"梨花带雨"，既可以说梨花没有经雨，梨花没有带雨，也可以说梨花还没有零落，还没有花落。"芳草才芽，梨花未雨"，这是早春的时候。（叶嘉莹，2018a：23）

叶先生同样以女性的敏锐和细腻，通过对比其他诗作的类似描摹，将词作的创作场景具体化、生动化。

再如对杜甫《秋兴八首》其七颈联"波漂菰米沉云黑，露冷莲房坠粉红"的解读，就更显示出她对自然观察的细致程度：

盖莲房即在莲花中。故赵氏有"花房中已自有一莲蓬"之说，是露冷深入花中之莲房，而"坠粉红"

者正此花也。如所引洙曰直谓莲房为莲花，固属非是，然必谓莲房非花，则又复与"坠粉红"何干乎？不曰"露冷莲花"，而曰"露冷莲房"者，正见露冷之凄寒深切直入于花之深处耳。（叶嘉莹，2014b：386）

对露水浸入"莲花"或"莲房"二者的微小差异做了细致体察，从而把"寂凉荒废，离乱荒凉之感"深刻揭示了出来，再结合创作环境阐发出该诗是对"武备不修，羌胡内入"的现实反映。

然而，叶先生对诗句中物的解读并非给出绝对化的结论，而是通过比较呈现出个人的最优选择，对其他说法也给予包容和理解。如"沉云黑"是指菱白（古称菱郁）还是菰米，叶先生经过辨析后认为杨伦《杜诗镜铨》的解说最为含蓄得体，但其他说法也"可作读者联想之一得，若过为确持，则反嫌拘狭浅露"。（叶嘉莹，2014b：395）但先生面对固执偏狭、牵强附会的解读，多会给出十分明确的反对意见，如《秋兴八首》其二的尾联"藤萝月"与"芦荻花"显然是一夜之间的景色变化，古人却有一联分属夏秋两季、表现爱国忠君的说法，先生认为"皆为一家偶然之想，或迂远拘执，或牵强附会"。（叶嘉莹，2014b：173）

最后，叶嘉莹先生将自然生命感发力量升华为对诗人成就的评价标准和诗歌艺术的本质。如用植物与自然环境的关系类比杜甫诗歌与时代的关系，"一个诗人与其所生之时代，其关系之密切，正如同植物之与季节与土壤，譬如二月早放之夭桃，十月晚开之残菊，纵然也可以勉强开出几朵小花，而其瘦弱与零丁可想；又如种桑江边，艺橘淮北，纵使是相同的品种根株，却往往只落得摧折浮海、枳实成空的下场，明白了这个关系，我们就更会深切地感到，以杜甫之天才，而生于足可以集大成的唐代，这是何等可值得欣幸的一件事了。"（叶嘉莹，2014b：2）将诗人鲜活生动的生命状态形象化地加以呈现，对诗人的评价也呈现出饱满的亲切感和认同感。

叶先生还进一步把诗歌对自然万物的关怀作为伟大诗人应有的品格和境界，认为"诗人不光写诗，还要有关怀天地宇宙、关心爱物的仁心，这是做诗人的开始。所以诗是志之所至，草木鸟兽，它们的生长，它们的凋零……诗人是要以天地宇宙万物为心，是要关怀所有一切的生物和生命的。"（叶嘉莹，2020：222）这就将诗歌抒发一己之感情的价值上升为宇宙自然的高度，也切中了诗歌艺术魅力的根源所在。可贵的是，叶先生没有就此止步，而是将这种关怀万物生命的广博情感，通过她的讲授和剖析，继续感发其他人，实现了诗歌价值内涵与传播教化形式的统一。如先生在讲解清人张惠言"比兴寄托"的词作《水调歌头·春日赋示杨生子掞》中"何必兰与菊，生意总欣然"一句时，说道：

> 管他种的是兰花还是菊花，"生意总欣然"，你自己种出来的，你有你的生命，你就有了你的春天，你就是 self-actualization，你就自我完成了。我常常跟学生说，自我完成不是说你要什么，成什么名，成什么家，有什么功劳，有什么事业，是你自己完成了你自己。所以"向我十分妍。何必兰与菊，生意总欣然"。（叶嘉莹，2015a：47）

从词句中的生命物象出发，生成个人对自然万物的感知和理解，再将这种感发力量自然传递给听众和读者。正如缪钺先生在《〈迦陵论诗丛稿〉题记》说："叶君以为，人生天地之间，心物相接，感受频繁，真情激荡于中，而言词表达于外，又借助辞采、意象以兴发读者，使其能得相同之感受，如饮醇醪，不觉自醉，是之谓诗。"（叶嘉莹，2014a：

1）不单解说了叶先生心中诗歌的价值意义，更揭示了叶先生诗歌教化方式的精髓。

二、情以物迁：比兴寄托之物与真诚的人伦之情

如上文所言，叶嘉莹先生的诗歌阐释和教化格外关注自然万物的生命意识及其兴发感动的生命力量。中国古代咏物题材的诗歌以描摹自然物态、寄托个人情感为写作方式，自然成为叶嘉莹诗学观讨论的重要内容。叶先生继承和发扬了中国古典文论中的"诚"，将诗人内心情意与所咏之物的融合和对兴发感动的传达作为咏物词写作的最高标准，并推广到人生境界，这也是博物学追求的人与自然万物的理想关系。

"诚"是中国古代对自然万物和人伦关系的基本价值追求。《周易》中就有"修辞立其诚"的说法，认为语言形式是树立真诚情感的载体。《中庸》说"唯天下至诚，为能尽其性；能尽其性，则能尽人之性；能尽人之性，则能尽物之性；能尽物之性，则可以赞天地之化育；可以赞天地之化育，则可以与天地参矣"（朱熹，1983：33—34），更将"诚"的价值和意义上升到正确认识和处理天人关系的高度，进一步说明"诚"

须贯穿人与外物关系的本原和始末，具有永恒的价值，即所谓"诚者物之始终，不诚无物"。

叶先生在评价南宋词人王沂孙的咏物之作时，认为"要把咏物寄托之词写得好，便不仅要求作者自己心中先须有一份极为感动的情意，更要求作者对所咏之物也要有一份感动的情意，更需要能把内心之情意与所咏之物的情意融为一体，而且要使这种情意的感动和用以铺陈叙写的事典相结合，如此借咏物来寄托的安排思索，便不仅不会蒙蔽和伤损原有的情意的感动，反而会使原有的情意经过这一番安排思索，而更显得有盘旋沉郁的姿态和力量，"（叶嘉莹，2014c：173）将"诚"视为评价和考量诗歌艺术的第一把标尺。如先生评判杜甫诗句"一片花飞减却春，风飘万点正愁人""穿花蛱蝶深深见，点水蜻蜓款款飞"和晚唐人所作"鱼跃练川抛玉尺，莺穿丝柳织金梭"的优劣，标准即在后者"只是眼睛所看到的一个形象，没有内心之中的感发的活动"。（叶嘉莹，2016a：31）但作为诗人，在此前提下还应对"诚"引发的感动通过适恰的表现形式有效传达，由此方能实现诗歌生生不已的生命力量。叶先生不单将古人对"诚"的追求引入诗歌评赏的范畴，还同她个人始终坚持不懈、乐此不疲的

诗歌教化实践相结合，认为"诗歌具有生生不已的生命，你内心中有了感发的活动，这是一个生命的孕育、开始，把它写出来，使之成形，能使读者，甚至千百年后的读者都受到感动，这才完成了这种生生不已的生命"。（叶嘉莹，2016a：31）可见她所倡导和追求的"诚"已不停留在对具体诗歌文本和诗歌文体的价值追求，已然上升到了人生价值的实现和更高的境界。

但是，叶嘉莹先生对人生价值和境界的追寻，并非抽象的理论总结甚至枯燥的说教，而是着意感发世间具体的生命形态，自然而然地兴起人生思考。叶先生将人对生命价值的理解与植物的生命活动相对照，从而避免了空洞玄虚的说教，使"诚"作为人与外界一切生命形态理想关系的最高标准有了坚实的基础和依托。否则，非但无助于他人修养境界的提升，反而会形成欺骗作伪的不良风气，"在作者与读者之间便会造成一种伪善的连锁反应，表面上所倡言的似乎是善，其实却养成了一种相欺以伪的作风，如果就其对读者所造成的影响而言，则堕人志气、坏人心术，可以说是莫此为甚"。（叶嘉莹，1997：35）

叶先生在讲诗时，格外留意具体时空环境中的生命形态，将现实所见所感融于古诗的理解中去，如评赏李煜词句：

"北京现在正是各种花开的时候，可是你要知道，花只要一开，尤其像樱花、海棠，一阵风马上就落，所以他说'林花谢了春红'。"（叶嘉莹2020b：52）先生还时常回忆自己在生活中身体力行寻觅和还原古人诗歌场景的经历。如中学时代因看到课本中写松写竹的诗词，就亲自种竹，目睹秋日松竹在百花凋零时依旧青翠的场面，写下"而今花落莺飞尽，忍向西风独自青"的诗句，再引发联想："看看你所有的同伴都凋零了，你怎么忍心自己一个人还青翠依然呢？一个人生在世间，你对宇宙、对人类有多少爱心？你自己又有多少自私和贪婪之心？"（叶嘉莹，2020c：267—268）可见先生自幼便关注并热爱自然，并从个人与自然关系的真实感受中悄然生发人生思考。对于自己喜从人生思考诗歌对四季变换、植物枯荣的描写而生发人生思考的思维理路，先生也有清晰的认识。她在《几首咏花的诗和一些有关诗歌的话》一文中写道："人之生死，事之成败，物之盛衰，都可以纳入'花'这一短小的缩写之中。因之它的每一过程，每一遭遇，都极易唤起人类共鸣的感应。而况'花'之为物，更复眼前身畔随处可见。"（叶嘉莹，2016b：294）可见她以花为喻抒写人生思考，是经过对世间万物的悉心体察，

以及对传递感动之效果的思考综合而来，本质即以"诚"的态度对待自然和他人，并实现诗意的对话关系。

美国著名自然文学作家梭罗曾对人与自然万物理想关系作出如下描述："我不能设想任何生活是名副其实的生活，除非人们同大自然有某种温柔的关系。这种关系使得冬天温暖，在沙漠或荒野之中给人做伴。如果自然不能够同我们共鸣，对我们说话，最富饶和繁荣的地方也是贫瘠和沉闷的。"（Thoreau，1906，vol10：252）正和叶嘉莹先生对人与自然万物关系的思考，及她的诗学实践中所展现出的真诚的人伦之情不谋而合。晚近词学家王国维也提出过类似的审美理想："词人须忠实，不独对人事宜然，即对一草一木，亦须有忠实之意。"（彭玉平，2014：353），可谓跨越百年在叶嘉莹先生的身体力行中得到了充分实现。

三、莲实有心：诗词创作与"弱德之美"

博物学是一门关于大自然的学问，中西方的博物观念源自人对自然万物关系的思考。上文讨论了叶嘉莹以"兴发感动"和"诚"为核心的诗歌教化与研究同博物观念的相通之处，下面把话题

引申到与博物学相关的另一范畴，即叶嘉莹如何看待自然，她笔下的自然有何特点。

叶先生明确说过她自幼养成了"对于诗词中之感发生命的一种不能自已的深情与共鸣"（叶嘉莹，2016a：5），这得益于少年时期和自然的亲密关系。先生经常深情回忆儿时的生活状态，称自己是"四合院关起门来长大的"，她清晰地记得"窗前的秋竹，大的荷花缸，菊花，开花时很多蝴蝶，萤火虫在蹁跹起舞"，"在日常的环境中，看到什么，有了什么感动，我就写它一首诗。"（叶嘉莹，2018b：11、13、18）她早期创作的情感多源于对自然的真切体悟，也促使她善于捕捉自然瞬间，并用诗歌加以表现。如童年夏日夜晚院中一边指认星辰，一边诵读诗词，每当注意到星斗位移，便兴起强烈的时序推移的节候如流之感。（叶嘉莹，2019a：84）作家邓云乡认为："女词家的意境想来就是在这样的气氛中熏陶形成的。"（叶嘉莹，2014d：8）

倘若稍加留意，就会在叶嘉莹先生各个时期的诗作中发现她对自然的非凡感受力。如上大学时读到顾随先生吟咏海棠的诗词，去台湾后不曾见有海棠种植，"因此海棠就成为我乡愁中的一个重要成分"，归国后感慨道："花前小立意如何，回首春风感慨多。"（叶嘉莹，2020a：192）1951年流寓台南见高大茂盛的凤凰木，引起对故乡、亲人、童年时光的无限怀恋，写道"门前又见樱花发，可信吾儿竟不归"。归国后在北京师范大学教书时，与女儿晨起吃早餐，见榆叶梅因风沙而面目全非，就有"艳质易飘零，常恐秋风起"之叹。（叶嘉莹，2018b：70）

叶嘉莹先生对荷花更是情有独钟，百余首咏荷诗词记录了她的人生轨迹，也可见证她对词文体"弱德之美"特质的认知。1983年创作的《木兰花慢·咏荷》词序，说明了她与荷花的因缘际会：

《尔雅》曰："荷，芙蕖，其茎茄，其叶蕸，其本蔤，其华菡萏，其实莲，其根藕，其中的，的中薏。"盖荷之为物，其花既可赏，根实茎叶皆有可用，百花中殊罕其匹。余生于荷月，双亲每呼之为"荷"，遂为乳字焉。稍长，读义山诗，每诵其"荷叶生时春恨生，荷叶枯时秋恨成"，及"何当百亿莲花上，一一莲花现佛身"之句，辄为之低回不已。曾赋五言绝咏荷小诗一首云："植本出蓬瀛，淤泥不染清。如来原是幻，何以度苍生。"其后几经忧患，辗转飘零，遂羁居加拿大之温哥华城。此城地近太平洋之暖流，气候宜人，百花繁茂，而独鲜植荷者，盖彼邦人士既未解其花之可贵，亦未识其根实之可食也。年来屡以暑假归国讲学，每睹新荷，辄思往事，而双亲弃养已久。叹年华之不返，感身世之多艰，怅触于心，因赋此解。

从儿时的小名，初听佛经时的疑惑，再到漂泊大半生未见荷花的感慨，一齐注入笔端。因而她的词作也由荷花而兴，情感蕴藉悠长。词云：

> 花前思乳字，更谁与、话平生。怅卅载天涯，梦中常忆，青盖亭亭。飘零自怀羁恨，总芳根不向异乡生。却喜归来重见，嫣然旧识娉婷。
>
> 月明一片露华凝。珠泪暗中倾。算净植无尘，化身有愿，枉负深情。星星鬓丝欲老，向西风愁听珮环声。独倚池阑小立，几多心影难凭？（叶嘉莹，2019b：284—285）

该词表现了先生饱经离乱后回到祖国，由眼前祖国大地上的荷花而生发出的乡情，但对今后的人生选择仍显迷茫。改革开放后叶先生归国执教，并选择定居南开也与荷花有关。她感慨"在祖国各地所见的荷花中，则以南开大学马蹄湖中之荷花予我之印象最为深刻"，"这也应该是我与南开大学结缘的一个重要原因"。（叶嘉莹，2015b：63、54）而每年9月回到南开大学校园时荷花衰残的景象，都引发她思索自己年岁渐长，对古典诗词还能做出哪些贡献。她想到"那绿绿的莲心是荷花生命的根源和延续"，也让她找到了人生的归宿："夫禅宗有传灯之喻，教学有传薪之说，则我虽老去，而来者无穷，人生之意义与价值岂不正在于是。"（叶嘉莹，2015b：55—56、73）2007年所作《浣溪沙》（为南开马蹄湖荷花作）一词做出了更加深刻的诠释：

> 又到长空过雁时，云天字字写相思，荷花凋尽我来迟。 莲实有心应不死，人生易老梦偏痴，千春犹待发华滋。（叶嘉莹，2019b：295）

先生与荷花为友，通过观察、记录和抒写荷花而生发人生感慨，并通过诗词作品进行传达。作品蕴含着对往日孤苦离散、不幸遭遇的感慨，更有她不断追寻、力求实现人生价值的不懈努力。对此，叶先生在思考情感与文体形式的关联时，从宏观的视角抽绎和概括了"弱德之美"这一审美范畴，用以概括词这种文体的本质特征：

> 就是贤人君子处于压抑屈辱中，而还能有一种对理想之坚持的"弱德之美"，一种"不能自言"的"幽约怨悱"之美。（叶嘉莹，2007：110）

这种"弱德之美"高度浓缩了她的个人经历与人格修养，也成为她所创作的诗词作品的精神基调。这不仅关乎词文体理论思考的学术创新，更有广泛而深远的社会价值。她寄希望于年轻人热爱和传承诗词，进而将诗词蕴含的精神启迪传播广远、发扬光大。

对比一下同样饱经困苦的磨砺，在当代词坛集大成的女词人沈祖棻创作的几首咏物词：

> 归路江南远，对杏花庭院，多少思忆。盼到重来，却香泥零落，旧巢难觅。一桁疏帘隔，倩谁问、红楼消息？想画梁、未许双栖，空记去年相识。此日。斜阳巷陌。念王谢风流，已非畴昔。转眼芳菲。况莺猜蝶妒，可怜春色。柳外烟凝碧。经行处、新愁如织。更古台、飞尽红英，晚风正急。（沈祖棻 a，

> 2000：5）

> 晴日烘春风乍暖。几度寻芳，小立蔷薇院。欲诉相思犹未惯，沉吟先自羞回盼。密绪如环中不断。刻意怜君，拚取欢颜短。莲子苦心飞絮乱，花前忍释深情浅。（沈祖棻，2000 a：141）

> 灼灼秾芳雨露稠，十分春色占枝头。赚将阮肇迷仙境，却累刘郎谪远州。梅自避，李难俦。菜花依旧遍田畴。残红乱落无人惜，一向繁华逐水流。（沈祖棻 a，2000：144）

以上三首分别作于20世纪30、40、70年代，其中也常见自然风物，但时常变换，多以点状呈现，作为情感表现的触媒或背景的烘托，多有明确的现实隐喻。如第三首词后附程千帆先生笺曰："桃花，白骨精也。菜花，人民群众也。"明显是对刘禹锡《游玄都观》二首诗歌讥刺现实手法的继承，看不到个人对世间万物的真切体验和情感生发过程。诚然，沈祖棻先生亦认为"第一流诗人（广义的）无不具有至崇高之人格，至伟大之胸襟，至纯洁之灵魂，至深挚之感情，眷怀家国，感慨兴衰，关心胞与，忘怀得丧，俯仰古今，流连光景，悲世事之无常，叹人生之多艰，识生死之大，深

哀乐之情，为天地立心，为生民立命，夫然后有伟大之作品。"（沈祖棻，2000b：234）对诗歌文体的本质特征和艺术成就高低评判与叶嘉莹先生相通，在创作中多见自然景物的比兴。但二人的侧重点却截然有别，沈先生侧重于情在物先的"比"，而叶先生更重视由物生情的"兴"。这可以从学缘上解释：沈先生说自己"在校时受汪东、吴梅两位老师的影响较深，决定了我以后努力的词的方向，在创作中寄托国家兴亡之感，不写吟风弄月的东西，及以后在教学中一贯地宣传民族意识、爱国主义精神"。（徐有富，2013：71）而叶先生所倾心的王国维、受业老师顾随更重视直面自然、书写心灵。这里只是路径区分，并没有高下之别，且比、兴都是中国传统诗学的共同追求。例如，钱穆先生阐释古诗的比兴观念："诗尚比兴，多就眼前事物，比类而相通，感发而兴起。故学于诗，对天地间鸟兽草木之名能多熟识，此小言之。若大言之，则俯仰之间，万物一体，鸢飞鱼跃，道无不在，可以渐跻于化境，岂止多识其名而已。孔子教人多识于鸟兽草木之名者，乃所以广大其心，导达其仁。诗教本于性情，不徒务于多识。"（钱穆，2005：451—452）

叶嘉莹先生笔下的自然万物，不求描摹的精准程度，而与自然生发个人情感和对人生的思考，以及现实追求密切关联。这正是叶先生继承并发扬的老师顾随先生的观点，《顾随诗词讲记》卷首便说："一种学问，总要和人之生命、生活发生关系。凡讲学的若成为一种口号或一集团，则即变为一种偶像，失去其原有之意义与生命。"（叶嘉莹，2020a：336—337）叶先生在与他人和社会的广泛联系中，亦秉持着自然与真诚，例如她在杂文中推荐传播石声汉先生的古代农书研究，以期为现代农学提供参考；对张伯礼院士的医者仁心、诗人气质与修养表示敬意，等等。（叶嘉莹，2020a：373—376）这种从生命和生活的广泛联系中呈现出的多样而丰富的情感表现，和一以贯之的感动与真诚，或许正是叶嘉莹诗学成就的独特魅力。

参考文献：

Thoreau, Henry D. (1906). *The Writings of Henry David Thoreau*. 20 Volumes. Boston: Houghton Mifflin Company.

彭玉平（2014）：人间词话疏证．北京：中华书局．

钱穆（2005）：论语析解．北京：生活·读书·新知三联书店．

沈祖棻（2000a）：涉江诗词集．程千帆笺，石家庄：河北教育出版社．

沈祖棻（2000b）：微波辞．石家庄：河北教育出版社．

徐有富（2013）：程千帆沈祖棻年谱长编．南京：南京大学出版社．

叶嘉莹（1997）：我的诗词道路．石家庄：河北教育出版社．

叶嘉莹（2007）：迦陵说词讲稿．北京：北京大学出版社．

叶嘉莹（2014a）：迦陵论诗丛稿．北京：北京大学出版社．

叶嘉莹（2014b）：杜甫《秋兴八首》集说．北京：北京大学出版社．

叶嘉莹（2014c）：迦陵论词丛稿．北京：北京大学出版社．

叶嘉莹（2014d）：迦陵杂文集．北京：北京大学出版社．

叶嘉莹（2015a）：小词大雅——叶嘉莹说词的修养与境界．北京：北京大学出版社．

叶嘉莹（2015b）：荷花五讲．北京：商务印书馆．

叶嘉莹（2016a）：叶嘉莹说诗讲稿．北京：中华书局．

叶嘉莹（2016b）：迦陵谈诗．北京：生活·读书·新知三联书店．

叶嘉莹（2018a）：谈李清照与徐灿二家词对于国亡家破之变乱所反映的态度之不同及徐灿《忆秦娥》（春时节）一词是否与其夫纳妾有关之考辨 // 南开诗学（第一辑）．北京：社会科学文献出版社．

叶嘉莹（2018b）：沧海波澄：我的诗词与人生．北京：中华书局．

叶嘉莹（2019a）：性别与文化——女性词作美感特质之演进．北京：商务印书馆．

叶嘉莹（2019b）：迦陵诗词稿．北京：中华书局．

叶嘉莹（2020a）：迦陵杂文集二辑．北京：北京大学出版社．

叶嘉莹（2020b）：几多心事：叶嘉莹讲十家词．北京：北京大学出版社．

齐益寿（2014）：叶嘉莹先生的诗教特色．北京大学学报（哲学社会科学版），04:60-71.

朱维（2012）：叶嘉莹"兴发感动"理论对王国维"境界"的体系化及反思．重庆师范大学学报（哲学社会科学版），06:37-43.

朱熹（1983）：四书章句集注．北京：中华书局．

朱兴和（2020）：叶嘉莹"兴发感动"说的诞生、逻辑层次及生命诗学意味．古代文学理论研究，02:202-225.

《中国博物学评论》，2023，（07）：66-89.

学术纵横

汉字"原风景"采集笔记

Notes on Collecting the 'Original Scenery' of Chinese Characters

倪云

Ni Yun

摘要：以李学勤主编《字源》和东汉许慎《说文解字》所收录汉字及其字形字义演变为基础，结合《诗经》《周易》等先秦典籍和本人自然观察实践，阐释"鸟兽草木"相关汉字及其初始意象，并以此为线索溯源"采集渔猎农"等先民自然生活"原风景"。

关键词：汉字"原风景"，"鸟兽草木"，"采集渔猎农"，先民自然生活

Abstract: On the basis of the evolution of Chinese characters and their fonts and meanings included in Li Xueqin's *Ziyuan* , Xu Shen's *Shuowenjiezi* in the Eastern Han Dynasty, combined with the pre-Qin classics such as *The Book of Songs*, *The Book of Changes* and my own natural observation practice, this article interprets the Chinese characters about birds/beasts/vegetation and their initial images, and traces the 'original scenery' of the ancestors' natural life such as collecting, fishing, hunting and farming.

Key words: the 'original scenery' of Chinese characters, Birds/Beasts/Vegetation, Collecting/Fishing/Hunting/Farming, the ancestors' natural life.

引子：像猫头鹰一样"观"察

我来自东，零雨其濛。鹳鸣于垤，
妇叹于室。

——《诗经·豳风·东山》

冬候鸟抵汉，我在天兴洲、沉湖湿
地分别见到黑鹳、东方白鹳，细细观察
许久。大长腿身姿优美，就是完全没听
到叫声。同行"鸟人"科普：鹳类鸣管
肌退化，几乎不鸣，只能以上下喙敲击
发声。

这一事实完全颠覆我从"鹳鸣于
垤""鹳鸣知雨来"等诗句中得来的印象，
就像知道中国分布的鹤都不能上树，"松
鹤延年图"上的鹤栖枝纯属想象一样。

回来查了相关典籍，一直摸到"鹳"
字源头——雚，《说文解字》"雚"字
条引《诗经》曰："雚鸣于垤"（许慎，
2020：749），历代释为"水鸟""鹳鸟""鹳
雀"等。

图1 "雚"甲骨文、金文字形和雕鸮（曾
刚 绘）

甲骨文和金文"雚"却是非常明显
的象形字，一眼就能认出来是一种鸟：
猫头鹰（鸮形目鸟类）。多位古文字专
家及相关论著均持此说[1]，并指出雚为
观的本字，商代甲骨文、西周金文皆用
"雚"为"观"，至战国才有加了"见"
的"觀"。《谷梁传》曰："常事曰视，
非常曰观。"一般地看叫视，仔细审视
叫观，后来引申出观察之义。

汉字的产生即源自"观"："仰则
观象于天，俯则观法于地，视鸟兽之文
与地之宜，近取诸身，远取诸物……见
鸟兽蹄迒之迹，知分理之可相别异也，
初造书契。"（许慎，2020：3241）

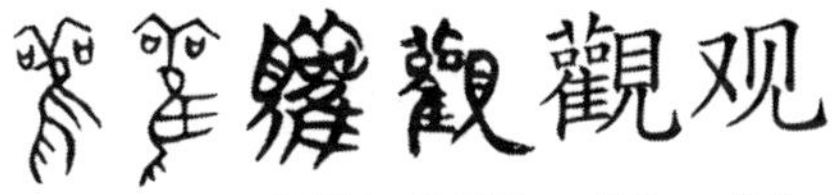

甲骨文　金文　楚系简帛　秦系简牍　楷书　楷书

图2 "观"字源、字形演变[2]

猫头鹰拥有超强视听神经，双眼锐
利警觉，夜视能力强，头可以转270度

[1] 谷衍奎、徐中舒、康殷、左安民、单育
辰等均提及"萑"和"雚"在甲骨文中同为
猫头鹰象形，"萑"以角毛简写，"雚"增
加两"口"，突出一双锐利双眼和鸣叫。李
学勤《字源》312—313页"萑、雚"、763
页"观"；康殷《文字源流浅说》190—193页、
徐中舒《甲骨文字典》408—409页、单育辰《甲
骨文所见动物研究》281—282页等有详释。
[2] 本文所引用古文字形包括甲骨文、金文、
简牍书等，具体字形选择综合参考《字源》《汉
字源流字典》《甲骨文字典》《金文字典》等。

观察，加之捕猎能力强，一度被上古先民尊为"神鸟"。在仰韶文化和红山文化曾发现巨型陶鸮鼎、鸮面陶罐、玉鸮、绿松石鸮等。殷商尚武崇鸟，猫头鹰是崇拜对象之一，被视为"战神"的象征。商王武丁王后妇好墓出土了青铜鸮尊、鸮形玉梳、鸮形玉调色盘等大量"鸮"主题器物。

"鹳鸣于垤"出自《诗经·豳风》，豳在渭河流域，是周族部落的发祥地。这首诗的背景是周公东征，征伐对象为"三监"及与其串通企图复辟的殷商势力——纣王的儿子武庚。诗中主要描述战后征夫还乡心情。

结合全诗氛围，"鹳鸣于垤，妇叹于室"，私以为，此处"鹳"指猫头鹰——前朝"战神"的象征，或更契合主题，也跟另一首诗对应上了：

鸱鸮鸱鸮！既取我子，无毁我室。

——《诗经·豳风·鸱鸮》

事实如何，有待更深考据。出于好奇，我继续翻阅《说文解字》和李学勤先生主编的《字源》，前者收录9353汉字，后者收录古汉语中较常见的6000多字，按《说文解字》顺序排列，完整呈现一个字从甲骨文到隶楷的字形演变脉络。

原本是想搜集跟鸟有关的字，通读几遍，发现很多今天习以为常的字都有"自然源头"，且一些字的本义在《诗经》《尚书》《周易》等早期经典中仍有所呈现。尤其是作为博物学传统之重要源头的《诗经》中的"鸟兽草木"，和汉字初始场景呼应、互文。

翻阅字书感觉像进入一个特别的自然时空场：沿着汉字这条流动的河流去溯源，采集记录那些字里藏着的"原风景"。有些场景流淌至今，依然"不隔"，依然是我们的日常。例如，"采"和"集"两个字，包含了人、鸟、木。"采"是一只手在采摘枝头嫩叶或果实，"集"是群鸟集于树上。

【采】甲骨文 【采】金文 【集】甲骨文 【集】金文

图3 古文字"采""集"

采——从"不""才"到"蓝""绿"

屯者，物之始生也。

——《易传·序卦传》

参差荇菜，左右采之。

——《诗经·周南·关雎》

常棣之华，鄂不韡韡。

——《诗经·小雅·常棣》

万万想不到，每天都在用的"不"字居然是种植物器官，《诗经》里的"鄂不韡韡"，"鄂"通"萼"，"不"用其本义。"不"和"丕"原为一字，具体是哪种器官尚有争议，主要有花蒂花托说、胚芽说和根部说。

把一些古文字放一起，能看到一株植物从萌芽到长叶、抽枝、开花、结果的过程。

才：草木初生，破土而出的样子。

屯：草木初长，似乎比"才"长开了一点。万事开头难，《易经》乾坤两卦过后，第三卦即屯卦，雷雨交加，万物萌生。

耑："端"字源，发芽抽枝，植物正式发端。

华、荣、桑：草木开花。荣华本是花开，无关富贵。华即花，初字是一朵象形的草木之花，下有花蒂。荣字繁体头上两把火，桑则三把火，繁花似火之象。

果：树上结果，古今变化不大。

古人到底采了哪些植物？到《诗经》里看一看。

数了下，305首诗，涉及"采"的超过20首。采祭、采食、采药、"采衣"，陌上、田间、水边、山冈，处处采。有些植物食药祭多用，大致分为以下几类：

蚕桑祭祀：采桑、采蘩、采蘋、采藻、采荇菜

《诗经》开篇即是采荇菜，历代说

【才】甲骨文　【屯】甲骨文　【耑】甲骨文　【不】甲骨文　【荣】金文　【果】金文

图4　古文字里的"植物生长"

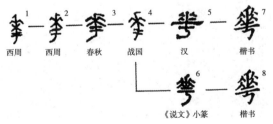

huā 晓纽、鱼部；晓纽、麻韵、呼瓜切。

西周　西周　春秋　战国　汉　楷书
《说文》小篆　楷书

图5　"花""华"初字（《字源》［中册］554页）

法颇多。从字源字形看，行—荇—衍或有关联。荇菜繁殖能力很强，既可种子繁殖，也可用根茎芽繁殖。荇菜果实成熟后，自行开裂，借助水流传播，生长起来总是铺满一大片水面。远古时代，利于采食。祭祀则用于祈求繁衍生息。朵朵小黄花星星点点，倒影在水，佳人和影亦在水，画面让人心动。除了荇菜，也采蘋、藻等水生植物为祭。

采桑为名场面，在甲骨文里桑树是极少见的拥有自己"独立形象"的树，地位可见一斑。汉字源于象形，但古文字里纯粹的象形字比例其实并不高，具体到动植物，专门造象形字的，都是身边最熟悉且重要的物种。

蘩为菊科蒿属植物，嫩叶可食。采蘩，或也和蚕桑有关，不同时令采，功用不同。说法众多：嫩叶覆盖幼蚕"暖被"说；以叶垫蚕筐或做蚕山促结茧说；编蘩为蚕箔蚕筐说；煮汁浸泡蚕种说：清

【行】甲骨文　　【行】楚系简帛　　【荇】楚系简帛　　【衍】甲骨文　　【衍】金文

图6　古文字"行""荇""衍"

图7　武汉解放公园荇菜（倪云　摄）

除蚕卵上杂菌，促孵化；搓绳晒干，点燃放在蚕室熏蚊虫说等。小时候，叔公（外公弟弟）家有几间蚕室，春节返乡特意请教，他只说春天采来浴种的可能性大些，至于驱虫则多用艾。古今养蚕条件及地域有别，难下定论。金文繁字，右下可见结绳状。

【桑】甲骨文　【桑】甲骨文　【繁】金文　【繁】说文·糸部
图 8　汉字"桑""繁"

粗食野菜：采葑、采菽、采芩、采苦、采薇、采蕨、采芑、采芹、采茆

野菜可略分为两类，一为粗食果腹，或取含淀粉高的植物粗大地下茎块为食，如葑、菲、薯等，"葑菲之采，略可一食"，后引为谦辞；或高蛋白植物如菽，即大豆；或能吃尽吃，"苦"，也是真的可以吃的。"幡幡瓠叶，采之亨之"（《诗经·小雅·瓠叶》），葫芦科植物，不仅吃瓜，叶子和藤，也煮来吃。

一为采食春鲜，山蕨、水芹等。每年春天，外婆总要上山采点蕨菜，我小时候吃了很多。"南山有杞"（《诗经·小雅·南山有台》），"薄言采芑，于彼新田"（《诗经·小雅·采芑》），木旁"杞"和草头"芑"，是两种植物。

枸杞头、荠菜、马兰头并称为"春野三鲜"，江南吃货的最高境界则是：莼鲈。"思乐泮水，薄采其茆"（《诗经·鲁颂·泮水》），茆即莼菜。莼菜和松江鲈鱼，都已成濒危物种。

【杞】甲骨文　【芑】楚系简帛　【芹】楚系简帛　【瓜】金文
图 9　古文字"杞""芑""芹""瓜"

本草为药：采采卷耳、采采芣苢、采艾采蝱

中国本草，常身兼食药两用。芣苢即车前草，记事起就听长辈念叨：车前草儿清热利尿。艾草香则从出生起一路伴随：在老家，有用艾草煮水擦洗新生儿的传统；清明节包艾草青团、端午节佩戴艾草香囊；长大后睡艾草枕头、受凉了用艾草洗头泡脚，至今家中老人每年都会采艾晒干，装袋送来。

"陟彼阿丘，言采其蝱"（《诗经·鄘风·载驰》），"蝱"为贝母草，据考为葫芦科的假贝母（刘从康，2021：80）。此处"蝱"为"莔"的假借字，下半部"囧"字作为网络流行符号火了，被形容为"21世纪最风行的单个汉字"之一，表示"尴尬、郁闷、无奈、困窘"等。"囧"本义

【囧】甲骨文　【囧】金文　【囧】说文·囧部　【囧】楷书

【明】甲骨文　【明】金文　【明】说文·明部　【明】楷书

图10　"囧""明"字形演变

其实是一扇透着光的窗户，旁边加上一弯月亮，月照窗户，就是"明"字。

粗服之色：采葛、采蓝、采绿

家乡人采葛，多是挖葛根做葛粉，清凉下火。古人采葛，还为了取纤维制作夏衣，"冬日麑裘，夏日葛衣"（《韩非子·五蠹》）。"终朝采绿，不盈一匊。""终朝采蓝，不盈一襜"（《诗经·小雅·采绿》），此处蓝、绿都是可用于染色的植物：绿通菉，即荩草；蓝指蓼蓝。自然界中，可提取靛蓝的植物还有十字花科的菘蓝、爵床科的马蓝等，《本草纲目》里分为蓼、菘、马、吴、木五种。兜兜转转，现在又流行起自然色。蓝染、植物染、草木染，大受欢迎。

集——练"习"、"奋"斗、前"进"

黄鸟于飞，集于灌木——《诗经·周南·葛覃》

燕燕于飞，差池其羽——《诗经·邶风·燕燕》

鸳鸯于飞，毕之罗之——《诗经·小雅·鸳鸯》

看多了古文字后，走火入魔，看什么场景都像字，特别是观鸟时。

一日，行走绿道，见一群金翅雀时飞时栖，聚在树上的样子可不就是个"集"字？完全就是《诗经》里"黄鸟于飞，集于灌木"的场景。

又一日，三只黑脸噪鹛在树上打闹，"diu—— diu ——diu"聒噪个不停，简直"噪"字本字。喿（"噪"初字）和"集"都是会意字，区别在于"集"字三只鸟，表示鸟群聚，"喿"字三张口，表示群鸟鸣，楷体又加了一个口，更吵了。

古人不用特地去观鸟，与鸟为伴是他们的日常，以至于造字时，很多以鸟

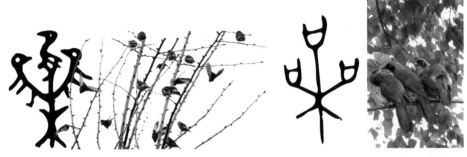

图 11　金文 "集"、金翅雀集于树（倪云　摄于武汉金银湖绿道）

图 12　金文 "桑"、黑脸噪鹛（倪云　摄于武汉金银湖绿道）

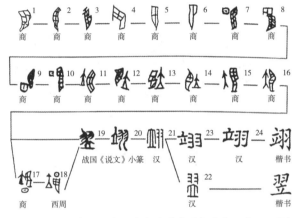

图 13　"翌" 字源、字形演变（《字源》［上册］298 页）

为参照。

　　殷商甲骨文借用羽片计时，翌日的 "翌" 起初是一片羽毛，后来为了表意明确，增加意符兼音符 "立"，变成 "翊" 或 "翌"。翌、翊同源，卜辞里 "羽、翊、翌、昱" 常通用，表示 "将来之日" "往后之日"，不限于明日，一旬之内数日皆可。

　　鸟飞太快，疾飞而羽不见，称之为 "卂"，意为疾速。后增加走之底，作 "迅"。

　　门或窗开合似双翅，有 "扇" 有 "扉"。

下雪如漫天飞羽，《诗经》里说 "雨雪霏霏"。下雨天，群鸟 "霍霍霍" 快速飞过，回巢避雨。雨肯定下得又急又大，像夏天的阵雨。

　　"唯" 表示小鸟应答，一只小鸟加一张口，"唯唯诺诺" 的样子。

　　一对小鸟为 "雔"，中间加个 "言" 变成 "雦"（讎）。"雔" "雦" 同源，后演化成 "仇"。本义是匹配、对等、应答之意，想不通怎么会演化出仇恨、仇敌的意思。《左传·桓公·桓公二年》

【卂】金文　　　【飞】楚系简帛文　　　【翼】金文　　　【霍】甲骨文

【唯】甲骨文　　　【雔】金文　　　【雦】金文　　　【雗】金文

图14　古文字里的飞羽和应答

【只】甲骨文　【双】楚系简帛　【获】秦系简牍　【离】甲骨文　【罹】说文·网部

【堇】甲骨文　　　【艰】甲骨文　　　【艰】金文　　　【难】金文

图15　汉字里的"离"别、"艰难"和收"获"

给出一种说法："嘉耦曰妃，怨耦曰仇"，此处"耦"通"偶"。

《诗经·邶风·谷风》里弃妇讨伐负心汉说"不我能畜，反以我为仇"，怨气很重。还有一个中间有"心"版本的雔字，从西周时就出现了，一直延续到汉代以后才消亡。爱恨情仇，全在一颗心。

鸟被捉到，于人，是"获"得，于鸟，是"离"别、"罹"难。捕获一只鸟，叫"只"，"只"和"获"初字是同一个。

捕获两只鸟为"双"。

"难"，和鸟有关。艰（艱）、难（難）、叹（嘆），共同构字部件后来演变成了"堇"，其甲骨文为会意字，表示焚两臂交缚之人牲以祭。古文艰字为"堇"（或"女"）+"鼓"（初文），难字则是"堇"+"隹"或"鸟"。

当代社畜"打了鸡血"似的反复练习、奋斗前进，原来都是鸟的切身经历：

习：小鸟在阳光下，练习飞翔。

进：鸟行走时只能前进，不能后退，甲骨文"进"即一只小鸟加脚趾之形。

夺：鸟在衣（或笼）中，一只手伸过去夺取过来。

奋：鸟在衣（笼）中，下有田猎陷阱，唯有奋力才能逃脱。

"鸳鸯于飞，毕之罗之"，毕、罗、罕等，都是捕鸟的网子或其他工具。弓箭自然少不了。以箭射鸟谓之"雉"，猎到的鸟中野鸡很多，后来"雉"逐渐代指这类鸟。弯弓打鸟为"隽"，鸟肉滋味肥美，回味深长，后延伸出隽永之意。弋射到的鸟，叫"鸢"，即鹞、鹰、鸢之类猛禽。用锅煮鸟吃叫"镬"，以火烤鸟有时会烧"焦"。

人和鸟并不总是捕和被捕、吃和被吃的关系。

野人无历日，鸟鸣知四时。古人根据鸟的迁徙、繁殖等习性来判断节气、物候、时间。甲骨文"雇"，为"户"与"隹"或"鸟"的组合，本义为农桑候鸟名。雇，古音从户声。九雇，又称九扈，或从读音"户"讹变而来。

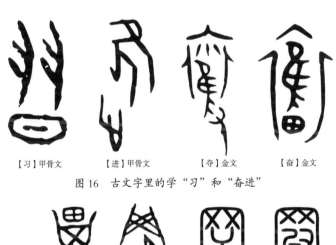

【习】甲骨文　【进】甲骨文　【夺】金文　【奋】金文

图16　古文字里的学"习"和"奋进"

【毕】金文　【罗】甲骨文　【罕】说文·网部　【羉】说文·网部

【雉】甲骨文　【隽】说文·隹部　【鸢】金文　【镬】甲骨文　【焦】说文·火部

图17　汉字里的"捕鸟工具"及猎物

《左传·昭公·昭公十七年》载：少皞"以鸟司时"，凤鸟为历正，玄鸟、伯赵、青鸟、丹鸟司分、至、启、闭，又"以鸟名官"，九扈（九雇）为主管农事的官名。

古字中出现的象形鸟有乌、舄、燕、隹、焉等，除了"焉"确实"语焉不详"，只说是种黄鸟，其他鸟今天依然是我们身边熟悉的鸟。

乌，乌鸦；舄，鹊；燕，燕子；隹、雈，即开头提到的猫头鹰。猫头鹰头部大部分长有耳状簇羽，角毛和两只大眼是标志性特征，"雈"完整象形，"隹"只取角毛。奇怪的是，"隹"作为猫头

鹰流传下来，"雈"却一直被安在不会鸣叫的鹳鸟身上。

"旧"，是一只猫头鹰踏进"臼"里，后假借、引申为非新的、故旧的、长久的。一只猫头鹰被抓住称为"蒦"，本义为被抓住、持取，通"与"，构成连词"与其"。战国中山王鼎铭文："蒦其溺于人也，宁溺于渊"。"蒦"上半部应为"雈"而非"萑"，汉字演变过程中，上方象征角毛的构件和草字头逐渐混淆。

还有几种会意字鸟：雀为依人小鸟，雀形目的小鸟，如麻雀；翟强调羽毛长，为长尾雉类鸟；雝或雍，或称雝渠、雍渠，

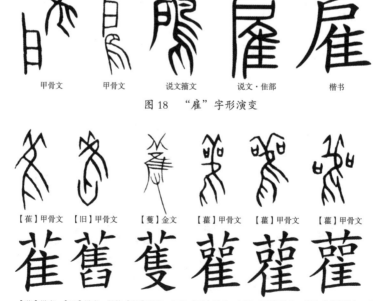

甲骨文　甲骨文　说文籀文　说文·隹部　楷书

图 18 "雇"字形演变

【隹】甲骨文　【旧】甲骨文　【蒦】金文　【萑】甲骨文　【雈】甲骨文　【萑】甲骨文

【隹】楷书　【旧】楷书－繁体　【蒦】楷书－台湾　【萑】楷书－台湾　【雈】楷书－香港　【萑】楷书－大陆

图 19 汉字里的"猫头鹰"

【乌】金文　【舄】金文　　【燕】甲骨文　【焉】金文　　【雀】甲骨文　【瞿】甲骨文　【雍】金文

图 20　古文字里的象形鸟和会意字鸟

【西】甲骨文　【西】金文　【西】楚系简帛　【西】秦系简牍　　【巢】金文　【窠】说文·穴部

图 21　汉字里的鸟巢

古文字形为在水边石上鸟,《毛传》《尔雅》等均释为鹡鸰,即《诗经》里"脊令在原"(《诗经·小雅·常棣》)的"脊令"。

鸟窝,在木上曰巢,在洞中曰窠。

"西"字本义是个鸟巢,后来被借去指方位。

渔——"学"会结网和"冓"通

作结绳而为网罟,以佃以渔。——《易传·系辞下》

有鳢有鲔,鲦鲿鰋鲤。——《诗经·大雅·潜》

九罭之鱼,鳟鲂。我觏之子,衮衣绣裳。——《诗经·豳风·九罭》

甲骨文"渔"字,至少描述了三种捕鱼方式:下水摸鱼、钓鱼、用网捕鱼。网鱼的效率最高,学会结网很重要。"学"字甲骨文上半部分解释不一,古文字学家朱芳圃先生释为"左右两手结网之形"。

结绳为网,不只用来捕鱼,还可以捕鸟、捕兽。古人分得很细,有些是专门的渔网,有些通用。网字旁简化成"罒",类似横着的眼睛,上部有这种构件的字,多和网有关。

《字源》"网"部收录了 20 多种网或者相关捕器,构造和功用略有细分:

捕鱼网:罩——从上往下网的捕器;罾——用竹竿或木棍作支架沉入水

中的捕鱼器；罦——捕鱼竹网；罛——大渔网，《诗经·卫风·硕人》："施罛濊濊，鳣鲔发发"，大美人从家世、长相到陪嫁随从都风光体面，渔网也得大的才相称；罶——捕鱼竹器，鱼进入其中出不来，《诗经·小雅·鱼丽》："鱼丽于罶，鲿鲨……鲂鳢……鰋鲤"，打了不少鱼，难怪要美酒待客；罜丽——小渔网；罧、罬——捕小鱼的网，《诗经·豳风·九罭》："九罭之鱼"。

捕鸟网： 罕、罗、罻。

捕兔网： 罘、罝——《诗经·周南·兔罝》："肃肃兔罝"。

通用网： 罟——网的总称，结绳为网罟；罠——捕兽网；罨——撒出去把鱼或鸟罩住的网；罭——通过发动机关把鸟兽覆盖其中的网。《诗经·王风·兔爰》："有兔爰爰，雉离于罗"。

网到鱼后，用手掂量几斤几两，引出"再"，即"称"（稱），后来称的当然不只是鱼了。

再来一条鱼，为"再"，引申为两次、再次等意。

两鱼相遇为"冓"，遘、媾、觏、溝(沟)等字的源头。殷人祭祀时，把与神灵沟通也称为"冓"，让人想起著名的半坡人面鱼纹陶盆，其中一组图案就是两鱼相向而游且遇于人面。

这几个字里的"鱼"，也可能是以鱼为名的其他水生生物之形，待考。

鱼字旁的字所指的一些生物今已灭绝或濒危，一些至今仍是餐桌上常吃的。《诗经》中有20多首诗涉及鱼，记录

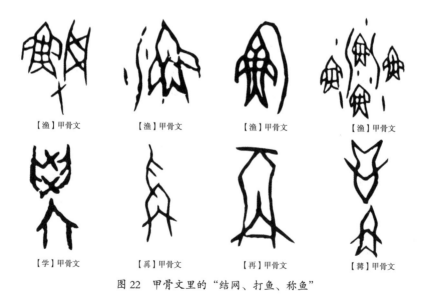

【渔】甲骨文　　【渔】甲骨文　　【渔】甲骨文　　【渔】甲骨文

【学】甲骨文　　【禹】甲骨文　　【再】甲骨文　　【冓】甲骨文

图22　甲骨文里的"结网、打鱼、称鱼"

了大约 13 种鱼（或以鱼为名的水生生物）：鲂、鳏、鰋、鳟、鲿、鲨、鳢、鰋、鲤、鳣、鲔、鲦、鳖等。

鲂出镜最高，在 7 首诗中共出场 9 次。《尔雅·释鱼》里注："江东呼鲂鱼为鳊"。《本草纲目·鳞三·鲂鱼》："鲂鱼处处有之，汉沔尤多。小头缩项，穿脊阔腹，扁身细鳞，其色青白。"

鲂即鳊鱼，武昌鱼常选用的鱼种为长春鳊、三角鳊和团头鳊，主产湖北鄂州（古武昌所在地）梁子湖。其中团头鳊，又叫团头鲂，是新中国成立后第一种被命名的淡水鱼。

鳣鲔级别最高，无论是在《诗经·周颂·潜》里用作祭祀的"有鳣有鲔"，还是《诗经·卫风·硕人》庄姜初嫁盛况里要下大网去网的"鳣鲔发发"、《诗经·小雅·四月》里的"匪鳣匪鲔，潜逃于渊"，鳣鲔总是并举。这两种鱼在《山海经》中出现过，《周礼》也记载有"春献王鲔"。

鳣、鲔都为鲟形目大鱼，古老而珍贵的孑遗鱼类。中国是世界上鲟鱼资源较丰富的国家，长江是主要产区之一。

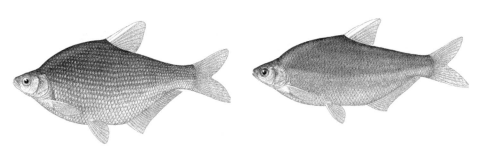

图 23 团头鲂（左）、长春鳊（右）（曾刚 绘）

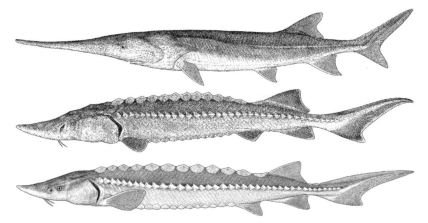

图 24 白鲟、中华鲟、长江鲟（从上至下）（曾刚 绘）

图25 鳘、贝氏鳘、黑尾鳘条（从左至右）（曾刚 绘）

长江里著名的三种鲟，为白鲟、中华鲟、长江鲟（达氏鲟）。渔民流传一句谚语"千斤腊子万斤象，黄排大得不像样"，象指白鲟，腊子为中华鲟。曾经的长江"鱼王"白鲟，传说最大能长到7.5米、上万斤，2019年底被宣布"功能性灭绝"。中华鲟、长江鲟也已被列为世界自然保护联盟（IUCN）红色名录"极危"物种。长江的生物完整性，到了最差的"无鱼"等级。

《诗经》里毫不起眼，只在《诗经·周颂·潜》打了个酱油的"鲦鲿鰋鲤"之鲦，又名鲹，民间称"餐条""白条"等，是最常见的一种淡水鱼，因为个头小，被叫作小杂鱼，农家院端上来的"油炸野生小鱼"常有它。

《本草纲目·鳞三·鲦鱼》介绍得很清楚："鲦，生江湖中小鱼也。长仅数寸，形狭而扁，状如柳叶，鳞细而整，洁白可爱，性好群游。"

小杂鱼，出现在《庄子·秋水》著名的"濠梁之辩"：

庄子曰："鲦鱼出游从容，是鱼乐也"。

惠子曰："子非鱼，安知鱼之乐？"

庄子曰："子非我，安知我不知鱼之乐？"

从此鲦鱼成为中国文学里"鱼游之乐"的象征，唐朝独孤及"归时自负花前醉，笑向鲦鱼问乐无"，宋朝欧阳修《游鲦亭记》、苏东坡"骑上下山亦疏矣，鲦从容出何为哉"里的"鲦"，都是指的这种江湖小杂鱼。

猎——有"能"有"为"，"兽"鹿可"庆"

呦呦鹿鸣，食野之苹。——《诗经·小雅·鹿鸣》

不狩不猎，胡瞻尔庭有县狟兮？——《诗经·魏风·伐檀》

亨，小狐汔济，濡其尾，无攸利。——《易经·未济卦》

甲骨文"单"是个象形字，本义指一种狩猎用的武器。"兽""战（戰）"

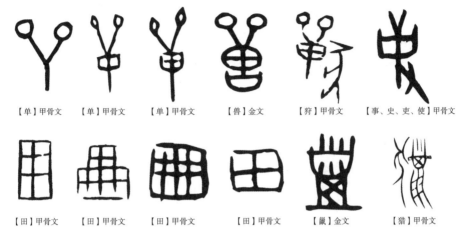

| 【单】甲骨文 | 【单】甲骨文 | 【单】甲骨文 | 【兽】金文 | 【狩】甲骨文 | 【事、史、吏、使】甲骨文 |

| 【田】甲骨文 | 【田】甲骨文 | 【田】甲骨文 | 【田】甲骨文 | 【鼠】金文 | 【猎】甲骨文 |

图 26　古文字里的狩猎、田猎

均和"单"有关。带上工具，加一条犬，即为狩（獸）。"鼠"是动物头颈上粗硬毛发丛立的象形，加条犬，成了"猎（獵）"。"田"字在古汉语里也常用作猎取的意思，田猎并举。

甲骨文"田"字既有田猎战阵之形，又有井田之形。远古生存，先是男猎女采，后来男耕女织。很长一段时间，采猎耕织并存。农忙时稼穑，农闲时渔猎，或者同时进行。刀耕火种，种田和捕猎的工具类似：刀与火。猎田和耕田相去不远，时有交集。

手持猎具之形，叫"史"，也是"事"，史、吏、事、使同源，在甲骨文中为同一字，后来才分化。打猎关系到衣食，为头等大"事"。"吏"最早可能是承担狩猎记录、看管猎物等"使"命的人，写下历"史"：今日猎到某物若干。

工具、猎犬、场地都有了，还需要了解一些动物习性和基础常识，比如辨识鸟兽爪印、足迹——"采"（bian），即《说文解字》序里提到的"见鸟兽蹄迒之迹，知分理之可相别异也"。

古人识别动物印迹，是为了生存。后来造字，这种经验自然而然成为灵感来源并转化为初始字形。由"采"延伸出"悉"——用心记住鸟兽痕迹，熟悉捕猎知识；"审"——仔细辨识不同动物的印迹；"释"——解说有关鸟兽印迹的情况，可谓自然解说的原始形态。

| 【采】甲骨文 | 【审】金文 | 【悉】秦系简牍 | 【释】说文·采部 |

图 27　汉字里的"鸟兽印迹辨识"

猎物主要是什么？

《周礼·天工·庖人》记载"庖人掌六畜、六兽、六禽"，六畜为驯养的马牛羊鸡犬豕，至今很多农村过年时仍要贴红纸，上书"五谷丰登、六畜平安"。六禽六兽具体指代有争议，引用较多是郑玄笺：六禽，雁、鹑、鷃、雉、鸠、鸽；六兽，麋、鹿、熊、麕、野豕、兔。

在《诗经》中，这些飞禽走兽都有出场。专门的田猎诗共约9首，野猪因为繁殖快、种群数量大、体壮肉多，成为被记录最多的猎物，甚至细分到豝（母野猪）、豵（小野猪）、豜（三岁野猪）等。《风》《雅》《颂》里提到的兽类猎物还有兔、虎、狼、麇（母鹿）、鹿、兕（犀牛）、熊、罴、豹、狐、狸、貘、狟等，跟商代甲骨文狩猎卜辞所涉兽类以及殷

墟出土兽类骨骼记录重合度很高。

"能"是熊本字，甲骨文字形就是一头熊，"熊"本义为火势旺盛，即熊熊大火。"能"被借去表示能力、才能等，改用"熊"来表示本义。熊（能）在网下疲困的样子，为"罷"，即今天罢免的"罢"。

网下如果是兔子，为"冤"。兔子跑得快，兔加"走之底"等于逃逸的"逸"。

网下有"马"，为"骂"。用网绊住马，为"羁"，本义为马络头。

马和犬是狩猎好帮手，后来还兼从军助阵、看家护院等，品种很讲究。《说文解字》收录了120多个跟马有关的字，关于马的专名就有50多个，不同年龄、不同颜色的马名称都不同，骊、骍、骙、骦、骓、骃、骢、骉、骠、骍等。马雄

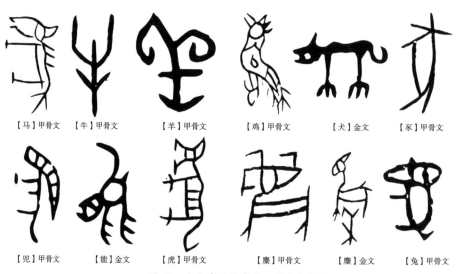

【马】甲骨文　　【牛】甲骨文　　【羊】甲骨文　　　【鸡】甲骨文　　【犬】金文　　【豕】甲骨文

【兕】甲骨文　　【能】金文　　【虎】甲骨文　　　【麇】甲骨文　　【麋】金文　　【兔】甲骨文

图28　古文字里的家畜、家禽和野兽

【尨】甲骨文　　　【臭】甲骨文　　　【狱】金文　　　【猋】金文

【罢】秦系简牍　　　【罚】说文·网部　　　【冤】说文·兔部　　　【逸】金文

图29　汉字里的"犬马"和困于网下的"动物之态"

【鹿】甲骨文　　【麀】甲骨文　　【丽】金文　　【庆】甲骨文　　【庆】金文　　【麓】甲骨文　　【尘】籀文

图30　古文字里的"鹿"

壮的样子为"骄"和"骙"。所谓"毛病"，最早就是指马的毛色有缺陷、不够理想，"驳"字本义为马毛色不纯。

犬也有多种，狡、猲、獢、猛、猃等。主要以嘴的长短和毛的多少区分，多毛犬专造了个象形字"尨"。狠：狗边叫边斗的声音；戾：狗弯身钻狗洞；默：狗偷偷地去追人；猝：狗突然窜出追赶人；猋：众犬狂奔，飙为暴风；狂：狗发疯。狗鼻子灵敏，闻味追猎物，为"臭"，本义为嗅。"狱"字两条狗，有释为狗咬狗，引申为诉讼，也有释为"两狗＋刑具＝犯罪"。

《诗经》里有些田猎诗的关注点不在猎物，而是与公侯乃至王室的某种礼制活动、宗庙祭祀或军事演练相关。鹿，是仪式上的重要象征之一。鹿柔顺而善奔，外形美丽，寓意有婚配、长寿、权力、地位、灵性等。

甲骨文的鹿字姿态各异。古人婚娶

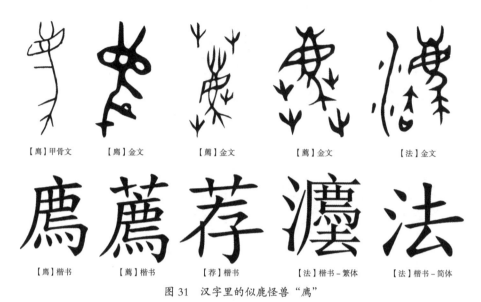

| 【廌】甲骨文 | 【廌】金文 | 【薦】金文 | 【薦】金文 | 【法】金文 |

| 【廌】楷书 | 【薦】楷书 | 【荐】楷书 | 【法】楷书-繁体 | 【法】楷书-简体 |

图 31 汉字里的似鹿怪兽"廌"

| 【象】甲骨文 | 【象】甲骨文 | 【象】金文 | 【为】甲骨文 | 【为】金文 |

图 32 古文字里的大象

以两张鹿皮为聘礼,"丽"字本义为成双,"伉俪"一词由此而来。带着鹿皮真心诚意前去祝贺,为"庆",甲骨文、金文"庆"字心形打眼,《说文解字》将"庆"列在心字部。鹿奔林中,为"麓"。群鹿奔跑扬起尘土,为"尘"。奔跑之快,"鹿驰走无顾,六马不能望其尘"。

传说中能辨别是非曲直、帮人断案的似鹿怪兽,名"廌"。廌吃的草叫"薦",后演变简化成"荐"。断案兽加上水(寓意可能是断案当公平如水),为"法"。

奇怪的是,传说中是独角兽,甲骨文、金文里都是两只角。

"2021 年度动物"——象,古字形有长长的鼻子,一眼就能辨别。

手牵大象去劳动,叫作"为"。狩猎卜辞有"获象"之语,殷墟也出土大量象齿、象骨等,可见古中原大象成群非虚言。彼时处在仰韶暖期,黄河流域气候温暖,雨水丰沛、草木丰盛,适于大象生存。据《竹书纪年》载,公元前903 年、前 897 年,汉水两次结冰,此后进入持续性大规模气候变冷期。至周代末年，黄河流域已不见大象。

战国时韩非子有段议论说："人希少见生象也，而得死象之骨，案其图以想其生也，故诸人之所以意想者，皆谓之'象'也。"——想象一词由此而来。到东汉，《说文解字》直接把象描述为"南越大兽"，可见已南迁至热带地区了。

农——"齐"心"劦"力，"历""年"受禾

王大令众人曰劦田，其受年，十一月。
　　——殷墟甲骨武丁卜辞

四月秀葽，五月鸣蜩。

六月食郁及薁，七月亨葵及菽，八月剥枣。

九月筑场圃，十月纳禾稼。黍稷重穋，禾麻菽麦。
　　——《诗经·豳风·七月》节选

要开展农业，天时（适宜的光照、降雨、气候）、地利（可耕种的土壤及匹配的种子）、人和（会用农具、懂得农业生产技术的人以及协力耕作），缺一不可。

务农，先开荒。持工具"辰"开荒除草，为"农"和"耨"。金文"辰"为蜃蛤（蚌类）象形，上古以蚌壳为工具，从新石器时代到商代遗址都有蚌器出土，包括蚌刀、蚌锯、蚌铲等。古人日出而作，早上拿着"辰"去干活，为"晨"。辱，本为拿着"辰"器清除秽草，引申为身处污秽中，慢慢延伸出"耻辱羞辱"之意。

"辰"，后被借去命名天上的星辰，并作为十二地支之一，用于纪时纪月纪年。五行中，辰属土。十二生肖中，辰为龙。龙管兴云降雨，是历代祭祀"求雨"供奉的主对象。辰在天，为水星。天上地下，始终分管农业口，顺带兼管天文。

甲骨文卜辞里有大量求雨之辞："及雨""雨不时辰""帝令雨足"等，有时求雨，有时求止雨，求雨足且适时。到了周代，宣王二年（公元前 826 年）至六年（公元前 822 年），连年大旱。《诗经·大雅·云

【辰】甲骨文　　【辰】金文　　　【晨】甲骨文　　【辱】楚系简帛　　【农】甲骨文　　【农】甲骨文　　【农】金文

图 33　古文字里的农耕"神器"——"辰"

【年】甲骨文　　【年】金文　　【季】甲骨文　　【季】金文　　【历】甲骨文　　【历】金文

图34　古文字"季""年""历"

【劦】甲骨文　　【齐】甲骨文　　【利】甲骨文　　【刍】甲骨文　　【艺】甲骨文　　【艺】甲骨文

图35　甲骨文里的"齐心协力"和农艺

汉》即为宣王祈雨之辞，全篇言辞凄烈：无神不祭，无牲不用，礼神的玉器也用尽了，各路神仙、各位祖宗，怎么还听不到我们的求雨之声！

年有足雨，禾有及雨，这件事情太重要了。卜辞多次问"受禾""受年"事宜，年与禾紧密关联，有时"禾""年"通用。甲骨文"年"字为一人负禾形象，"季"为禾之子即幼禾，"季"引申为最小、最后等，后引申为季节。"历"，脚从庄稼田中一步一步走过，日子也就一天天过了。

大王不仅求雨，还下令众人"劦田"。殷墟甲骨武丁卜辞："王大令众人曰劦田，其受年，十一月。"甲骨文"劦"为三把耒耜型农具，合力并耕是为"劦"，即齐心协力之协。以刀割禾为"利"，三棵谷穗整整齐齐排队为"齐"。庄稼种得好，齐整多穗是值得骄傲的事儿吧。

种田也讲究"艺"法，最早的艺非文艺，非工艺，乃农艺。"艺"为会意字，一个人手拿禾苗去栽种，半蹲乃至跪着的身姿，格外虔诚。大地、植物、阳光、雨露、劳动、生长，是原野上真正的艺术。《孟子》曰："后稷教民稼穑，树艺五谷，五谷熟而民人育。"

老子《道德经》曰："天地不仁，以万物为刍狗；圣人不仁，以百姓为刍狗。""刍"（芻）本义为拔草，后引申为割草拔草的人或喂牲口的草料；"刍言"指草野之人言论，"刍议"为草野之人浅见；"刍狗"为草扎成的狗，用于祭祀或殉葬。

"五谷"说法众多，主流观点有两种：麻、黍、稷、麦、菽，或者稻、黍、稷、麦、菽，区别在于稻和麻。古代政治文化中心在黄河流域，稻主产南方，因此起初无稻，随着稻作种植面积及影响力扩大，稻渐代麻。

整体而言，在甲骨文卜辞和《诗经》里，稻的存在感较弱。食稻、食粱和衣锦一样，是小众享受。华北平原受自然条件限制，只适宜种植抗旱性强的黍（大黄米）、禾（粟，即小米）、麦。

"彼黍离离，彼稷之苗。行迈靡靡，中心摇摇"（《诗经·王风·黍离》），商周时期，黍稷为王。黍稷是卜辞和《诗经》中的明星：二者或合体或单独，在《诗经》里出现次数多达27次；麦不过7次，稻5次，粟3次，菽10次。

作为"五谷长"兼"社稷"代言人，稷的身份扑朔迷离。黍、禾、麦的长相和分类识别则直接呈现在了甲骨文字形里：

"黍"为禾本科黍属，开展的圆锥花序，穗形披散；黍可用来酿酒和制作糕点，甲骨文"黍"字有旁边加水的版本，意指"入水为酒"。

"禾（粟）"为禾本科狗尾草属，圆柱状或者纺锤状圆锥花序，穗攒聚下垂；

"麦"为禾本科小麦属，穗状花序直立，成熟时也基本保持直立状态，从"来""麦"字形可见穗直挺。

春种一粒粟，秋收万颗子。小米作为古代黄河流域第一粮食作物，延续了很长时间，直到"外来户"小麦后来居上。到春秋时期，已经出现《诗经·卫风·载驰》中"我行其野，芃芃其麦"的景象。

《诗经·大雅·思文》"贻我来牟"中，"来"是"麦"的本字，"麦"为"来"下面加脚，表外来之意。来和麦颠倒使用几千年，约定俗成。小麦原产西亚，中国最早的小麦遗存发现于新疆孔雀河畔的古墓沟墓地，距今约3800年。

【黍】甲骨文　【黍】甲骨文　【禾】甲骨文　【禾】甲骨文　【来】甲骨文　【麦】甲骨文

图 36　甲骨文里的"禾本科分类"：禾、黍、麦（来）

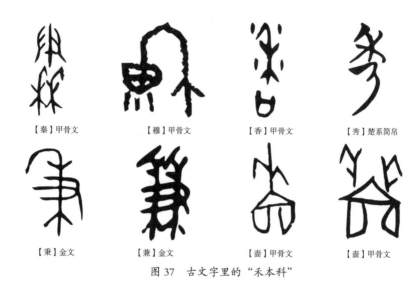

| 【秦】甲骨文 | 【穆】甲骨文 | 【香】甲骨文 | 【秀】楚系简帛 |
| 【秉】金文 | 【兼】金文 | 【啬】甲骨文 | 【啬】甲骨文 |

图 37　古文字里的"禾本科"

　　跟禾本科植物一样，禾字旁的字在字典里也是大户：手拿一禾，为"秉"。拿二禾为"兼"；"秀"为谷物吐穗开花，秀色确实可餐；"穆"为庄稼成熟的样子，金灿灿、沉甸甸的谷子累累，沉稳大气；"香"为黍稷馨香，"稻"花香里说丰年的香，能做成喷喷香饭的香；"秦"为双手持杵舂禾状，八百里秦川，有泾、渭、沣等大大小小八条河流润泽，灌溉便利，也曾是天下粮仓。回顾麦、来、黍的甲骨文字形，"秦"下半部应是哪种农作物？张仪揭晓答案："秦地半天下……车千乘，骑万匹，粟如丘山。"（《战国策·史部·张仪为秦破从连横》）

　　庄稼收入粮仓，为"啬"。"吝啬"在今天的语境里多表品性小气，但《易传·说卦传》大赞这种品质，认为"坤为地，为母，为布，为釜，为吝啬……"。"吝啬"其实是对大地母亲的赞美，坤为大地，万物归藏之所，滋润、孕育、保养生活在大地上的一切生灵。

参考文献

陈梦家（1988）.殷虚卜辞综述.北京：中华书局。

谷衍奎（2003）.汉字源流字典.北京：华夏出版社。

管锡华译注（2014）.尔雅.北京：中华书局。

康殷（1979）.文字源流浅说.北京：荣宝斋。

［三国（吴）］陆玑（1985）.毛诗草木鸟兽虫鱼疏.北京：中华书局。

李零（2014）.《周易》的自然哲学.北京：生活·读书·新知三联书店。

［明］李时珍（2013）.本草纲目.刘衡如、刘山永校注.北京：华夏出版社。

李学勤（2012）.字源.天津：天津古籍出版社。

裘锡圭（1988）.文字学概要.北京：商务印书馆。

商承祚（2008）.甲骨文研究.天津：天津古籍出版社。

单育辰（2020）.甲骨文所见动物研究.上海：上海古籍出版社。

唐兰（2005）.中国文字学.上海：上海古籍出版社。

许晖（2022）.藏在汉字里的古代博物志.北京：化学工业出版社。

许进雄（2020）.汉字与文物的故事：回到石器时代.北京：化学工业出版社。

［东汉］许慎（2018）.说文解字.汤可敬译注.北京：中华书局。

徐中舒（2014）.甲骨文字典.成都：四川辞书出版社。

余冠英（2012）.选注《诗经选》.北京：中华书局。

于省吾（1979）.甲骨文字释林.北京：中华书局。

左安民（2015）.细说汉字（修订版）北京：中信出版社。

《中国博物学评论》，2023，（07）：90-99.

水彩绘制淡水鱼类图谱的艺术实践
Artistic Practice of Drawing Freshwater Fishes in Watercolor

张国刚（湖北大学艺术学院，武汉，430062）

ZHANG Guogang (Hubei University, Wuhan 430062, China)

鱼类图谱绘制全然有别于纯艺术创作，国内绘制者几乎都为生物专业出身，绘制作品以物种鉴定为要，目的并不在于追求艺术性，所用工具材料则以方便为原则，而以水彩材料专门绘制鱼类图谱的未有所闻。而在西方艺术体系中，艺术家参与绘制生物图谱则是惯常，地理大发现时代，大量的西方画家与探险家一起，用画笔描绘各式各样的生物图谱，水彩因便捷而往往成为首选，如今这些作品收藏于国外各大博物馆中。我们熟知的大师丢勒除了艺术大师身份，也是一名植物学家，擅长用水彩表现各种动植物。他是欧洲较早参与类似作品创作的艺术家，此类传统一直延续至今。在我国的专业艺术领域，虽然有很多创作者以动植物为素材进行艺术创作，但参与严谨的科学图谱创作则未曾见。因个人业余爱好，加上各种机缘，水彩成为我的首选工具。在淡水鱼类水彩图谱的绘制上我进行了数年的尝试与探索，由此有一些不成熟的心得与体会，在此与大家分享和探讨。

水彩因为便捷而为多数人所接受。一张纸，一点点水，再加上色料，在透明色的映衬下就可以实现自己想要的效果。在最早的时候，水彩是很多艺术家和设计师打草稿时惯用的一种材料，即使到了现在，还有不少人采用。时至今日，水彩作为一种大众熟知的艺术形式，无论是工具材料还是绘制技巧，都已经形成了庞杂的体系。

目前市面上的水彩颜料品种繁多，选择水彩颜料可以从三个方面入手：

一是颜色正，在未混合其他色料的情况下，其本色的表现是否纯净，在任何洁白的纸面上都可以试出来，一些深冷色甚至黑色也不例外；二是透明性，良好的透明性是优质水彩颜料的生命，水彩艺术最基本的视觉效果是通过透明来完成的，透明性不好的颜料对于水彩画家来讲就是一场灾难；三是个人在色彩上的喜好，不同厂家生产的颜料都会呈现各自的特色，即使相同标号呈现出的色彩效果也有差异，所以在选择上可以按个人的喜好，一开始多尝试几种不同的品牌。在挑选颜料时，也不妨咨询下专业画材店的老板，多年的从业使其对一些颜料的了解远远超过普通初学者。由于制造年代和厂商的变化，同一个牌子的进口颜料，质量上有着明显的差异，而这些你是很难从包装和标价上看出来的。

纸张是颜料和水最后被承载的地方，其各项指标必然会左右留于其上的各种痕迹。为了追求水彩通透、鲜活、轻快的效果，各生产厂家依据需求，调配制造出了各式各样的专业水彩纸。总体来讲，手工制作的白皙厚实、300克左右的进口水彩纸就能满足一般水彩画家的要求。

水彩绘制过程中，水的运用至关重要，工具对水的包容度成为首先要考虑的因素。因此各类柔软顺滑、有较强吸水性的毛制笔具适合用作水彩画笔。我最早用的是竹制笔杆平头水彩笔，由较长的羊毫制成。当时为了达到某种流行的效果，还刻意用锋利的美工刀切平笔端。时至今日，水彩画家们案头的笔具多了起来，中国传统羊毫制作的毛笔也被大量运用，而新兴的一些化学尼龙笔，因为同样具有一定的吸水性也被大家所接受。在水彩笔上，不同价格的商品倒是不会有太明显的差异。我这么多年用的都是家庭小作坊制作的中白云和小白云，质量较可靠，一些需要处理的小细节，小白云都可以担当。艺术家对工具材料的选择也是一个渐进的过程，并没有绝对的标准，用起来最顺手的才是最好的。

运用水彩是很偶然的事件。虽然在教学中时常会涉及水彩，但我的创作还是以油画为主。后来，有朋友建议可以创作古生物复原图之类的作品，我觉得水彩是最便捷的表现手法，就咨询了水彩专业的同行，人家送了我一袋未开封的水彩纸，如此一来只好把缺的材料配齐。一开始在油画创作之余，用水彩画野外采集的化石标本。后来复原图没弄成开始画起自己养的鱼来，发现对于生活在水中的鱼来说，其晶莹透亮、灵动美丽的身姿，恰恰是水彩最善于达到的效果。以水为媒的艺术手法表现以水为灵的生命，真的是绝配。

鱼生活在水中，人们了解它，更多是在水之外自上而下地观察，而没想过，水里的鱼把它们最美的一面呈现给水中的伙伴，只有在水中与它们平行对视时，你才能体会到这水中精灵的魅力所在。这也是我一直以来只用水彩记录鱼儿们水下状态的缘故。绝大多数鱼儿身体上的信息是以侧身的形式展现出来的，色彩、斑纹、鱼鳍，无一不是如此。只有当你沉浸其中时，你才会看到鱼儿们真正展现出来的美。因此，我一直用最大的精力去表达它们最真实的一面。

鱼在水中大部分时间是在游动的，用完全写生的方式去表现并不是最佳途径，速写式的记录只能作为熟悉它们的一种方式。另外还有一项协助手段——摄影，它可以很准确提供鱼儿们的生物信息，让你不会因为鱼儿们的好动而困惑。但是需要提醒的是，不能太过依赖影像，无论是写生还是创作，真正打动人的永远是内心感受在实体媒介上的表达。

但凡写实的画法，在形的准确性上是很讲究的。严格遵循生物特性的鱼类图谱绘制更是如此，除需具备必要的造型能力外，还得对鱼儿的形态特征有充分的了解。由于水彩的特性，绘制过程中比较忌讳修改，因此对形的要求更加严格，需要尽量在着色前解决所有的造型问题。这样一来勾线就要花费很大一番精力，几乎所有能观察到的生物特征都要尽量表达到位，如鳞片的数量与排列，鱼鳍的数量以及生长模式，都得用较淡的铅笔痕迹准确标识出来。鱼的身体虽然看上去很简单，但一旦深入研究，你就会发现并不是多看两眼就能充分了解鱼类。绘制之前严格的分析和理解以及长期的积累，能让你在勾线的阶段更加自如轻松，当然造型技术上的准备也不能忽视。这个阶段考虑更多的是控制而非创造。当形勾勒到位后，清理一下画面，在保留素描线稿的前提下，尽量保持纸面的整洁。有时可适当让线稿变得更淡些，这样等画面完成时，线稿对最后效果的影响就几乎可以忽略不计了。

如果你曾经仔细观察过鱼儿的话，你会发现鱼儿们身上无论是纹样还是色彩，都有独特的呈现模式。那些浸泡在水中的小色块在某种形或者格式的指引下排列和互相叠加，似乎每一层都是透明的，在近距离观察时，可以清晰地看到色层之间微妙的距离，这是在其他生物身上所不能看到的。一条小鱼就如同无数大小不一、色彩各异的彩色透明小色块，在一定规律的指引下做着各式的游戏。你要做的是感受这种游戏的规律，用自己的方式创造、演绎出另一种游戏，而每次演绎都是在一定规则下的再创造。水彩是这种再创造的绝佳材料，虽然达不到色彩真正浸泡在液体中那种通透性，但运用一些技巧，结合灵敏的感受，可以做到接近的状态。任何一种写实的手法都不可能创造真正的物象，它只不过是在造一个接近物象的幻象而已，只不过有些艺术家倾向于考虑如何去欺骗观者的感官，有些艺术家更愿意通过隐藏在其中的个人意识与观者交流。

当形完成后，就需要考虑如何去完成这种色彩游戏。其实当你对这种规律了如指掌后，如何进行都不是问题，当然从稳妥的角度来讲，还是可以找到简便易行的方法。从鱼的眼部开始画是一个很好的建议，无论是先画深色还是浅色，当鱼的眼睛成型后，那通透美丽的眼睛会成为一个焦点，在你犹豫的时候能够给你进行下去的信心。出于习惯，一般情况下，无论颜色深浅，我几乎都是用纯色去绘制，只在为了调配出颜料盒中没有的色彩时，才会用两种颜料去混合，毕竟水彩的深浅浓淡是靠水的多寡来控制的。我并不建议使用被人们称赞的局部画法，那只是为了炫耀某种技艺而产生的。有条不紊的绘制，不仅能让你沉浸其中，还能让绘制过程本身成为一种享受，而不是为了达到某种目的刻意去完成的任务。在绘制类似图谱的水彩作品时，我一般习惯运用干画法，也就是等头一遍色彩干透后，才绘制第二层颜色，因为时间差的缘故，前后的绘制会很自然地衔接在一起。

眼睛的初步感觉出来后，就可以开始绘制鱼儿头部的色彩，从头到尾依次进行。如果你对鱼儿身上的色彩特点了然于心，你会发现它身上的每一块色泽都是如此的纯净，这也为我用纯色绘鱼给足了理由。水彩绘画里，从浅色入手是初学者最易接受的，我自己即使是现在也是如此。依照鱼的形体特点，逐一寻找它身上的浅色，控制用水，只要色相没问题，就不用担心会出差错。如此由浅及深，随后出现的深色会牢牢地把浅色控制在特定范围之内。如果有出现亮点、高光或纯白色的地方，就需要把这个区域预留出来，如果觉得自己不太善于控制的话，也可以借助水彩画材中的留白液。从传统上来讲，水彩绘制不会用到覆盖型的颜料，何况是表现全身处于透明色状态下的鱼。从头至尾大概两层深浅不一的色彩，就可以把整个鱼的身体感觉表现出来。在这里要注意的是鱼的背部、体侧以及腹部三个部

图 1　水彩众鱼集合

分的色彩区分，特别是在水中游动的鱼，三部分区别会更大，而一些局部的色彩变化就需要依据形态和结构的特点而定了。

除眼睛以外，鱼的头部其他部分都由各类骨片包裹而成，色彩一定要参照骨片之间的结合线去绘制，虽然前期的素描已经把这些结构线标示出来，但还是不能掉以轻心。鱼的身体除了最底层的大的浅色块外，较难把握的是鳞片和斑纹。当进行第二层颜色的绘制时，鳞片的结构就可以显示出来了。如果前期鳞片的线稿到位的话，这个阶段相对来讲就容易得多，因为鳞片的色彩变化总是围绕着鳞片的经纬线，而经纬线由于结构和光线的缘故，总会呈现出较深的状态。依据它们的色彩关系，在原本较浅的水彩上灵活地用较深的颜色把鳞片的经纬线勾勒一遍，背部可以稍微深点，越过鱼身体的侧线后，勾勒经纬线的颜色可以稍微调淡些，在这里还要注意从背部到腹部的色彩变化。在这个过程中还要注意侧线的绘制，整个过程完成后，身体与头部相接，整条鱼基本就呈现在我们面前了。下一步要做的就是绘制鱼鳍，完善鱼身体上的斑纹与色块。

鱼鳍是鱼身上非常重要的部分，在绘制过程中既要注意其整体关系又要根据其生物特征完成局部细节，鱼鳍上的色彩和斑纹分布都是依据这些特征呈现的。如果只表现鱼鳍的大致感觉，难度并不大，但要真正栩栩如生，需要充分了解鱼鳍的构成规律、鳍条的构成和构造方式。第一遍底色完成后，后面的工作就围绕着鱼的鳍条进行。这个阶段得耐下心来一根一根地去完善。一般来讲尾鳍鳍条数量最多，二十根左右，其次是臀鳍，然后是背鳍、腹鳍和胸鳍。虽然尾鳍画起来很费时间，但从复杂程度来讲，背鳍和臀鳍的变化最丰富，可能更花费精力。鳍条的关系弄清楚后，色彩和斑纹就很简单了。可以想象一下我国古老帆船上的船帆，当中间支撑的桅杆确定后，帆布上的图画就由着船工们自由发挥了，只不过鱼的鳍条之间附着的是一层透明的"帆布"。鱼的整个身体大体完成之后，在一两次着色的基础上，鱼鳍的整个感觉应该也出来了，就如同初步成型还未上漆的古老木船，船帆已经展开，就差远航之前的修饰和美化了。具体绘制鱼鳍时，还是建议将鳍条之间的隔膜分开来画，当把所有鳍条绘制一遍以后，最先绘制的部分已经干透，刚好可以绘制鳍条中间的隔膜。鱼鳍上面的色彩和斑纹，可以和身体与头部上的一起绘制，从生物学的角度来讲，它们的构成原理都是相同的，无论是附着在骨片、鳞片、鳍条，还是隔膜上，

图 2　暗色鳑鲏（*Rhodeus atremius*）

其实都是涂抹在透明或半透明的骨质或角质承载物表面的透明色块。当你领悟到本质时，就不会被纷繁复杂的表面所吓倒。

鱼的身体非常有趣，无论你观察它的何种形态，它都是被一层骨片或角质鳞片所覆盖，其上涂抹了一层透明的表皮黏液。一些鱼看似无鳞甲，只是因为鳞片过于细小而为绝大多数人所忽视。我们观察到的所有五彩斑斓、变化多样的色彩与斑纹，都不过是鳞片与甲片表面至表皮黏液之间的细小空间中的色彩游戏。

在具体绘制时其实只要注意以下三个事项，就好办得多了。一是斑纹的模式，鱼身上的斑纹是有规律的，其构成方式与鱼的生活习性息息相关。这不是这里要讨论的主题，但是其构成形式上的规律性是可以用肉眼看出来的，我们只需要对它进行归纳。同时斑纹与身体的其他部分是相呼应的，例如在鳞片较大的鱼身上，斑纹明显是与鳞片的排列有关的，而鳞片细小的鱼类，几乎就可以忽略这种关系。在这个阶段，如果绘制对象是某种细鳞鱼，就可以在遵循基本构成规则的前提下尽情发挥自己的艺术表现力。另外，在表现与提炼斑纹模式时，一定要从整体上去把握，就如同涂装空中战斗机一般，所有的形式组成了一个整体。

二是色彩的关系。这里有两层意思，一层意思是深浅与冷暖关系，这是色彩本身的问题，只需要遵循水彩的表现方式，由浅及深，冷暖随意。第二层意思是我们看到和表现的色块在空间上的前后次序，哪块色在前哪块色在后，心里要有数。在鱼的身上这种关系是客观存在的，就如同上一层颜色倒一层透明液体隔开，然后再着第二层色彩，如此互相叠加，而我们在绘制时就得发挥自己的想象力了。一般来讲最好是由后往前画，处于最表层的色彩最后完成。绘制过程就如同重复鱼儿自身斑纹色彩的生长过程一般。

如果前两个事项注意到了，在普通人看来这尾鱼其实就绘制完成了。但如果在绘制过程中注意第三个事项，所达到的效果是意想不到的。这第三个事项就是，从生物学角度来讲，鱼除了最下层的鳞片底色外，附着其上的各种色彩和斑纹都是由色素沉积形成，然后以点状结构组合。如果近距离观察，你会发现，即使是鱼身体较浅的部分，同样密布着点状小色块，而用肉眼能直接观察到的深色斑纹，无一不是由更深的小点组合而成。各种斑纹和色块其实都是由小点集合而成。当大的色块到位后，你所要做的就是根据自己的感受点出你认为重要的小点。曾经有一位非常著名的超写实画家讲过，如果你想让自己的作品无限接近所描绘的对象，充分了解、理解和体验其物象生成的缘由是一项不可或缺的工作。

在完成身体色彩和斑纹时，头部和鱼鳍是应该共同进行，色彩和斑纹的变化都是从鱼的头部开始最后通过鳍条延伸至鱼鳍的部分，当上述工作全部做完之后，只需从整体上进行一些调整，一幅正型侧身的水彩鱼就完成了。

在用水彩绘制较为严谨的鱼侧面图时，有一些需要注意的问题。在造型上可能碰到的难题就是鱼的鳞片。一些没有经验的朋友，可能会一片一片去绘制，这样会让自己陷入无法控制的局面。最好的办法是找到鳞片分布的规律，也就是它们的经纬线，这个并不难。在绘制这些经纬线时，除了要数出它们的数量外，还要注意鱼身在空间上的变化。很大一部分鱼的鳞片并不是大小均匀地覆盖在身体表面，注意到这点就能把握鱼儿身上最显著的特征。另一个问题就是水彩的干湿控制。一般情况下我都采用干画法，一遍色干透后，再进行第二次着色。当然也有一些朋友喜欢用湿画法。依据个人经验，上色的时机要把握好，在水被纸吸收了一部分，纸面半干的时候进行。另外水彩笔所含的水量一定要少于前一次绘制时的水量——这个水量其实是指水彩色料与水的比例。所以在绘制水彩时，无论采用哪种画法，对水的控制都是初学者需要掌握和熟悉的，那种恰到好处的拿捏需要经过一定的实践操作才能体会到。还有一个问题就是对色彩的理解和感受。这种感觉无法通过模仿得来，它一方面是每个人天生的，另一方面也是后天训练的结果。色彩感觉需要靠长时期积累，汲取艺术理论、参悟优秀作品以及培养个人的领悟力都是必不可少的。在技术发达的今天，完全描摹对象的意义在哪儿？我在开始决定用写实手法绘制鱼类时，就想过这个问题。在绘制过程中更多地注入个人意识和感受，是让作品保持活力的唯一途径。

绘制严谨的科学图谱，看上去似乎与艺术并无瓜葛，一旦深入其中，还是会发现艺术渗透于其中。这虽然有别于纯艺术创作，对个人艺术风格以及材料表现力有诸多限制，但其实与艺术并不冲突，只是方式和过程与艺术专业领域常见的有所区别。在如今艺术潮流纷繁复杂、影视图像空前爆炸的时代，传统手绘与严谨科学的结合也不失为一种新的尝试。

《中国博物学评论》,2023,(07): 100-111.

学术纵横

对大学"博物学史"课程教学的思考
On Teaching the History of Natural History in Chinese Universities: Preliminary Observations

蒋澈(清华大学科学史系,北京,100084)

JIANG Che (The Department of the History of Science, Tsinghua University, Beijing 100084, China)

摘要: 大学中的"博物学史"教学往往需要兼顾一阶博物学实践和对博物学的二阶研究。基于这一基本想法的教学实践需要设计带有研究性的学习任务,同时提炼出东西方博物学内部的主要知识传统,帮助学生明确历史上各种文本与实践的思想定位。教学用史料文选应当成为这一过程中的重要工具,博物学史文选的编译因而是一项迫切的任务。

关键词: 博物学史,教学,史料文选

Abstract: To teach the history of natural history at university often requires a balance between the perspectives of naturalists themselves and historians. Pedagogical practice based on this basic idea entails the design of research-based learning tasks, as well as the characterisation of the main intellectual traditions within Eastern and Western natural history, to help students identify the positioning of the various texts and practices in history. Sourcebooks in natural history should be a crucial instrument in this process, and the task of compiling such a sourcebook should be high on the agenda.

Key words: History of Natural History, Teaching, Sourcebook

一、导言

时至今日，"博物学史"已是科学史学科一个稳定的组成部分：在科学史的编史学著作和书目中，博物学史总能占有一席之地（如 Lightman, 2016 及 *Isis* 期刊的年度书目），有关的编史纲领已经日渐成熟并得到实践（刘华杰，2015）；就学科建制而论，国际性的博物学史学会（Society for the History of Natural History）于 1936 年建立，距今已有八十余年。但是，对大学中"博物学史"教学的讨论却不如其他学科史成熟。这种讨论之亟待开展，一方面是由于新近的编史成果需要及时得到反映与总结，另一方面也因为博物学史教学与研究之间的张力和特殊关系需要得到理解。

一般地说，与其他学科史一样，博物学的历史书写首先出现于博物学家的著作，体现的是博物学家对所属共同体历史的理解（Jardine et al., 1996: 4–5）。但是，与数理科学或精密科学不同的是，当代的精密科学研究与教学可以在相当程度上脱离本学科的历史，或者使学科史叙事处于某种补遗性的简单注记的地位（正如当下大学中的数学或物理教学一样），但博物学的当代实践者（或曰一阶博物学的参与者）却无法回避自身

学科的历史脉络。我们可以看到，不仅种种博物教育一再自觉而主动地申说自身的历史源流与历史典范，历史上博物学最为科学化、从而在大学教育中具有一席之地的后裔——生物分类学在其实践中也需要不断阅读和重申 18 世纪以来的分类学文献，检视各个年代的标本材料。在当代生物学的诸多领域中，分类学几乎可以说是最需要熟悉历史性文献的分支。这也意味着，当代博物学文化的参与者普遍需要某种历史叙事，或者对历史事实抱有兴趣——虽然在这个过程中，当事人可能并未充分地明确自身的编史学立场，或满足于某种片段性历史的建构。

另一方面，当代的博物学史研究者也普遍对博物学这一历史上存在的知识传统抱有极为同情的理解，一阶的博物学实践者和二阶的博物学研究者两种身份高度重叠。这一事实甚至并非某种外在的、零星的个人兴趣，而是构成了许多研究者的出发点和实践归旨，因此具有特别重要的意义。某种程度上，这源于博物学在现代自然科学中的边缘地位（或缺乏地位）——它不能如数学、物理学、化学、生物学那样天然享有一个明确的现代学科边界，这一边界可为有意从事相关学科史研究的当代科学史研究者廓清场域，预备好研究者所必需的

前置理解。博物学则恰恰相反，它具有漫长且多元的历史，其边界一直十分宽泛甚至模糊，需要研究者通过参与或观摩其知识传统来辨认或建立。一般只有对博物学本身抱有兴趣或对博物学的价值具备一定理解的研究者才会投身于此。

上述情况表明：在当下，一阶博物学实践和二阶博物学研究之间存在一种无法轻易斩断的联系。不存在完全脱离博物学史的"博物学"本体，也不存在可与一阶博物学切割的空泛"博物学史"兴趣。这种特殊的关系，是我们呼吁对"博物学史"教学展开讨论的出发点。

二、博物学史在大学中的教学现状

为进一步澄清这种考虑的必要，我们需要首先界定本文所讨论的"博物学史教学"的大致范围。我们这里讨论的是当代中外大学以"博物学"特别是"博物学史"为课程主题的教学实践，特别是正在进行的、新设的课程或讨论班项目。一些以"生物学史""地学史"或"农学史"为主题的教学实践也涉及博物学史的对象，但是我们仍然优先考察明确提出以"博物学"或"博物学史"作为主题的课程，这主要是出于前文述及的考虑：只有当"博物学"作为一种（或一类）知识传统被教学组织者有意识地

识认出来时，才会存在界定知识边界的努力，一阶博物学实践与二阶博物学研究之间的张力也才会随之凸显出来。

此类"博物学史"课程存在于何种学科建制之中，是需要考虑的第二个问题。作为一门史学课程，"博物学史"当然存在于历史学系或专门的科学史系，但事实上也并不尽然。来自生物学背景的教师，常常是博物学课程或博物学史课程的有力呼吁者。在科学史教育方面做出卓越贡献，并因此荣膺科学史学会（History of Science Society）约瑟夫·H. 黑曾教育奖（Joseph H. Hazen Education Prize）的保罗·劳伦斯·法伯（Paul Lawrence Farber，1944—2021），就曾是俄勒冈州立大学现代生命科学的教授。他长期以博物学史作为自己的科学史研究主题，他的《探寻自然的秩序：从林奈到 E. O. 威尔逊的博物学传统》（*Finding Order in Nature: The Naturalist Tradition from Linnaeus to E.O. Wilson*）一书（Farber, 1994；法伯，2016）可以作为讲授博物学史的优秀教材或教学参考书。这种努力并非仅仅是个人的孤立尝试，我们可以见到美国大学中的若干博物学学术项目及有关呼吁（施密特里，2022：64—66）。

值得注意的是，以生物学教学为动力的相关努力与资源，往往具有一个

鲜明的特征，那就是积极地以博物馆与科研机构所藏标本作为教学工具，其目的往往与生物多样性的认知与学习有关。特别是在大量标本信息得到数字化的时代，博物学标本馆藏数据集用于教育的可能性在近年已经不断得到关注和讨论（如 Cook et al., 2014；Monfils et al., 2017；Lendemer et al., 2020；Miller et al., 2020）。与之相关的一些新技术产物也开始应用于教育，例如北卡罗来纳州立大学通过虚拟现实技术开发的"博物学家工作坊"（The Naturalist's Workshop）程序（Keenan et al., 2020）。在当前，"生物多样性素养"（biodiversity literacy）的讨论集中于处理生物多样性数据的素养（Ellwood et al., 2020），而这往往涉及较长时段的历史数据，因此，一定的历史考虑是必要的，只是生物学教学者似乎并未在这一方面给出具有方法论意义的结论。

出于生物学和历史学两种旨趣的博物学史教学，也并非处于截然分离的状态。我们可以举出一个例子：在威斯康星大学史蒂芬斯角分校（University of Wisconsin–Stevens Point），生物系的布莱恩·C. 巴林杰（Brian C. Barringer）在 Biology 407 下开设"博物学史"（The History of Natural History），历史和国际研究系的杰瑞·杰西（Jerry Jessee）也

开设课号为 Hist 207 的"全球博物学"（Global Natural Histories）。两门课程都从古代的自然哲学讲到当代的环境运动，在论述对象上有较多重合。值得注意的是，历史系的"全球博物学"课程同样要求选择一件具体的自然物（natural object）加以描述并开列研究书目，在此基础上完成课程论文。同时该课程还要求参与该校自然博物馆开放馆藏的年度活动，属课程必须完成的环节之一。

在国内，本科层次的博物学或博物学史课程也已经有若干值得注意的尝试。北京大学刘华杰教授的"博物学导论"课是重要的代表，课程设计有鲜明的编史学立场，并充分利用了西方博物学的历史资源。复旦大学余欣教授的"中国古代博物学史"课程则呈现了对中国博物学史的深入理解，其中对中古中国史料的利用体现了当下研究的前沿。西北大学杨莎开设的"博物学导论"和四川大学王钊在南方科技大学开设的"博物学与自然教育"以博物学实践活动见长，内容涉及自然观察、博物绘画等方面。此外，在一些学校，科学通史或科技史课程一般也会有一两次介绍博物学知识传统的讲座。笔者在清华大学科学史系于 2021 年首次开设了 2 学分的"博物学史"课程，至今已经开展两轮教学。该课程是清华大学"科学史"本科辅修

的专业课之一，同时也列入全校的通识选修课。

三、清华大学"博物学史"课程的设计与思考

开设以"博物学史"为主题的课程，其设计是一个难题。这并不是因为缺乏前辈，而是因为国内外的既有经验都具有极为亮眼的优长之处，而如何在复杂的编史脉络之中梳理出可为教学利用的线索，又如何将博物学实践这一本研究领域的特色保留在史学讲授与训练之中，不能不说是主要的困难之处。

1. 课程范围与内容

在设计"博物学史"课程时，笔者的主要考虑是兼顾东亚与欧洲两条最主要的知识传统。这一想法不仅是出于"完备"的考虑，更是由于当代科学史研究的内在要求。但同时，在短短的15周内，试图处理东、西方的历史材料，显然也是较大的挑战。经过两轮讲授，笔者现以下述方案组织教学：

第1讲　课程导论

"博物学"概念；与博物学史有关的编史学问题；实践性学习任务介绍。

第2讲　西方古代自然哲学

亚里士多德的动物学；泰奥弗拉斯特的植物学；亚里士多德学派研究生物的一般方法。

第3讲　西方古代农学与药学

西方古代农学（主要农学家与农学著作，农书的内容与形式）；西方古代药学（迪奥斯科里德斯与古罗马的药物世界；中世纪草药知识的发展）。

第4讲　西方百科全书传统

老普林尼及其《自然志》；中世纪的百科全书。

第5讲　文艺复兴自然志的世界

"自然志"学科在欧洲的诞生；主要博物学家及其共同体；博物学家的工具（植物园，腊叶标本，博物馆，图像，文字描述）。

第6讲　分类学的诞生：林奈改革

民间分类学；切萨尔皮诺及其植物分类法；约翰·雷时代的分类学；林奈的分类学改革（植物的性系统，分类阶元观念，命名法改革）。

第7讲　分类学在林奈之后的发展

18世纪以来的法国分类学；动植物命名法的演进；演化论之后的分类学（以分支系统学为核心）；现代分类学工作方法（标本检视，文献引证与查阅，在线数据集及有关工具）。

第 8 讲　西方博物学家对中国动植物的研究

耶稣会早期传教士（16 世纪至 18 世纪）；"林奈使徒"（18 世纪）；研究中国南方自然物的代表——英国博物学家（19 世纪至 20 世纪初）；研究中国北方自然物的代表——俄国博物学家（19 世纪至 20 世纪初）。

第 9 讲　中国古代的志怪博物学

"志怪"概念；《山海经》及其认识史；张华《博物志》；先秦与秦汉时期的其他志怪著作。

第 10 讲　中国的本草学

"本草"概念；汉代药物知识；《神农本草经》；唐宋官方本草（以《新修本草》和《证类本草》为中心）；金元时期的本草学；明清本草学（以《本草品汇精要》与《本草纲目》为中心）。

第 11 讲　类书与谱录中的博物知识

类书（类书的起源与种类，从《北堂书钞》到《古今图书集成》中的自然物）；与动植物有关的谱录。

第 12 讲　清代以前的名物学

《诗经》与《尔雅》；南北朝以前的雅学与《诗经》名物研究；唐宋经学的转变与宋代名物学；明代的雅学与《诗经》名物研究。

第 13 讲　从清代名物学到近代生物学

清代学术背景下的名物学；吴其濬及其《植物名实图考》；西方博物学知识的早期译介；秉志与胡先骕；民国时期的生物学研究机构。

第 14 讲　边疆与异域的自然物知识

中国南方物产的早期记录；唐宋时代的异域动植物知识；元明清时代的自然知识新图景。

第 15 讲　日本近代博物学的发展

日本早期博物学；《大和本草》与《庶物类纂》；享保改革之后的日本博物学；小野兰山的博物学工作；后小野兰山时代博物学；东西之间的江户博物学。

上面列出的课程内容，带有急就章的性质，其主要缺点是东方博物学和西方博物学分属于学期的两半，呈平行的态势，并未真正统合在一起。这样安排的实际理由，是考虑到欧美科学史家对于西方博物学史的研究较为深入和集中，其史学叙事的脉络已经比较完整，易于总结出明晰的线索，并为学生呈现出当代科学史历史编纂中的一些结构性特点。此外，在讨论西方博物学和东亚博物学时，往往需要学生在认知方面做不同的准备，理解不同的前置知识，甚至处于不同的情绪之中。如果让学生在短时间内在西方与东方两种历史语境之间来回跳跃，可能会造成认识上的疲劳。但是，东、西方一些明显平行的历史材料（如西方草药学与中国本草学、西方百科全书与中国类书等）不能得到及时比较与讨论，显然也容易造成前后的脱节。故此，上述教学内容，仍有改革和调整的必要。一种可能的路径，也许是划分出"前现代博物学"这一教学单元，以此来统摄东、西方古代或中世纪博物学的历史线索，再介绍东、西方博物学传统对现代性的不同回应，讨论二者的交流与融合，最后以现当代主题（如当代分类学、自然博物馆、公民科学、"生物多样性"观念与保护生物学等）结尾。此外，一些有意义的东、西方博物学对比，有可能作为讨论的主题，在学生研讨过程中加以处理，为此需要讨论环节甚至专门的讨论课。这些环节同样可以用于讨论"性别与博物学"等未能在上述框架内得到处理的专题。

2. 实践性学习任务的设计

从选课学生的构成来看，博物学爱好者或生命科学专业学生的比重很大。他们对博物学的研究对象或一阶博物学实践活动往往比较熟悉，甚至十分热爱，但是，对于如何利用史学研究成果及有关工具、如何构造符合当代学术旨趣的史学叙事，又大多比较陌生。特别是对于科学史辅修专业学生来说，除了了解一些历史事实之外，还需要能够尝试进行研究性学习。在授课之初，笔者会强调这是一门"博物学史"课程而非"博物学"课。但显然，学习过程中的障碍并不能通过这样简单的陈述克服，需要设计一些学习任务作为阶梯，帮助学生熟悉博物学史这一领域的方法论考虑和可用的研究工具。为此，笔者尝试以两种方式设计实践性学习任务。

在 2021 学年的"博物学史"课程中，学生需要以小组合作方式完成三项平时作业，并个人独立完成一篇期末论文。第一项作业在"文艺复兴博物学"这一讲的两周后提交，它带有一阶博物学实践性质，但需要学生具备二阶的思考——每个小组需要按照文艺复兴博物学的方式，用文字描述身边的一种植物，并绘制约翰·雷式的分类表格，小组还可以自选提交其他的附加材料，如仿照文艺复兴博物学图书，绘制该种植物的图像，或自制腊叶标本。笔者提供了约翰·杰拉德（John Gerard，约 1545—1612）的《草药志》（*Herball*）英文版作为参考材料，也为学生准备了制作植物标本的台纸。

第二项作业在讲授近代分类学与自然博物馆发展史之后布置，要求学生

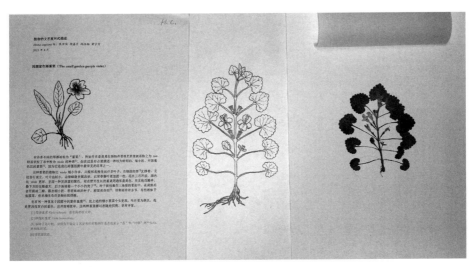

图 1　学生作业样例

选择某一种/属的动植物，结合博物馆馆藏标本和既有分类学文献探索其研究史，制作一份未来研究可用的资料卡片。最终提交的资料卡片包括以下部分：（1）具体馆藏标本的链接与图片（数量不限，至少1个）；（2）指出该物种或类群的重要研究文献（一般是发表原始描述的文献，数量不限，至少1篇）；（3）写作重要研究者小传（数量不限，至少3位）；（4）与此相关的重要历史事件（如某次具体的考察，如没有可不写）。笔者录制了介绍线上检索馆藏标本信息的视频，并给出了中国国家标本资源平台、伦敦自然博物馆、邱园、法国国家自然博物馆馆藏数据库的链接，供学生参考利用。尤其鼓励学生探索采自自己家乡的馆藏标本。

第三项作业以中国古代博物学为主题，每个小组要利用清代类书《古今图书集成》的电子版，从其《博物汇编》中自选一"部"，从中取三段小组成员认为有代表性的条文，核对有关古籍文本（一般可取中华书局、上海古籍出版社等出版的现代点校本），凡有文本出入应出校记，最终誊录整理过的文本并译为现代汉语，文中涉及的疑难词语、概念或名物应给出注释。

我们鼓励学生在上述三项作业的基础上，独自完成一篇体例完整的期末论文，作为学期学习的总结，论文主题可以是某一具体自然物的知识史或观念史、对某一文本或史料的分析研究、对某一博物学知识传统的梳理、评述某一人物或历史事件、对某一概念或观念的历史考察，或其他可能的博物学史研究主题。笔者给出了一些已发表的研究论文，供学生写作时参考。

从实际效果来看，学生在独自完成期末论文时，三项平时作业所起到的支撑作用较小。故在 2022 年春季学期，笔者尝试以一项期末大作业作为考核依据，这项作业的主题由学生自选的研究性学习课题构成，它的形式可以是研究性学习的书面报告，也可以是一项创意项目（creative project）。书面报告的类型较为多样，可以是研究性论文、综述性论文、外文史料译注、中国古代史料点校译注、中国近现代史料转录与分析、专题史料辑录、年表、书目、索引、调查报告等。创意项目则可以是数字人文（digital humanities）项目、数字或实物展览策划、实物史料复刻、自制纪录片、对历史材料的新媒体创作等。学生可以根据自己的专长进行选择。为了帮助学生寻找可能的题目，笔者把自费购买的一批中国近现代博物学史料（如动植物学家手稿、一些未刊布的工作材料等）向学生开放。与期末成果相对应，在学期中，学生应提交一份简要的研究性学习计划书，陈述研究的缘起与意义、研究方法与依据材料，以及最终成果的样例（论文大纲、译文样本、数字项目的演示、视频提纲、展览大纲等）。笔

者和助教则要与学生进行比较密集的研讨，对学生提交的研究计划给出具体的建议。从学生自选的主题来看，确实出现了一批有一定深度和挑战性的题目。在学生完成研究性学习任务的过程中，教师和助教在课下辅导上花费的精力比较大，在一些关键的学习节点需要积极介入。

四、建设博物学史教学材料：编纂史料文选的必要性

在前文所述的教学实践中，特别是在课下辅导中，出现一个比较重要的问题，那就是可用的教学材料不足。这里的教学材料并不单指教科书，也包括那些供学生观摩的史料。这些材料的主要作用是帮助学生熟悉博物学文本的主要题材与类型，理解博物学史研究的基本出发点。笔者认为，在博物学史的教学中，与其说需要一部包罗周全的通史作为教科书，不如说编纂教学中可利用的史料文选（sourcebook）尤为迫切。在这方面，我国的博物学史教研工作有些落后。

在国际上，哈佛大学出版社自 1940 年代起，便开始出版"科学史史料选辑"（*Source Books in the History of the Sciences*）丛书，供教学和研究入门使用。该丛书长销至今，已出版各时代和学科

的史料选辑十余册，并仍在不断出版。其中《希腊科学史料选辑》（*A Source Book in Greek Science*）和《中世纪科学史料选辑》（*A Source Book in Medieval Science*）有无可取代的地位。一些学科史如数学史也出版了多种史料选辑用作教学材料。在日本，有池上俊一监修的《文艺复兴自然学说》（『ルネサンス自然学』）。此外，俄罗斯的斯塔罗斯京（Б. А. Старостин）等人也编纂了大学用的《科技史文选》（*Хрестоматия по истории науки и техники*）。这些教学用书为所在国的科技史教育发挥了巨大作用。我国的科技史学界在这方面的努力一直十分零散，公开出版的史料文选很少。在和博物学史有关的领域，张连伟等人编纂的《中国古代林业文献选读》是一种值得注意的新近成果。在博物学史研究者逐渐聚集的今天，以更多的努力来补充这类读本的清单，想必是值得期待的。

邻近学科（历史、哲学）的情况也表明了相关教学材料的必要性。在国内的历史学系，"中国历史文选"是重要的基础课。1949 年以来，这门课程成为高校历史系的固定课程，现已编写出版了数十种《中国历史文选》教材，且仍在不断推陈出新。《中国历史文选》教材系统地选收了学习中国史需要研读的重要典籍，并形成了丰富的教学传统。在哲学学科内，阅读哲学原典也是中国和西方哲学史教学的必要环节，商务印书馆出版的《西方哲学原著选读》被国内哲学系广泛利用，北京大学哲学系外国哲学史教研室编译的"西方古典哲学原著选辑"丛书自 1950 年代一直更新出版至今，影响巨大。

目前在时间广度上最适用的西方博物学文本选辑，可能要首推宾夕法尼亚大学英语教授丽贝卡·布什内尔（Rebecca Bushnell）的《世界的奇迹：1700 年以前的自然写作》（*The Marvels of the World: An Anthology of Nature Writing Before 1700*）一书（Bushnell, 2021）。该书将文本主题分为自然哲学、植物、动物、天气 / 气候、农林、园艺、异域自然界等主题，文献选取十分广泛，并为每则选文加上了简短的导言、注释，并在书末给出了可进一步参考的书目。我们认为，这是一种值得借鉴的典范。同时，为适应教学的本土需求，中文的博物学史文选仍然是必要的。特别是前现代的博物学文本，即便经过现代学者整理或用现代西方语言翻译，仍然会包含术语和需要解释的背景知识，一般学生很难同时克服语言和专业认识上的双重障碍，因此，教师应当提供可靠的中译文供学生参考。这种参考将使教学手段变得立体和丰富，特别是可结合二手研究文献，引导学生形成批判性的观点。因此，在编纂史料文选时，最好同时进行初步的教学设计，如针对每篇文本提供若干可供学生思考的问题，并指出与该文献相关的二手研究。

在清华大学"博物学史"课程的教学中，笔者在 8 次课前提供文本供学生阅读，分别是瓦罗《论农业》节选、伊西多尔《词源》节选、林奈《植物学基础》《国际植物命名法规》（列宁格勒法规）节选、《山海经》节选、《神农本草经》节选、程瑶田《通艺录》节选和嵇含《南方草木状》节选。但有关的教学设计尚待丰富，注释和引导性的介绍也尚待完成。在这些尝试的基础上，笔者拟编纂两册博物学读本，分别以西方古代中世纪、西方近现代为主题，其中古代中世纪分册已经基本完成选文和初译的工作，一些学生也参与到这项工作之中。

五、结语

上面的讨论自然带有抛砖引玉的性质。一门主题如此广泛的课程必定也存在不同的设计与教学实践，绝非个人意见能够框定。但纵观国内外的教学现状与既有尝试，也许一些共识性的意见是能够达成的：例如，博物学史的教学应当见到"物"、见到自然，此外，也应当着力培养学生解读历史文献的能力。路易·阿加西（Louis Agassiz, 1807—1873）在倡导美国中小学的自然教育时，曾经留下警句："学习自然，而非书本。"（Study nature, not books.）博物学史的教学也许既要学习者"学习自然"，也要他们"学习书本"。这种跨越一阶与二阶知识的特殊教学形态可能需要更细致地讨论。在这个过程中，跨校、跨机构的交流与合作也许是必要的，特别是需要形成以课程设计为讨论中心的交流小组（curriculum consortium）。在建制上，我们的现有条件是比较完备的：中国自然辩证法研究会下有博物学文化专业委员会，中国科技史学会下也有科技史教学工作委员会。笔者希望博物学史教学能够成为其中一个讨论主题。在这种讨论环境中，公共教学资源的存在与扩大，必将惠及教与学的双方。

参考文献

Bushnell, R. (ed.) (2021). *The Marvels of the World: An Anthology of Nature Writing Before*

1700. Philadelphia: University of Pennsylvania Press.

Cook J. A. et al. (2014). Natural History Collections as Emerging Resources for Innovative Education. *BioScience*, 64(8): 725–734.

Jardine, N. et al. (1996). *Cultures of Natural History*. Cambridge: Cambridge University Press.

Keenan, C. P. et al. (2020). The Naturalist's Workshop: Virtual Reality Interaction with a Natural Science Educational Collection. *2020 6th International Conference of the Immersive Learning Research Network (iLRN):* 199–204.

Ellwood, E. et al. (2020). Biodiversity Science and the Twenty-First Century Workforce. *BioScience*, 70(2): 119–121.

Farber, P. (1994). *Finding Order in Nature: The Naturalist Tradition from Linnaeus to E. O. Wilson*. Baltimore and London: The Johns Hopkins University Press.

Lendemer, J. et al. The Extended Specimen Network: A Strategy to Enhance US Biodiversity Collections, Promote Research and Education. *BioScience*, 70(1): 23–30.

Lightman, B. (ed.) (2016). *A Companion to the History of Science*. Malden: Wiley-Blackwell.

Miller, S. E. et al. (2020). Building Natural History Collections for the Twenty-First Century and Beyond. *BioScience*, 70(8): 674–687.

Monfils, A. K. et al. Natural History Collections: Teaching about Biodiversity Across Time, Space, and Digital Platforms. *Southeastern Naturalist*, 16(sp. 10): 47–57.

施密特里（2022）. 成为一名博物学家意味着什么以及博物学在美国大学的未来. 杨莎译. 中国博物学评论，06：55–73.

刘华杰（2015）. 博物学文化与编史. 上海：上海交通大学出版社.

法伯（2016）. 探寻自然的秩序: 从林奈到 E. O. 威尔逊的博物学传统. 杨莎译. 北京: 商务印书馆.

《中国博物学评论》，2023，（07）：112-129.

物的探究与博古

齐窟齐碑 隋文隋刻
——天龙山第八窟始凿年代新论
Qi Grotto with Qi Stele and Sui Texts with Sui Engravings
— A new study on the age of excavating the 8th Grotto in Tianlongshan Grottoes

张冀峰（山西大学科学技术哲学研究中心，太原，030006）

ZHANG Jifeng

（Research Centre for Philosophy of Science and Technology, Shanxi University, Taiyuan 030006, China）

摘要：《隋晋阳造像颂》是破解天龙山第八窟始凿年代的关键，然而对其"爰有旧龛"的理解存在两种方式，一种是"新凿说"，一种是"补刻说"，前者认为第八窟始凿于隋，后者认为第八窟始凿于北齐。"新凿说"与"补刻说"的证据性质是一样的，二者都有道理，这就需要在研究方法上，从文本分析转向实物分析。笔者发现该碑在形制上属于"螭首龟趺摩崖碑"，这是典型的北齐样式，因此，笔者主张文是隋文，碑是齐碑，第八窟始凿于北齐。

关键词：隋晋阳造像颂，螭首龟趺摩崖碑，"窟—碑—文—刻"系统

Abstract: "Ode to Jinyang Statues in Sui Dynasty" is the key to the understanding of the age of excavating the 8th Grotto in Tianlongshan Grottoes. However, there are two ways to understand its sentence "there was already old niches", one is the "new excavated theory", the other is the "supplement engraved theory", the former thinks that the 8th Grotto was excavated in Sui Dynasty, the latter thinks that the 8th Grotto was excavated in the

Northern Qi Dynasty. The nature of evidence of "new excavated theory" and "supplement engraved theory" is the same, and both are reasonable. Therefore, it is necessary to change the research method from text analysis to real object analysis. The author finds that the stele belongs to "Chi-head-turtle-pedestal-Cliff-Stele" in shape, which is a typical style of the Northern Qi Dynasty. Therefore, the author maintains that the text is in the Sui Dynasty, but the stele is in the Qi Dynasty, and the 8th Grotto was first excavated in the Northern Qi Dynasty.

Key words: Ode to Jinyang Statues in Sui Dynasty, Chi-head-turtle-pedestal-Cliff-Stele, "Grotto-Stele-Text-Engraving"system

通常认为天龙山第八窟为隋窟，其立论根据是窟外开皇四年所刻的隋碑。但笔者对碑文有着不同的理解：碑文中所指的"旧龛"即天龙山第八窟，第八窟始凿于北齐，由于北齐亡国和北周灭佛政策而成为"烂尾工程"，隋时重启石窟工程，对未竟的旧龛加以补刻才圆满完工。如果是这样的话，那么所谓的"隋碑"在北齐开凿石窟时就应该已经被凿出了，该碑本身很可能是"螭首龟趺摩崖碑"这种典型的北齐样式。为此，笔者于2020年10月4日踏访天龙山第八窟"隋碑"，发现它果然是"螭首龟趺摩崖碑"，这就初步佐证了笔者对碑文的理解，故在此谨提出对天龙山第八窟始凿年代的新看法。

一、《隋晋阳造像颂》与"新凿说"

通常判断第八窟开凿于隋代的依据是窟外的"隋碑"碑文。该碑碑文在明代被称为"石室铭"，据明代高汝行纂修的《嘉靖太原县志》载："天龙寺，在县西南三十里王索西都，北齐皇建元年建，内有石室二十四龛，石佛像四尊，及隋开皇间碑刻石室铭。"可惜《嘉靖太原县志》并未收录该文。所幸清代赵绍祖《金石文钞》卷二中收录了该碑全文，该文被称为"隋晋阳造像颂"，这篇文章为研究第八窟开凿时间提供了宝贵资料。笔者综合《金石文钞》版本、颜娟英先生版本（颜娟英，1997：863—864））和李裕群先生版本（李裕群，李刚，2003：44—45），将之点校如下：

開皇四年十月十日。

竊以仁者樂山，能仁宣法於鷲嶺；智者樂水，能知宏道於連河。晋陽□□，是稱形勝。有巖嶂焉，蔽亏光景；有淵泉焉，含蘊灵異。故使蜀都九折，高擅歲迁；秦隴四注，遙□□咽。長松茂栢，塵尾香鑪之形；麗葉鮮花，緫翠散金之色。嚶嚶出谷，容與相邀；呦呦食革，騰倚自得。重崖之上，爰有舊龕。鐫范灵石，庄嚴淨土。有周统壹，无上道消。勝業未圓，妙功斯廢。皇隋撫運，冠冕前王。紹隆正法，弘宣方等。一尉一侯，處處燻脩；招提支提，往往經構。

儀同三司眞定縣開國侯劉瑞，果行毓德，宿義依仁。都督劉壽、都督夏侯進、別將侯孝達、蔣文欣，懷瑾握瑜，外朗内潤。復有陳迴洛卅一人，志尚溫恭，摻履端潔，並善根深固，道心殷廣。俱發菩提，共加珮飭。寘安養之界，萬寶相輝；圖舍衛之儀，千光交映。聊觀從步，若聞震動；□入慈陰，便無憂畏。香烟聚而爲蓋，花雨積以成臺。樹散雅音，池流法味。斯實希有福田，不可思議者也。以兹淨業，仰祚天朝，聖上壽等乾行，皇后年均厚載，儲宮軆明離之永，晉王則磐石之安。玉燭調時，薰風偃物。導揚功德，敢作頌云：

習坎帶地，重艮干天。風雲出矣，金玉生焉。

清流之側，崇巖之前。應供淨土，菩提福田。

善行聿脩，道心增長。義徒是勵，勝因剋廣。

遠寫淨居，遙摹安養。日□寶树，風搖珠網。

非空非有，惟樂惟常。法門開闢，帝福會昌。

山龕顯相，石室流光。積木雖朽，傳燈未央。

邑師顏成、燈明主□休、典錄史珍成、邑人曹遠貴、邑主像主儀同三司眞定縣開國侯劉瑞、香火主高孝譽、都錄王孝德、邑人□壽伯、王須達、邑主事成軍縣君李敬妃、邑都齋主別將侯孝達、清净主前下士柳子直、邑人幢主曾子譽、邑正都督劉壽、邑正并□、經主都督夏侯進、清净主連德常、邑人張子衡、邑人張士文、施手齋主陳迴洛、齋主徐歸、都維那夏侯嚴、邑都維那劉子峻、邑人孫子遠、邑人張車廌、書銘人左維那道場主光明主烏丸□□、右維那并香火主蔣文欣、邑人蘭客林、邑人董德、李均粲、化主段高□、高□正、明孝恭、邑正□像主西門子元、開經主張慶、邑人和外洛。歲次甲辰季。

乔旭亮先生在《天龙山隋代佛教活动发展》一文中，从碑刻记载的"开皇四年"和石窟规模，指出："根据石窟的规模来说，开凿需要两三年的时间，所以这个石窟是在隋文帝即位后不久就开始开凿了。"乔先生是仔细研究了碑文的，他已经注意到碑文中"重崖之上，爰有旧龛。镌范灵石，庄严净土"之句，并且解释道："这段话的意思是天龙山的山崖之上原来就有佛龛（指天龙山位于半山腰的石窟），刻有佛像，是清净功德所在的庄严的弘扬佛法修行处所。"（乔旭亮，2015：314）显然，乔旭亮先生认为第八龛是刘瑞等人在"爰有旧龛"之外另立开凿，而非在"爰有旧龛"的基础上"共加琱饰"，这与笔者的理解恰恰相反，笔者将乔先生对第八龛的解读称为"新凿说"[1]，将自己的解读称为"补刻说"。从纯粹文本诠释的角度讲，"新凿说"是没有问题的，但值得深思的一个问题是，"石窟是在隋文帝即位后不久就开始开凿了"是否符合当时的历史背景？隋文帝是如何恢复佛教的？是不是继位之后就马上"全面"恢复佛教？于是隋初天龙山佛教状况就成了第八窟断代问题的焦点。

[1] 广义上的"新凿说"并非由乔旭亮先生首先提出，但是，他是第一个对《隋晋阳造像颂》做出文本分析的研究者，本文的一个研究思路是从文本分析到实物分析，故将乔说冠以"新凿说"之名并以之作为讨论的切入点。

二、隋初天龙山佛教状况

我们再来看李裕群先生《天龙山石窟分期研究》一文，李裕群先生认为可将天龙山石窟分为五组，"五组中仅第三组有隋开皇四年碑文，我们以此为标尺，其他石窟材料为佐证，进行排比分析"[2]，足见隋开皇四年碑文在天龙山石窟分期研究中的重要性。然而，开凿石窟、凿出碑身、撰写碑文、刊刻碑文是不同的事件，故"据8窟前廊东壁造像碑文，知此窟为隋开皇四年仪同三司真定县开国侯刘瑞等人开凿"（李裕群，1992：55），这种推测方式或表达方式是模糊的，碑文撰写或刊刻的时间不代表石窟始凿的时间。"凿于"有两种理解，既可以理解为"始凿于"，也可以理解为"凿成于"。"开凿"同样是有歧义的，并且歧义性比"凿于"更大，它的"开"字还蕴涵着某种时间上"开始"的意味，在口语化表达中，"开凿"与"完工"通常被用作一组概念来介绍石窟。排除这些歧义，我们看到，李裕群先生其实是主张"新凿说"的，李裕群先生此后在《天龙山石窟》一书中有明确的分析：

[2] 李裕群：《天龙山石窟分期研究》，《考古学报》1992年第1期，第51页。在《天龙山石窟》中李裕群先生发现了新材料而扬弃了这一说法，但隋开皇四年碑无疑仍是重要的。

"据前录第 8 窟前廊东壁造像碑文记载：'开皇四年十月十日……重崖之上，爰有旧龛。镌范灵石，庄严净土。有周统一，无上道消。胜业未圆，妙功斯废。皇隋抚运，冠冕前王。绍隆正法，弘宣方等。一尉一侯，处处熏修；招提支提，往往经构。仪同三司真定县开国侯刘瑞，果行毓德，宿义依仁，都督刘寿、都督夏侯进、别将侯孝达……岁次甲辰年。'知此窟为仪同三司真定县开国侯刘瑞等人开凿，立碑年代为隋开皇四年（584）。刘瑞其人，不见史籍记载。但碑文记载了刘瑞等人为隋文帝、皇后和太子祈福的祝词，而且特别祝愿'晋王则磐石之安'。晋王就是隋炀帝杨广。《隋书》卷三《炀帝本纪》记载：隋开皇元年至开皇六年（581—586）和开皇九年至开皇十年（589—590），晋王杨广二度出任并州总管。所以刘瑞这个人有可能是杨广手下的属吏，因而为杨广祈福。依常例，一般在洞窟大体完工后，才镌碑铭记功德的，故开皇四年应是第 8 窟年代的下限。始凿年代当早于该年。考虑到第 8 窟是太原附近诸石窟中规模最大的洞窟，应是多年经营的结果，因此，有可能始凿年代在隋开皇初年（581 年）。"（李裕群，李钢，2003：158—159）

笔者认为，李裕群先生的"开皇初年说"（或称为"开皇元年说"），在某种程度上受到其对隋初天龙山佛教状况的判断之影响，这恰是笔者要质疑的地方。李裕群先生在《天龙山石窟分期研究》中说："开皇元年广于并州置武德寺，寺院规模宏大，前后各十二院，四周间舍一千余间，供养三百余僧。嗣后，又于并州造弘善寺，傍龙山作弥陀坐像，高一百三十尺。"（李裕群，1992：60）根据其注释，此史料源于《辩正论》卷三，笔者在核实这则史料时发现，据《辩正论》卷三所载，弘善寺确实为杨广所建，但于并州置武德寺的并非杨广，而是杨坚。《辩正论》载："隋高祖文皇帝……又于亳州造天居寺，并州造武德寺。前后各一十二院，四周间舍一千余间，供养三百许僧。""隋炀帝……又于并州造弘善寺，傍龙山作弥陀坐像，高一百三十尺。"李裕群先生此后也注意到这个问题，在《天龙山石窟》一书中他纠正了是杨坚造武德寺，并进一步引用了《续高僧传》的材料。《续高僧传》卷十二《释慧觉传》载："以文皇在周既总元戎，躬履锋刃，兵机失捷，逃难于并城南泽。后飞龙之日，追惟旧壤。开皇元年，乃于幽忧之所置武德寺焉。地惟泥湿，遍以石铺，然始增基，通于寺院。周间千计，廊庑九重，灵塔云张，景台星布。"

在此《辩正论》和《续高僧传》的

相关材料还需进一步辨析。《辩正论》和《续高僧传》成书年代相近，都记录了杨坚造武德寺一事，不同的是《续高僧传》明言其事在开皇元年，而《辩正论》并未明确载其时间，然而，从《辩正论》的语境来看，其事似乎在开皇五年或之后，《辩正论》载："隋高祖文皇帝……开皇三年……开皇四年……开皇五年……又于亳州造天居寺，并州造武德寺。"这里对杨坚奉佛的叙事是按时间线索展开的，因此造武德寺的时间可能在开皇五年。结合《辩正论》和《续高僧传》，一个可能的调和性解释是开皇元年"置（地）武德寺"，开皇五年"造（成）武德寺"。《续高僧传》载杨坚大力营造武德寺的原因是非常清楚的，杨坚败仗后曾逃难于"并城南泽"，这里"地惟泥湿"，显然是一片泽地而非山地，由此，在地理上至少可以排除它在天龙山下。建武德寺是因为这里是救命的地方，这种大规模造寺院有其特殊意义，因此建武德寺一事并不能真实反映隋初并州佛教的一般状况，也不足以反映当时具有北齐皇家背景的天龙山的佛教状况。此外，《辩正论》并未记载隋炀帝杨广"于并州造弘善寺，傍龙山作弥陀坐像"的时间，故开皇初年（元年）的并州佛教状况恐怕还需要进一步分析。

周武灭佛不是一蹴而就的，复兴佛法更不是轻而易举的。《辩正论》卷三载："开皇三年文帝下诏曰：'朕钦崇圣教，念存神宇，其周朝所废之寺咸可修复。'"这则诏书的时间值得注意，为何直到开皇三年才下了这么一道看似迟来的诏书？为什么说"迟来"呢？《周书》卷八《静帝纪》载周静帝于大象二年（580）下诏"复行佛、道二教，旧沙门、道士精诚自守者，简令入道"。《隋书》卷三十五《经籍志》载隋文帝于开皇元年"普诏天下，任听出家，仍令计口出钱，营造经像。而京师及并州、相州、洛州等诸大都邑之处，并官写一切经，置于寺内，而又别写，藏于秘阁。天下之人从风而靡，竞相景慕，民间佛经多于六经数十百倍"。与大象二年和开皇元年的诏书相比，开皇三年（583）的诏书是迟来的。初步看来，如果没有其他更充分的史料证据，我们还不能认为隋文帝一改朝换代就马上大兴佛法，而要充分考虑到佛教复兴的过程性。笔者认为周末隋初的佛教复兴是分三步走的，三个阶段的工作重心分别是：复僧侣，复经像，复道场。开皇三年诏明确解决的是复道场的问题。复道场比复僧侣、复经像更复杂，复道场既存在经济问题也面临政治问题。在隋文帝登基后的三年里，统治阶层关于佛教发展等问题应该有过一番讨论和斗争，隋文帝虽有心向佛，但他也要考虑平衡，慎重对待。在复兴佛法的进程中，尤其存在这样一个政治难题：复兴佛法不单纯是宗教问题，其背后政治色彩非常浓厚，因为佛教与皇权是绑在一起的。于是，该如何处理前朝皇室留下的佛教遗迹就成了一个问题，在此政治与宗教就形成了一种冲突。解决宗教与政治、宗教与经济、宗教与宗教等各种矛盾是需要时间的，因此直到开皇三年因缘具足时（如政权已基本牢固、经济已基本稳定等等）才下诏明谕天下。

天龙山佛教与北齐皇室关联密切，第八窟的位置又紧邻东魏第二、三窟，因此无论第八窟是新凿，还是在北齐未竟旧龛上补刻，在政治上都是敏感的，而开皇三年的诏书为天龙山的佛教复兴打上了"政治合格"。那么第八窟是否是开皇三年颁布诏书后新凿的呢？从规模来看可能性不大，在一两年内完成这么大的石窟是很困难的。那么第八窟是否是开皇三年颁布诏书后开始补刻的呢？那也未必，补刻的时间可能还要早。开皇三年才获得明确的政治安全保障，并不表示开皇三年之前不存在对北齐佛教遗迹的恢复。只有当问题成为问题，成为需要解决的问题时，问题才能得到解决。上有政策也许恰恰反映出下有动作或下有呼声。很可能，自周武帝死后

就已经有人明目张胆地修复前朝佛教遗迹了，但修复政治敏感的前朝佛教遗迹似乎要"偷偷摸摸"地进行。北齐入隋的高官不在少数，他们想必给隋文帝透露过这种复兴佛教中的敏感行为和尴尬境地，隋文帝开皇三年下的这一道诏书正是对这类行为的回应。这道诏书起草得颇为巧妙，它没有明确点出北齐，但意味深长地以"周朝所废"四字包容了北齐的佛教遗迹。这道诏书便是《隋晋阳造像颂》所谓"皇隋抚运，冠冕前王。绍隆正法，宏宣方等。一尉一侯，处处熏修；招提支提，往往经构"背后的"官方文件"依据。有了这个"最高指示"之后，刘瑞等人就可以放手去复兴天龙山的佛教事业。

结合其他隋初石刻文献来看，标记时间为开皇元年、二年、三年的佛教石刻极少，尤其是在石窟处，笔者尚未见到有刻于开皇元年、二年、三年的题记。开皇四年是佛教石刻的转折点，从开皇四年开始佛教石刻开始增多。例如《郑树造像记》（南响堂石窟第六窟外）刊刻于"开皇四年岁次甲辰九月庚申朔廿一日庚辰"，《刘洛造像记》刊刻于"开皇四年岁次甲辰八月辛卯朔十五日乙巳"；《李惠猛妻杨静太造像记》刊刻于"开皇四年岁次甲辰八月辛卯朔十日庚子"；《段元晖造像记》刊刻于"开

皇四年岁次甲辰八月辛卯朔廿二日壬子"，《阮景晖等造像记》刊刻于"开皇四年九月庚申朔廿五日甲申"。开皇四年后佛教石刻更多，这与开皇三年诏书释放的政策导向不无关联。开皇三年是佛教复兴三部曲中复道场的重要时间节点，如果我们以此节点作为天龙山佛教复兴的重要参考，那么"补刻说"要比"新凿说"更合理。

三、"补刻说"：从文本分析到实物分析

再次回到《隋晋阳造像颂》，我们先来看"补刻说"的文本分析。今天碑额已经完全风化，看不清任何字迹，"隋晋阳造像颂"可能是赵绍祖对该碑文的命名，但不排除是赵绍祖誊录的碑额。碑额通常是碑文的题目，概括了碑文的中心内容，若碑额为"隋晋阳造像颂"，那么歌颂的重点就是造像事迹，而非开窟事迹，如果要歌颂开窟事迹，碑额理应（最好）对"石窟"有所体现，例如南石窟寺之碑和滏山石窟之碑在碑额上就点明了"石窟"主题。

《隋晋阳造像颂》言"重崖之上，爰有旧龛。镌范灵石，庄严净土。有周统一，无上道消。胜业未圆，妙功斯废"，其中"未圆"和"斯废"值得我们品味，

它表达的是"未完成就荒废了"，我们既可以从广义上来理解，认为它在说佛教事业，也可以从狭义上来理解，认为它在说旧龛工程。然而"重崖之上，爰有旧龛。镌范灵石，庄严净土"与"有周统一，无上道消。胜业未圆，妙功斯废"上下文联系得如此紧密，故笔者更倾向于认为"未圆"和"斯废"表达的是狭义上的、实指性的旧龛工程"未完成就荒废了"。这里我们还要注意"龛"和"窟"的区别，尤其在当代石窟和摩崖造像的分类、描述和编号中，龛与窟的区别是不容混淆的。如果《隋晋阳造像颂》想要指称在开凿第八窟之前已经存在的其他窟室，似乎用"爰有旧窟"更为合适。

再来看"俱发菩提，共加瑂饬"这句，"瑂"是"雕"的异体字，"饬"，有整饬之意，也作"饰"之异体字。用"雕饰"或"雕饬"来描述开凿石窟是不合适的。当然，"雕饰石窟"或"雕饰龛室"这种语词搭配在文法上也不算错，但它不如"雕饰佛像"恰当，这里有个汉语语感和语用习惯问题。更重要的是，"雕饰石窟"或"雕饰龛室"所能合理表达的不是"雕饰出石窟"或"雕饰出龛室"，而是"对石窟进行雕饰"或"对龛室进行雕饰"。留心过雕刻工艺的人大概了解，开坯是前期工作，而雕饰是后期工作，虽然宽松地讲"开坯"也属于"雕

饰", 但没有行家会把"开坯"当作"雕饰", 这个石雕的技术行话是需要学者注意的。北齐始凿的南响堂山石窟有隋刻《滏山石窟之碑》, 碑文措辞对理解这一点颇有启发。《滏山石窟之碑》言: "高阿那肱翼帝出京, 憩驾于此。因观草创, 遂发大心, 广舍珍爱之财, 开此□□之窟。至若灵像千躯, 俨然照□, □□□□, 灿尔分明。其中粧餝, 鲜丽□□, □世□華, 动物倾人, 斯亦最为希□。□功成未几, 武帝东并, 扫荡塔寺, 寻縱破毁。及周氏德衰, 擅归有道, 随国建号, 三宝复行。嘱有邺县功曹李洪运, 殇此彫落, 顶礼无所, 为报亡考之恩, 修此残缺之迹, 雖人非宰贵, 势谢前王, □彫莹事新, 精华如旧。沙门道净, 因过□礼, 嗟曰大功, 阙无文记, 将来道俗, 谁识根由。遂建此碑, 寄传不朽。" 文中言"窟"用了"开"字, 言"像"则用了"彫"字, 即"雕"之异体。此外, 北魏永平三年《南石窟寺之碑》的措辞也可作为参考, 《南石窟寺之碑》言: "命匠呈奇, 竞工开剖。积节移年, 营构乃就。" 这里言建造石窟寺, 使用的是"开剖""营构", 这个措辞是很贴切的。又如《法义兄弟一百余人造像记》言"大魏孝昌三年七月十日, 法义兄弟一百余人各抽家财, 于历山之阴, 敬造石窟, 彫刊灵像", "石窟"与"造"搭配, "灵像"与"雕刊"搭配。故就措辞习惯而论, 笔者认为, 开窟这个始创阶段是不宜用"雕饰"或"雕饬"来描述的。此外, "俱发菩提, 共加琱饬"这句的"加"字更耐人寻味, "加"通常是指进一步赋予对象某种施为, 有"施加""追加""补加""增加"之意。如果从"爰有旧龛""未圆""斯废"来理解, 石窟总体在北齐已经规划好, 龛室已经凿好, 刘瑞等在此基础上对已经开坯成型的部分"加"以雕饰就非常合理了。

因此, 笔者倾向于这样来讲第八窟的故事: 周灭齐后在此推行灭佛政策, 于是第八窟未开凿完成就荒废了, "北朝旧民"刘瑞等人入隋后, 在隋文帝"冠冕前王"和"绍隆正法"两大政策背景下, 完成了北齐未竟的石窟开凿事业。"爰有旧龛"这个表达是含蓄的, 没有交代"旧龛"是已经建好的旧龛还是未完成的旧龛, 没有交代他们是在旧龛基础上补刻还是在旧龛之外另择一处开凿, 为什么会出现这种模糊的措辞? 可能主要是出于政治考虑。出资人大都为"邑人", 可能是本地人, 即北齐的"遗老遗少", 他们集体性地补凿北齐未竟石窟, 又要为隋主颂德祈福, 绝无"以前主窟祈新主福"的道理, 故不宜在碑文中明确言说北齐凿窟一事, 而只能以"旧龛"一语带过。仔细品味"皇隋抚运, 冠冕前王"

与"绍隆正法，宏宣方等""一尉一侯，处处熏修"与"招提支提，往往经构"，在形式上都流露出了"遗民—遗教"的二元同构性，我们不难发现"前王"与"旧龛"是密切关联在一起的，它们的命运是一致的。

如何理解"旧龛"是判断石窟开凿年代的关键所在，但从纯文本诠释的角度是无法做出最终判决的，这是因为笔者对《隋晋阳造像颂》的文本分析与乔旭亮先生对《隋晋阳造像颂》的文本分析在证据性质上是一样的。于是，为了使"补刻说"更"科学"，笔者主张从文本分析转向实物分析，从对《隋晋阳造像颂》的分析，转向对《隋晋阳造像颂》碑的分析。

图 1 《隋晋阳造像颂》碑（张冀峰 摄）

笔者注意到，该碑是典型的"螭首龟趺摩崖碑"，这是典型的北齐样式。如图 1 所示，该碑目前龟趺残毁严重，但凹凸痕迹尤在，尤其是碑底部与底座结合处的弧度非常清晰，这个弧度恰是龟背的特征。从"螭首龟趺摩崖而立"这种形制角度看，笔者推测此碑本是北齐所立，在开凿时就已经留出位置以待完工时刊刻文字，但未完工北齐便已亡国，北周灭齐后在此推行灭佛政策，石窟工程被搁置（甚至遭到破坏），因此该碑未刻铭文。后来隋代北周，佛法又兴，第八窟在隋代得以补刻，最终于开皇四年完工，并撰文刻于碑上。因此，严格意义上讲，通常学界所谓的"隋碑"，其实不是隋碑。使用"汉子原子主义"思维方式（张冀峰，2018）可使我们的描述更加清晰，我们将"碑刻"重构为"碑—刻"，就"碑—刻"之碑而言应称之"齐碑"，就"碑—刻"之刻而言应称之"隋刻"。模糊的"碑刻"概念也反映出传统金石学的缺陷：概念和指称不分，实物与文本杂糅，因而对"窟—碑—文—刻"系统及其要素关系缺少辨析，将开凿石窟、凿出碑身、撰写碑文、刊刻碑文这些不同的事件和时间混为一谈。"前窟后补""前碑后刻""前碑后文"与"前文后碑"都是金石学研究中特别容易出错因而需要特别留心注意的地方。

螭首龟趺形制的碑非常多，摩崖碑也为数不少，但两者结合而成的"螭首龟趺摩崖碑"却比较少见，它是摩崖石刻碑制化发展（加轮廓、加螭首、加龟趺）之极致。这种造型的龟趺具有独特的艺术魅力：龟趺与山一体，却又破壁而出，愣是钻出半个身子来，似静而动，似无而有，动与静，有与无极具张力，给人一种穿云裂石的紧绷感，也给人一种呼之欲出的期待和莫名其妙的兴奋。正是这种形式美吸引了笔者的关注，正是它所具有的艺术感染力为笔者提供了追本溯源的不懈动力。[1]说"螭首龟趺摩崖碑"是典型的北齐样式，当然是笔者的经验之谈，是对多处螭首龟趺摩崖碑经验性的概括，直观艺术感受在这里是第一位的，当然，也不能缺少理性的分析和论证（见下一节），不过从根本上讲，事实（历史）不是通过论证（逻辑）来合法地确立。在此，我们暂且用"螭首龟趺摩崖碑"这一类型学概念来整理经验材料，之后再来解析这一概念。

除第八窟的螭首龟趺摩崖碑外，天龙山石窟的螭首龟趺摩崖碑至少还有两处。凿于东魏的第二窟与第三窟[2]之间有螭首龟趺摩崖碑一通（图2）。龟趺已风化，但从碑底座岩体的凹凸可判断底座为龟趺，中间突出的部分是脖颈，两侧凸起的部分是双足。

图2　第二窟与第三窟间螭首龟趺摩崖碑（张冀峰　摄）

开凿于北齐的第一窟，东壁现存螭首龟趺摩崖碑（图3）。该碑螭首左侧尚存，龟趺已残，目前只能看出龟首和左足痕迹，龟趺右侧被山石掩埋（图4），

---

[1]　附《壁龟赞》二首。其一：雨打又风吹，千年石刻危。尝怜梅间鹤，今赞壁中龟。水落山方显，形残道不亏。身心能负重，堪忍大慈悲。其二：宇宙大荒蛮，周行道复还。虚空成宝地，沧海变高山。佛法刊岩上，神龟跃壁间。石头参破处，又入一禅关。

[2]　由于两窟之间螭首龟趺摩崖碑的形制比较特殊，故这一说法还值得进一步讨论。在此先按照学界流行的观点来介绍，指称上能对应上即可。从螭首龟趺摩崖碑这种艺术形式来看，关于第一窟、第二窟、第三窟和第八窟的年代问题，需从长计议。

如果文物部门把这一角清理出来，也许能看到更清晰的爪指。

图3　第一窟东壁螭首龟趺摩崖碑（张冀峰　摄）

图4　第一窟东壁螭首龟趺摩崖碑底部（张冀峰　摄）

除天龙山石窟外，北响堂山石窟、南响堂山石窟、林旺石窟、娲皇宫石窟、灵泉寺石窟都存有北齐螭首龟趺摩崖碑，这里不再一一举例。值得一提的是林旺石窟与天龙山第八窟的境遇很相似。林旺石窟处的螭首龟趺摩崖碑（图5）虽刊刻于开皇七年，然其形制是沿袭北齐的。据碑文载，该石窟由北齐"杨王府户曹参军前临水县正李子良"开凿，但"庄严未就，便值齐亡……开皇七年……但以幸奉愿力，蒙助善因，尚仍余旧所。于是罄子孙之业，尽身外之资，爰命匠人，就不满□。"开凿者李子良在北齐设计石窟时已经留出了两侧碑刻的位置，并凿出了大致轮廓，因此他是补刻而非改刻，是将"不满处"补充完整。有学者误将龟足（图6）认作佛足，认为是将原来打算刻佛菩萨像的地方改刻成了碑，这种"改刻说"未能注意到北齐螭首龟趺摩崖碑这种独特的艺术形式。

据笔者目前部分统计，螭首龟趺摩崖碑数量相对较少，但时代集中，造型经典。很有必要专门独立出"螭首龟趺摩崖碑"这一艺术范型，一方面，它对石窟年代断定有参考价值，另一方面，它对梳理艺术源流极有帮助。

图 5　林旺石窟螭首龟趺摩崖碑
（任乃宏　摄）　　　　　　　　图 6　林旺石窟螭首龟趺摩崖碑底部（刘浩天　摄）

四、摩崖碑艺术源流：以石窟为中介的摩崖碑制化

在概念和语词上，"螭首龟趺摩崖碑"并非笔者凭空创造。首先"螭首龟趺"是碑刻的经典形式，这点常识无需赘述，"摩崖碑"一词也古已有之，例如北宋黄庭坚就曾作《书摩崖碑后》[1]一诗，然而"摩崖碑"一词在古代的涵义和用法并不固定，有时"摩崖碑"是"摩崖碑刻"的简称，其内涵或侧重摩崖，

或侧重碑刻，如久负盛名的"郑文公碑"，其实是刻在山上的摩崖石刻，并不具有典型的碑制形式，清代尹彭寿《山东金石志》将之称作"郑文公摩崖碑"就突出了其摩崖属性。[2]有时"摩崖碑"是指

[1]　其所谓"摩崖碑"指的是大唐中兴颂碑，该碑由颜真卿书丹，刻于山中石壁之上。

[2]　《八琼室金石补正》载："右郑羲下碑，连标题年月凡五十一行千三百余字，字径二寸，后有宋人题名四行，云：'高邮秦岘西洛冯维秬同游神山，读魏郑文公摩崖碑因刻其后，政和三年十月晦日。'凡三十三字，亦正书，径二寸。"可见至少宋代人就已经将郑羲下碑称作"摩崖碑"了。另外，值得一提的是郑羲下碑中有"常慕晏平仲、东里子产之为人，自以为博物不如也"之句，这是目前所见最早刊有"博物"二字的摩崖石刻。

安置在摩崖处的碑刻，如清代孙衍贵《山西金石记》中所谓的"抱腹寺摩崖碑"，该碑并非刻在石壁上，而是紧贴石壁立在旁边，将放在山岩石壁旁的碑"算作"或"视为""摩崖碑"也说得过去。有时"摩崖碑"则指一类特殊的具有碑之形制的"摩崖之碑"，非常著名的伊阙佛龛碑就是典型的摩崖碑，该碑与山一体，刻有螭首（是否有龟趺还需进一步考察）。《宣和书谱·正书一》云："遂良喜作正书，其摩崖碑在西洛龙门。"

既然"螭首龟趺"和"摩崖碑"的概念源远流长，将二者组合成"螭首龟趺摩崖碑"又有何意义呢？有必要搞这种"标新立异"吗？笔者的考虑是：在传统金石学和石刻学中，通常摩崖是摩崖，碑是碑，二者不可混为一谈，"碑制化摩崖"意义上的"摩崖碑"作为一种特殊的摩崖或特殊的碑，在分类体系中没有获得独立的地位，更没有得到充分的说明，而分类、定名是认知的重要环节，概念的精细程度反映着思维的清晰程度，缺少精细的概念就无法有效地组织复杂的经验，只有独立出"螭首龟趺摩崖碑"这个艺术范型，才能更好地呈现相关的问题意识并澄清其中的艺术源流和发展动力。然而这里需要注意的是：虽然创造"螭首龟趺摩崖碑"这个概念有助于提出并分析相关艺术史问

题，但艺术史问题毕竟是事实问题，而非概念问题，这就要求我们不能以纯粹分析的方式从概念中逻辑化地推出摩崖碑是碑与摩崖的融合，当然，笼统地说"摩崖碑是碑与摩崖的融合"也不算错，但这不应是分析性的，这种笼统的说法也不能解释融合的"动力学机制"，因此在概念分析的指引下还需要更具体的事实分析。通过综合考察诸多摩崖碑的时间、地理和风格，不难发现：在摩崖碑制化的演变中，摩崖碑并非摩崖与碑的直接融合，而是以石窟艺术为中介的间接融合。

借鉴马克斯·韦伯"理想典型"的研究方法，我们先抽象出有对比性的理想典型。人类对意义的表达方式虽然多种多样，但就系统而论，无非音声、行为、图像、文字[1]四大系统，在此我们只讨论与主题最相关的图像和文字两大系统。在理想典型的意义上，我们说，印度、犍陀罗、西域的石窟艺术属于图像表现系统，而古代中国碑刻艺术属于文字表征系统。两大系统的理想化对比如表1所示。从这两大系统着眼，便可以宏观大略地把握住这段艺术史的纲目和主线：石窟艺术随佛教传入中国，此

---

[1]　所有以视觉呈现给我们的都是图像，符号（如汉字）从视觉呈现的角度来说也是图像，这里不再细究。

后在与碑刻艺术相互借鉴、相互渗透的过程中，有力促进了图像系统与文字系统的融合，两大系统融合的极致是二者完全交换了形式和内容——本来容纳造像的石窟将其造像全部替换成了文字，从而产生了无一造像的纯粹刻经窟；本来承载文字的石碑将其文字全部替换成了造像，从而产生了无一文字的纯粹造像碑。把握住了两大系统从彼此独立到相互置换的起点和终点，再对中间过程涌现的各种艺术形式进行梳理就更容易些了，笔者正是将摩崖的碑制化发展放在两大系统交互激荡、反复借鉴的大背景下来理解的。

表 1　两大系统对比

表达系统	图像表现系统	文字表征系统
表达机制	呈现事物形象 产生印象 在图为形象 形象思维 不依赖语言 不可读（音） 可跨语言交流 超越民族	记录文字符号 产生概念 在言为名相 概念思维 依赖语言 可读（音） 不可跨语言交流 民族性强
表达形式	石窟	碑刻
表达内容	造像	文字

大体上讲，石窟艺术在源头上以呈现形象为目的，故不需要文字，如印度、犍陀罗、西域石窟几乎没有什么文字记载。石窟艺术传入中国后，沿着丝绸之路，一路向东直到大同云冈石窟，这些早期石窟也很少见到碑刻题记，如云冈石窟，其现存北魏造像题记仅 31 品，与其浩瀚的造像比起来，这意味着什么？至少表明了文字意识的薄弱，这当然在很大程度上受制于鲜卑等民族没有独立而系统地发展出自己的文字。随着北魏政权的汉化，尤其是太和十八年（494）从平城迁都洛阳后，石窟造像中的文字意识“突然”强烈起来，这时期开凿的龙门石窟中，造像题记数量出现了惊人的暴涨，从而与云冈石窟形成了强烈对比。这该如何解释呢？除了汉化等历史性因素外，笔者在此提请注意的是意义的问题——当图像的意义成为“问题”，就需要补充文字来加以说明。例如关于“谁”的问题——谁刻的？刻的是谁？其意义成了需要解释并彰显的问题。那么，图像的意义在何种语境下才会成为“问题”呢？

笔者认为至少有以下四个因素：其一，造像群体的扩大和非皇家石窟的涌现。云冈石窟主要由皇家开凿，基本上不需要解释"谁"的问题，而当大量非皇家石窟在龙门石窟涌现时，尤其是这些由不同人出资的造像集中在同一个洞窟内时，就需要用文字来标示"谁"的问题。其二，个体化与社会化的整合。造像者留下自己的姓名反映出其主体意识或个体化，而其对"皇帝陛下""师僧父母""一切含情"等的美好祝愿以及对佛事活动的共同发心、集体参与则反映出其整体意识或社会化，开窟造像的宗教生活是"个体化与社会化的统一"，这是以相似性为主导的图像系统所不能体现的，这时就需要引入文字系统。其三，佛教义理的深入传播。信众已不满足于盲目地形式崇拜，而是对义理有了深刻的认识，阐发对理念的理解自然需要概念和语言思维，文字即思维的符号化。例如很多造像题记开篇通常会申明佛教的"经像训世"传统，并阐发有形与无形或言与像的关系，这最能反映当时信众兼顾图像系统与文字系统之自觉。其四，内在信仰的外在彰显。从信仰到承诺的外化是宗教发展的必然，信众开始把心愿写出来，记录下来并公之于众，通过外在形式而使信仰明确成为一种承诺和誓愿，这就需要文字

充当"订约"的"符契"，而信仰的文字流露反过来又有助于进一步确认并强化信仰。

在这种情况下，文字系统就强势登场了，文字和作为文字之传统铭记载体的碑刻形式被一起纳入石窟艺术之中。云冈石窟的31品造像题记全部横宽竖窄，都没有明显的碑的形制，而龙门石窟的造像题记则明显涌现出"碑制化"的新面目，即在造型上开始向碑的形制靠拢，石窟的石壁上出现了以螭首为特征的碑样造像记。我们可称之为"螭首摩崖碑"，这种形式在古阳洞中表现得非常典型。值得注意的是这一时期"螭首摩崖碑"的底座，它们或无底座，或有底座，但并非龟趺，而是供养人像或佛、菩萨、神王、力士等像。"螭首摩崖碑"经过东魏、北齐的进一步完善，最终演变为"螭首龟趺摩崖碑"这一经典艺术范型，这种碑首、碑身、碑座一体式刊凿具有整体感、稳重感、安全感、庄严感、神圣感，是摩崖碑制化发展之艺术顶峰，也是其逻辑终点。摩崖碑的发展既有文化和艺术的内在诉求，也受到了经济因素的影响。普通独体石碑通常是从山中采石打磨刊刻，分别制成碑首、碑身、碑座（很多碑的碑首和碑身是一体的），然后再组装

起来。与之相比，与山同体[1]的摩崖碑减少了诸多施工环节，降低了工程成本，显然更为经济。因此，若想在石窟寺树碑记事，如不考虑石质、布局等因素，大可不必单独树碑，就地刊刻摩崖碑便成了一种自然而然的选择。

艺术史的发展并非线性的，上述粗线条的勾勒仅供我们把握纲目，而不能作为准绳。宏观大略是必要的，也是不充分的，在宏观大略之后还要具体分析，尤其要注意反例和特殊案例。总体上讲，"螭首龟趺摩崖碑"的诞生是与石窟艺术密切联系在一起的，（螭首龟趺）摩崖碑的具体特征对于判断石窟年代具有重要参考价值。简单来说，从艺术形式的角度推测摩崖碑的年代，重点要看以下几个方面：1. 有无螭首，螭的盘绕方式如何，螭的造型是丰腴还是清瘦；2. 有无碑额，碑额是佛龛还是文字，佛龛是何种形制；3. 有无底座，是不是龟趺底座，底座是平面线刻还是立体雕刻；4. 碑底部与龟趺的连接处是直线状还是有弧度的龟背状。关于更具体的推测方式，这里不再详述。

---

[1] 与山同体的巨大摩崖碑可谓"同体大碑"，暗合着佛家"同体大悲"的理念。古人当时是否有这种营造理念已无从考证，不过既然笔者都能觉察到这层寓意，北朝那些"长于音声"的僧侣们应该不难体会其中谐音，毕竟当时的音韵学正是由僧侣们推动的。

结语

从对碑文之文的分析，到对碑文之碑的分析，无论文本分析还是实物分析，都可以支持"补刻说"。最后，我们还要结合第八窟窟内的情况来分析。遗憾的是笔者尚无机会走进窟内进行详细考察，在此我们可以借鉴李裕群先生的总体性分析："隋初开凿的天龙山第8窟，洞窟的刊凿者有可能为隋晋王杨广之属吏，或来自都城长安。但基本上承袭了本地北齐石窟造像的样式，而缺少变化。在经历了北周武帝灭法之后，隋初佛教正处于恢复时期，经济和文化方面亦同样如此，故在这一时期很难有新的造像形式产生。天龙山隋代洞窟因循旧制，应与这样的历史背景有关。"（李裕群、李钢，2003:191）首先，可以肯定的是，第八窟造像是北齐风格，这就有力地支持了"补刻说"；其次，李裕群先生确实注意到了隋初佛教恢复时期经济方面的问题，既然如此，隋代洞窟为何还要"因循旧制"建造有前廊、有后室、规模如此巨大（规模为天龙山石窟之最）的石窟呢？笔者认为，决定"因循旧制"的是"因循旧址"，第八窟的规模和总体布局在北齐时已经定型，隋代工匠只能在前人的基础上进行补刻，故"补刻说"应比"新凿说"更合理。当然，本文给出的论据尚不构成对"新凿说"的证伪,天龙山第八窟始凿年代仍是一个"问题",需进一步的对话和探讨。本文的意义也不在于提出一个观点,而在于提出一种分析方法。或许"补刻说"这个观点"论证"得并不充分,但希望其背后的方法和理念有一些可取之处。

参考文献

[唐]道宣.《续高僧传》卷十二《释慧觉传》.

[唐]法琳.《辩正论》卷三《十代奉佛篇》.

[唐]令狐德棻等撰.《周书》卷八《静帝纪》.

[唐]魏徵等撰.《隋书》卷三《炀帝本纪》.

[唐]魏徵等撰.《隋书》卷三十五《经籍志》.

[明]高汝行纂修.《嘉靖太原县志》卷一.

[清]陆增祥.《八琼室金石补正》卷十四.

[清]赵绍祖.《金石文钞》卷二.

李裕群.1992.天龙山石窟分期研究.考古学报,1:35–62.

李裕群、李钢.(2003)天龙山石窟.北京:科学出版社.

乔旭亮.(2015)天龙山隋代佛教活动发展.艺术品鉴,3:314.

张冀峰.(2018)"汉字原子主义"思维方式浅析,3:75–81.

颜娟英.1997.天龙山石窟的再省思.载臧振华编.中国考古学与历史学之整合研究.台北:台湾"中央研究院"历史语言研究所.

《中国博物学评论》，2023，（07）：130-132.

自然之诗

自然诗五首
Five Songs of Nature

李元胜 *

1. 钝裂银莲花

春天已至，旷野的沉默

未尝不是一种迷途

喋若寒蝉的人，你读破的万卷

未尝不是一种耻辱

有被举到空中的书房

有在伤口里把书摊开的勇气

钝裂银莲花，独自

回应着天空的蓝色和白色

天空和大地通过你

勘察生命的边界

从日出到日落，这辽阔的一天啊

只有你，只有瘦小的你

是我的庇护所

也是整个旷野的庇护所

（2021.01.16）

2. 蜡梅

立足之地

不过是同一潭死水

——为何还要挣扎

我在一张纸上的咆哮

* 李元胜，诗人、博物旅行家。重庆文学院
专业作家，重庆市作协副主席、中国作协诗
歌委员会委员，曾获鲁迅文学奖、诗刊年度
诗人奖、人民文学奖、十月文学奖、重庆市
科技进步二等奖。

已达千里之远

你在空中勾勒的香气

可破我斗室四壁

我们伏于荒草的漫长守候

在此间

还将继续，必须继续

无尽冰霜逼退的更好世界

回到我们心中

重新发育

还有机会

我听到从那里隐隐传来惊雷

（2022.01.17）

仿佛什么也未曾发生

闪电忽至，我起身

和大雨又一次争相狂奔

只有我，只有很小一部分雨

得以逃脱

其他的都吸进了瓶里

在世界的不同角落

深浅不一的瓶盖

就这样合上了

被它们收集的一切

皆为酝酿另一个未来的材料

（2022.01.19）

3. 丛林女孩营地

沿着山脊，无边山丘

倾倒进它的瓶子

猪笼草蹲在树枝上，像一个巫师

有消化一切的能力

掀开它的瓶盖

我想找到坐过的卡车

消失的小路

瓶水清澈

4. 无人借阅的图书及其管理员

飘浮着的图书管理员，趴在桌上

用长长的吸管吃花蜜

彩色书架折叠在他身后

——已有上万年无人借阅

我曾回到大学时的图书馆

推开门，走向偏爱的角落

每次，当我伸出手

所有的书架都腾空而起

瞬间消失，连同年迈的管理员

但南美洲的蓝灰色小书架

在城市角落一动不动，已经多年

趴在尘埃中的纳博科夫

举着放大镜，完成了阅读

现在，一个金属的图书馆

连同它的深奥文字

在失去自己的管理员后

（也许他曾毫无意义地挣扎过

在被装进纸袋之前）

终于，有了自己的名字

（2022.01.24）

5. 日复一日

地面隆起、裂开，露出榕树新鲜
的根

像一个孩子伸出的手

本该裹在泥土的被子里

在黑暗中默不出声

就像我们，日复一日

裹在自己的生活里沉沉睡去

这张纸如何才能捅破？

我们的手，何时才能伸到滚烫的阳
光中？

（2022.02.17）

《中国博物学评论》，2023，（07）：133-171.

自然之诗

约翰·克莱尔的浪漫主义自然诗歌、生态方言与博物学
John Clare's Romantic Poems of Nature, Ecolect and Natural History

张晓天（北京大学哲学系）

约翰·克莱尔（John Clare，1793—1864）是英国浪漫主义时期较容易被早期研究忽视的诗人之一。然而，克莱尔在自然诗歌中所描摹的真实乡村景观，以及他对自身所在地动植物的了解与生态感知、他的生态方言、他的农民诗人身份，使他的诗歌呈现出不同于传统"田园诗"的独特张力。这种张力无疑是一种魅力，明快、纯朴，具有劳作特质，值得重视和研究。诺贝尔文学奖获得者谢默斯·希尼（Seamus Heaney，1939—2013）高度评价克莱尔的乡野自然诗歌，称"克莱尔用语言做活儿，但没有走向过分雕琢"[1]。希尼在《诗歌的纠正》

（*The Redress of Poetry*）中谈到"做活儿（wrought）"与"劳作（worked）"这两个词组用法的区别："当乡下人说到劳动，他们会很自然地用做活儿这个词，而且几乎就只用这个词。"希尼把使用这种地方用语描述为"一种很个人化的感觉""一种立足于自己语言领地的意愿"。（Heaney，1996：63）

但是，不像同样以农民身份登上诗坛、开了一代新风的彭斯（Robert Burns，1759—1796），克莱尔没有把鲜明的时代色彩呈现为浪漫主义思潮的那种呼喊方式：感伤与怀旧情绪的洋溢与扩展，民族主义在苏格兰的余温，法国大革命给整个欧洲带来的心灵激荡。比起彭斯的民歌体诗风里这份历史的透视，克莱尔的自然诗歌在当时或许显得太平静

---

[1] Seamus Heaney. John Clare's Prog, in *The Redress of Poetry*. London: Faber and Faber, 1996 (first published in 1995), p. 63.

了，他在短暂受追捧后便被诗坛冷落，过去也经常被浪漫主义时期诗歌的研究者们遗忘。另一方面，克莱尔的农民背景，也使得诗歌研究界一度对他缺乏足够的文学评判。杰弗里·萨莫菲尔德（Geoffery Summerfield）在编录《克莱尔诗选》时曾这样评价道："学术圈想要把克莱尔划归为外围的水沟和篱笆。而诗人们一直以来更清楚其中的事实：无论是作为读者还是诗人……他们一生都受到克莱尔的启发。"（Summerfield, 1990: 22. 转引自麦库斯科，2018:81-93）随着生态反思的兴起，克莱尔回到人们的研究视野，受到了不少新的关注。罗伯特·瓦勒（Robert Waller）1964 年发表《克莱尔一首诗的生态意义》（The Ecological Significance of a Poem by John Clare）一文，将克莱尔视为英国文学传统中重要的生态作家。彼时，著名的生态反思著作《寂静的春天》（Silent Spring, 1962），才刚出版两年。

克莱尔的诗是值得一读的。作为农民出身的诗人，克莱尔早期的文学事业可谓成功。他出版的第一部诗集《描写乡村生活和风景的诗》（Poems Descriptive of Rural Life and Scenery, 1820）曾在一年内销售 3000 册，克莱尔也被称誉为"北安普顿郡的诗人"（Northamptonshire Poet）。他的诗歌创作始终侧重对乡土自然的描写，可惜早期的成功并未再现。随后的诗集作品《乡间吟游诗人》（The Village Minstrel, and Other Poems, 1821）、《牧羊人的日历》（The Shepherd's Calendar, with Village Stories and Other Poems, 1827）以及《乡村缪斯》（The Rural Muse, 1835）都较少有人问津。在出版诗集的这 15 年间，克莱尔曾 4 次访问伦敦，结识了柯勒律治（Samuel Taylor Coleridge, 1772-1834）和德·昆西（Thomas De Quincey, 1785-1859），还路遇过为拜伦（George Gordon Byron, 1788-1824）出殡的车队。然而克莱尔的精神状况每况愈下。1837 年，家人将他送往埃平森林中的一家收容所。1841 年，克莱尔逃回了自己的村庄。他在 4 天内独自徒步 80 多英里，这段旅程也被他记录在《离开埃赛克斯郡之旅》（Journey out of Essex）中。在北安普顿的综合精神病院里，克莱尔继续写完了他生命最后阶段的诗。这一阶段的诗也被后人编录为"精神病院诗歌"（Asylum Poems），其中多数饱含有克莱尔强烈的个人情感，包括他最为世人所知的一首诗《我是》（I am）。1864 年 5 月 20 日，克莱尔在北安普顿去世。他一生留下了大量发表或未发表的诗稿与文稿，可谓英国浪漫主义时期最多产的诗人之一。

一、克莱尔诗歌中的田野风景与乡村生活

1793 年 7 月 13 日，克莱尔出生在英国中东部彼得伯勒郡辖区的一个村庄——北安普顿郡的赫尔普斯顿（Helpston）一间狭窄而简陋的茅屋里 [1]。克莱尔在他的第一部诗集《描写乡村生活和风景的诗》的前言中，将自己描述为"北安普顿郡的一位年轻农民"。由于家里依赖教区救济，克莱尔很小就下地干活或是出来做工。他去酒馆烧过锅子，兜售过酒水，烧过石灰炉，干过园丁，有一段时间甚至自愿加入北安普顿郡东部地区的地方民兵组织。他的业余时间则都用来写诗。他把诗写在小纸片上，尽管他的母亲有时会用这些纸片生火。

1806 年，克莱尔完成他的第一首诗《晨行》（The Morning Walk）。诗的灵感来源于他在伍德克罗夫特城堡（Woodcraft Castle）为贝拉夫人（Mrs Bellairs）打理农场时购买的詹姆斯·汤姆森（James Thomson）的《四季》（The Seasons）。当时克莱尔才 13 岁。他在公园的围墙下面读了两遍《四季》，在一张纸上潦草地写下了几行诗句。随后的十几年间，克莱尔创作了大量诗歌。为了增加自己和父母的收入，他试图把作品卖给书商，之后结识了书商爱德华·德鲁里（Edward Drury）。德鲁里将这些作品送往其表兄约翰·泰勒（John Taylor）所在的伦敦泰勒与赫西出版社。这家出版社以出版济慈（John Keats）的作品而闻名。1820 年 1 月 16 日，克莱尔的《描写乡村生活和风景的诗》（Poems Descriptive of Rural Life and Scenery）正式出版。由于克莱尔尝试以各种不同的诗歌风格进行创作，这本诗集的内容相当多样。泰勒在当时新刊发的《伦敦杂志》（London Magazine）创刊号上撰写了推荐该诗集的文章并加以营销，连刚抨击过济慈的《季刊》（Quarterly）杂志也称赞克莱尔。意大利作曲家罗西尼（Gioacchino Rossini，1792—1868）还把诗集中的一首诗谱成了曲。仅一年后，1821 年 1 月，这本诗集已经加印了第四版。

《描写乡村生活和风景的诗》收录的第一首乡村诗诗题为"Helpstone"，字面意思是"拯救之石"，而不是现代

---

[1] 据考，"Helpston"这一地名源于盎格鲁-撒克逊人的语言，"tūn"在古英语中是"农场"的意思（陈浩然，2019）。陈浩然将"Helpstone"翻译为"海尔伯斯通"，"Northampton"翻译为"北安普敦"。本文依照《21 世纪世界地名录》（北京：现代出版社，2001）和《世界地名译名词典》（北京：中国社会出版社，2017），分别翻译为"赫尔普斯顿"和"北安普顿"。

英语中的"Helpston"。这种有趣的拼写被认为是克莱尔使用的一种双关（麦克库斯特，2018：81—93）（克莱尔在其他诗中也采用过类似的修改拼写的双关手法）。这也体现出克莱尔对乡土的特殊情感：他所生活的村庄，于他不仅有地理意义，也具有精神意义。

在克莱尔一生创作的诗歌中，关于田野景色、乡村生活与季节风物的诗占据相当一部分。例如《描写乡村生活和风景的诗》中收录的十四行诗《一幕景象》（A Scene）：

一幕景象
A Scene

风景绵延伸展，眼前视野开阔起来，

The landscapes stretching view, that opens wide,

有溪流潺潺，宽些的河水泛滥洪污，

With dribbling brooks, and river's wider floods,

也有山丘、沟谷和黝黯低矮的树木，

And hills, and vales, and darksome lowering woods,

有五颜六色的谷粒儿还有杂草斑斓；

With grains of varied hues and grasses pied;

低矮的棕褐色农舍坐落在幽僻角落；

The low brown cottage in the shelter'd nook;

教堂的塔尖，就从那树梢上头窥视

The steeple, peeking just above the trees

微风中沙沙响的叶子挂在枝梢；

Whose dangling leaves keep rustling in the breeze;

周到的牧羊人弯腰干着铁钩木杖活；

And thoughtful shepherd bending o'er his hook;

脱去外衣的少女也为翻晒干草来了；

And maidens stript, haymaking too, appear;

庄稼汉子在他休耕的犁前吹着口哨；

And Hodge a-whistling at his fallow plough;

牧民对着闯入田地的母牛呼赶驱吵，

And herdsman hallooing to intruding cow:

而这一切，或成百倍景象，或远或近地，

All these, with hundreds more, far off and near,

映入我眼帘；而我又如此心潮澎湃，

Approach my sight; and please to such excess,

言语可无法把这心头愉快给说出来。

That language fails the pleasure to express.

这首十四行诗再现了田野和乡村的景观。克莱尔眼前的风景，远非贫乏、苦瘠、荒芜的田野，而是安逸、平凡、质朴的田间村庄。"风景绵延伸展，眼前视野开阔起来"，虽是观看者的视角，但你能在诗中察觉到克莱尔对农活的熟悉、亲切，甚至是那份感同身受。乡野自然是"绵延""开阔"的，而在这"绵延""开阔"之中却处处充满着对比：有涓涓细流，也有泛滥的洪污；有山丘沟谷，也有低矮的树木；树木黝黯，然而谷粒却明亮饱满，杂草斑斓。这些鲜明的对照，使克莱尔的诗具有相当程度的画面感。而通过"教堂的塔尖，就从那树梢上头窥视／微风中沙沙响的叶子挂在枝梢"这两句拟人的叙述，克莱尔流畅地将焦点从前半首诗描摹的自然物，转移到乡村的劳作者身上："周到的牧羊人弯腰干着铁钩木杖活""脱去外衣的少女也为翻晒干草来了""庄稼汉子在他休耕的犁前吹着口哨""牧民对着闯入田地的母牛呼赶驱吵"，这四句诗里包含了大量的细节。

"周到的牧羊人弯腰干着铁钩木杖活"，这里，克莱尔没有使用"俯身（bend down）"而是使用"弯腰（bend over）"，准确地刻画了牧羊人的真实动态：驱赶羊群时，牧羊人不用真的俯下身去，只需弯着腰。这两个词语在中文里看似很相像，然而接下去的动作，或者说是潜在关联的动作则完全不同："俯身"常常伴随着"捡"，如果翻译成"牧羊人在俯身捡钩"，那显然是不准确的。这里面涉及一个看起来很微小但至关重要的问题：牧羊人的"钩（hook）"到底是个什么东西？"钩（hook）"似乎是一种简单的俗称——钩子，可这是什么工具上的钩子？这钩子用来做什么？要了解克莱尔的诗，免不了要了解这些。而这里的"hook"，其实是方言对"crook"的俗称，也就是旧时牧羊人捕羊用的曲柄杖。在西班牙作家赫苏斯·卡拉斯科（Jesus Carrasco）的文学作品《荒野里的牧羊人》

（*Intemperie*）中，有一段对这种传统铁钩木杖的描写：

他回到墙边去拿铁钩木杖，努力回想牧羊人使用的方式。他把竿子夹在手臂下，……举起尖端指向那群动物。木杖比他想象的还要重。于是他用两只手举起木杖，从后面接近他的猎物。他把铁钩伸到它的腿之间，但山羊还是发觉然后逃跑了。他又试了几次，决定动作粗鲁一点，追在它们后面时把铁钩往前伸，让它们跌倒。他终于击倒一只，立刻松开木杖，扑到羊身上，使它的四肢动弹不得，直到它乖乖认命。（赫苏斯·卡拉斯科，2018：71—72）

牧羊人用这种铁钩木杖控制他的羊。而若是羊掉进坑里，或是陷入树丛，牧羊人还会用杖头的曲柄把失足的羊拉出来。总之，得弯着背，累累腰。有时牧羊人也用这钩杖敲敲地，羊群看见这赶羊的铁钩木杖，听见了声音，就知道牧羊人在那儿了。

"脱去外衣的少女也为翻晒干草来了"，这一句克莱尔只用了一个"stript"来形容前来进行劳作的少女们，这里"制作干草（haymaking）"主要指的是翻晒干草的活儿。下地去，翻晒干草，自然得衣着轻便，我便译作"脱去外衣"。

"庄稼汉子在他休耕的犁前吹着口哨"和"牧民对着闯入田地的母牛呼赶驱吵"这两句更有意思，因为多了两种人声，更显出人的情态。"Hodge"在这里并非具体的人名，也不是马匹，而是英国俚语中"乡下人、庄稼汉"的意思。克莱尔对方言的使用，在他早期的诗里就已经十分鲜明地体现出来。在克莱尔的诗里，你基本上看不到彭斯那种辛辣的、讽刺的呼告，或是长年在土地上劳作的贫苦农民的心酸和现实感那一类的东西，包括对爱情和人间不平事的敏感。克莱尔描述的农庄是如此忙碌，却又如此闲适，愉快，庄稼汉子"休耕"，"在犁前""吹着口哨"，牧民则急忙"呼赶驱吵"着走错道乱闯的母牛。尽管克莱尔只写了牧民的吆喝，可牛声、羊声，田地被踩踏的泥土声，伴着人声，田间景象，一时全都鲜活起来。

"而这一切"，仅仅是克莱尔随意选取、描摹的农牧结合的"一幕景象"，它平平无奇，并不特别，更非经过精心选取。克莱尔每天都要在乡下走上几英里甚至十几二十英里，真实的乡野"或成百倍景象，或远或近地／映入我眼帘"，又怎能不让克莱尔心潮澎湃呢？

能让读者也跟着心潮起伏的，还有很重要的一点，即诗歌的韵律。Sonnet，我们所说的十四行诗，本身就是一种抒情短诗。"sonnet"这个词可追溯到拉丁文"sonus"（声音），也就是英语单词"sound"和"song"的词根"son"的来源。而"sonnet"直接从意大利语"sonetto"演化而来，也与中世纪法国南部普罗旺斯地方语中的"sonet"（短歌）有关。6世纪初，十四行诗体传到英国，到16世纪末已经成为英国流行的诗歌体裁。这种诗形式整齐，不同体例最明显的区别在于押韵的位置，即韵式。韵能把几行诗联结为诗节，换韵又能把不同的诗节分隔开来。克莱尔的押韵诗是基于发音的。克莱尔的口舌和耳朵都习惯于北安普顿郡的当地方言，因此，他能够很自然地把"floods"和"woods"连接起来，没有韵脚上的不连贯。他的十四行诗也是自由的，通常形式独特。我在译诗时为保留这些结构特征，也在形式上追随原作，并尽可能贴近原诗的韵式，例如"opens wide /grasses pied"译为"开阔起来 /杂草斑斓"，"floods /woods"译为"洪污 /树木"等。

《一幕景象》在结构上呈现为 ABBA|CDDC|EFFE|GG 的模式。ABBA，即一四行押韵，同时二三行押韵，这种韵式称为抱韵（enclosing rhyme scheme），或称"首尾韵""环抱韵"。用这种韵式最为出名的诗人是14世纪的意大利诗人彼特拉克（Francesco Petrarca, 1304—1347），然而，彼得拉克式的十四行诗由两段抱韵四行诗和两段三行诗构成，而克莱尔在《一幕景象》中采用的是三段抱韵四行诗再加一段叠韵（overlap rhyme scheme）两行诗。但若细看克莱尔的诗，似乎也有两段三行诗的特征："而这一切，或成百倍景象，或远或近地"这一句，并非是上一段四行诗的终结，而是紧接着下一句"映入我眼帘"。从这里能看出克莱尔并非严格依照韵律将诗段前后分开，而是保留了一些情感抒发的自然连续性。

克莱尔的第二本诗集《乡间吟游诗人》则开始形成一些主题，因此相对不像《描写乡村生活和风景的诗》那样多样化。但这也意味着克莱尔开始形成自己的写作风格。随后的《牧羊人的日历》则是完全按照月份写就的。事实上，在克莱尔还未开始写这些诗之前，出版商泰勒就来克莱尔在赫尔普斯顿的居所拜访了他，并与克莱尔一起确定了诗集的主题。克莱尔的这本诗集，让读者了解到乡村在一整年中每个月的独特风景，以及不同的时节所要做的农活。而在克莱尔的中期作品汇集成的大量手稿中，我们能够看到他是如何热衷于展现这种季节变化的。《小羊羔》就是一例：

小羊羔

Young Lambs

春天来了，这可有很多迹象在；

The spring is coming by a many signs;

羊羔饲盘立了起来，树篱栅栏拆了围挡，

The trays are up, the hedges broken down,

以前它围着的干草垛，剩在那儿发出光彩

That fenced the haystack, and the remnant shines

像些年久的古董残片风化成褐色模样。

Like some old antique fragment weathered brown.

在任何隐蔽的地方，只要太阳稍一窥视，

And where suns peep, in every sheltered place,

早开的小毛茛便能露头，

The little early buttercups unfold

一两点星子在草丛中闪现——直到遍地都是

A glittering star or two-till many trace

紧贴着黑刺李，一簇簇金黄堆凑。

The edges of the blackthorn clumps in gold.

随即有一只小羊羔窜了上来，

And then a little lamb bolts up behind

从小丘坡后，摇着尾巴见你咩叫着唷，

The hill and wags his tail to meet the yoe,

随即又见另一只，避着风躺地，

And then another, sheltered from the wind,

跟死掉了一样浑身摊在草里——让我走

Lies all his length as dead—and lets me go

顺道儿挨近，它躺着晒太阳，全不理睬，

Close bye and never stirs but baking lies,

它抻着蹄子的模样，就好像站不起来。

With legs stretched out as though he could not rise.

克莱尔对气候很敏感。这是他农民出身的特征，因为气候会影响到劳作。可以看到，《小羊羔》是一首用相当简单的语言写成的诗。在这首诗中，克莱尔列出了乡下人理解的春天到来的几种迹象，并把这些迹象以连续的画面呈现出来。很大程度上这首诗只是克莱尔对所看到、感受到的季节的记录。他知道这个季节到了，而这一切取决于田地里正在发生什么，哪些植物正在生长、开花，以及小羊羔的活动。

羔羊是英语中传统的春天象征之一。很多母羊冬天揣犊，春天生羔，因此牧羊人总在冬季给怀崽的母羊搭建母子栏，在羊圈角落里再围搭上一个小圈，让母子或是羔羊单独使用。接完春羔后，随着白昼悄然延伸，天气渐渐缓和，那时，树篱栅栏就该拆了。同时，还设置专门给羔羊使用的饲料盘和草架。在《小羊羔》的第二行，克莱尔最先感知到的春天迹象，就是牧羊人的这些举动："羊羔饲盘立了起来，树篱栅栏拆了围挡"。紧接着，他用一个比喻，将以前被栅栏围起来的干草垛的残余物，比作"风化成褐色模样"的"年久的古董残片"。在克莱尔转向更多的自然物之前，这些是他最初见到的场景。

在第二段四行诗中，克莱尔从羊圈写到了山坡上的植物，并着重描写早开的小毛茛。毛茛这个俗名用于统称毛茛科毛茛属（*Ranunculus*）一系列种，开黄色小花，花多为五瓣，疏散，花叶贴生柔毛。毛茛喜生于田野、河岸、沟边及阴湿的草丛，多数簇生，生长期间需要适当的光照。克莱尔的诗未写毛茛而先写太阳，"在任何隐蔽的地方，只要太阳稍一窥视"，这里的拟人化，就好像太阳也在主动地寻找它未曾去过的每一个地方。"窥视"也体现出毛茛的生命力，"只要太阳稍一窥视／早开的小毛茛便能露头"，从而变成"一两点星子在草丛中闪现"。新开的小花朵发出金色的光芒，"紧贴着黑刺李，一簇簇金黄堆凑"。黑刺李（blackthorn, *Prunus spinosa*)是蔷薇科、李属一个特定的种，这种灌木耐寒性强，老枝粗壮，树皮深灰褐或红褐色，多分枝，多刺。黑刺李是花先于叶生，显然，在克莱尔去看的时候，花叶都还尚未生发。在早开的毛茛面前，黑刺李仅仅是光秃的阴暗树枝，但因为"一簇簇金黄堆凑"在黑刺李的枝干边缘，黑刺李也被照亮了。

到第三组四行诗和最后两行叠韵，克莱尔才真正写到了小羊羔。第一只小羊羔是"从小丘坡后""窜了上来"，可以看出牧羊的地方是一块坡地，有着一个接一个的小丘坡（hill）。这里的"hill"就不适合再翻译成山丘了。小丘坡，或者说是小丘包，遮挡了克莱尔的视线。所以当一只小羊羔突然出现在面前的时候，他的用词是"窜了上来（bolts up）"，而不是简单的"跳跃上来（jumps up）"。这只羊见到人，一声轻咩，"摇着尾巴见你咩叫着唷"。是那样活泼、纯真，羊蹄像是能踏平春天的坎。

随即克莱尔又见到了第二只小羊羔，这只"避着风躺地""跟死掉了一样浑身摊在草里"。春天羊休息的时候，会选择向阳背风山坡，一动不动地躺卧。这只初生的羊羔也一样。克莱尔说，"Lets me go /Close bye"，这里的"bye"并不是"再见"，而是"By the bye"或者"by the by"的俚语口语，常出现在闲聊中，意思是"顺便"，基本只有英国当地人会这么用。特别是在18世纪和19世纪早期，这一用语颇为流行。对克莱尔而言，这是一种习惯了的、熟悉的方言语气，他的诗就像在和你说话。可就算克莱尔"顺道儿挨近"，这小羊羔还是一下也不动弹。他注意到羊羔四肢伸开，"stretch out"，我译为"抻着"，就像人抻胳膊抻腿那样。"抻"所伸展的动态线条，表明羊羔也在享受着天气的变化。阳光充足，被太阳晒着的大地酥软，

舒气。小羊羔躺在草上，"他抻着蹄子的模样，就好像站不起来。"

春天若是到了，羊总会找到自己的去处。这两只小羊羔，一只奔青找草，一只极度慵懒，本身也代表了一种自然的平和。

在结构与形式方面，《小羊羔》是一首莎士比亚传统十四行诗，遵循ABAB|CDCD|EFEF|GG这样一种固定的押韵模式。ABAB式的押韵也叫作交韵（alternating rhyme scheme），例如第一三行的"很多迹象在 / 剩在那儿发出光彩（a many signs /the remnant shines）"，和第二四行的"拆了围挡 / 风化成褐色模样（broken down / weathered brown）"。克莱尔也使用了五步抑扬格（iambic pentameter）。一行接近十个音节，每两个音节算一个音步（foot），这首十四行诗接近五步，发音则先轻后重，呈现"抑—扬"。但和华兹华斯（William Wordsworth，1770—1850）的《咏水仙》（The Daffodils）一样，克莱尔并不苛求这些形式，他更喜欢在诗句的中间自由停顿。自然，朴素是显然的，更重要的是不刻意。在克莱尔的诗里，你能看到一种语言的柔韧性，一种恰当的节拍。这可能和克莱尔父母对歌曲相当广泛的了解有关。农人可能不了解诗，但懂得许多短歌。短歌

的特点之一是重复性，克莱尔将这种重复性带到了单词的起始音上。例如，第一行中的"spring"和"signs"，第七行的"two-till...trace"，这些词能够构成头韵（Alliteration）。

我之所以用《一幕景象》和《小羊羔》为例来谈克莱尔描写田野风景与乡村生活的诗，还有一点原因。尽管早在1809年，英国就通过了圈地法案，克莱尔也在《湿地哀歌》（The Lament of Swordy Well）等一些歌谣体诗中表达过对圈地运动的愤慨和怅恨，但是在《一幕景象》和《小羊羔》这些诗里，仍旧带着英国传统农牧业"敞田制"的缩影。"敞田制"是什么呢？可以理解为"敞开""敞晾"。《一幕景象》里，"庄稼汉子在他休耕的犁前吹着口哨"。在敞田制下，休耕时的田地是对所有农人"敞开"的，谁都可以进入他人的田块。于是在这个时节，农人索性不分你我，大家可以愉快地在田野上放养牛羊，割捆草垛，捡拾麦穗。克莱尔诗里每一个小景、每一个人物——牧羊人、翻晒干草的少女、庄稼汉、赶牛的牧民彼此共享着空间、土地。这是最简单的乡村联系和交流。就像约翰·古德里奇（John Goodridge）评论的，克莱尔有"展现一种社群传统的能力"（Goodridge，2013：6）。他的

这些田园牧歌式的诗明确地提到各种劳作，而这些乡村活动几乎成为一种共同的公共活动，乡邻亲密，充满活力。《小羊羔》则是隐性的，诗中没有直接描写任何牧羊人的劳动，但背景仍然透露着这种劳动。小羊羔或跑或卧，晒着太阳，但羊羔们实际上是在隶属庄园的"敞地"上食用草料。而克莱尔则在这满是早开小毛茛的"敞地"上散步，土地舒适，让他得到宽慰。

二、克莱尔的鸟兽诗歌中的生态方言与博物学参与

另一类在克莱尔作品中占据相当比例的诗歌，是鸟兽诗。克莱尔的鸟兽诗里有几十首十四行诗描写北安普顿郡农村发生的小事情，也有极富叙事性的长诗，和韵律不那么规整的中等长度的诗，甚至是一些短歌和抒情小唱。在这些诗里，克莱尔的自身特质展现得尤为明显。而克莱尔又格外喜欢观察鸟兽的巢窝，"巢"和"窝"在英文中都是"nest"，克莱尔写了相当数量以此为题的诗，大部分被收录到后来的《乡村缪斯》（The Rural Muse, 1835）中。以中等长度的诗《黄鹀的巢》（The Yellowhammer's Nest），以及希尼在讲稿中大为称赞的十四行诗《鼠窝》（The Mouse's Nest）为例：

黄鹂的巢 [1]

The Yellowhammer's Nest

在双桅的木船旁边，有只鸟朝上飞扑，

Just by the wooden brig a bird flew up,

他俯冲得仓促，被牧童惊了个踉跄

Frit by the cowboy as he scrambled down

到达薄雾中露莓丛——让我们弯腰俯伏

To reach the misty dewberry—let us stoop

来寻找它的巢——这儿的小溪可无大碍，

And seek its nest—the brook we need not dread,

"这水深几乎都没法让一只蜜蜂淹亡，

'Tis scarcely deep enough a bee to drown,

溪水在鹅卵石河床上无害地把歌儿唱来

So it sings harmless o'er its pebbly bed

嗳，他的巢就塞在这儿，很靠近河岸

Ay here it is, stuck close beside the bank

隐匿在草丛下，牧草长着细长的茎秆

Beneath the bunch of grass that spindles rank

谷壳高耸结着籽——"这巢设计得倒挺粗蛮

Its husk seeds tall and high—'tis rudely planned

褪白的作物根茬，干瘪的剩菜

Of bleached stubbles and the withered fare

去年收成后留在这片土地上的余残，

That last year's harvest left upon the land,

再用马颈子的黢黑鬃毛薄薄地衬上一排。

Lined thinly with the horse's sable hair.

五枚鸟蛋，钢笔用墨水在蛋壳上涂描

Five eggs, pen-scribbled o'er with ink their shells

好似潦草的笔记让人想阅读识字

Resembling writing scrawls which fancy reads

---

[1] 约翰·克莱尔写于 1825—1826 年，收录于《乡村缪斯》。

正如同自然的诗篇，田园的歌谣——

As nature's poesy and pastoral spells—

它们是黄鹂的蛋，而她是栖身在那儿的鸟

They are the yellowhammer's and she dwells

像极了诗人，在有溪水和开花鲜草的位置

Most poet-like where brooks and flowery weeds

瞧着就像幻想中的卡斯塔利一样甜蜜有致

As sweet as Castaly to fancy seems

而那有些年头的鼹鼠丘就像帕纳塞斯山丘

And that old molehill like as Parnass' hill

她的伴侣刚好坐在上面，好眠入梦

On which her partner haply sits and dreams

好眠在她欢唱的歌子中——就让它唱一宿

O'er all her joys of song—so leave it still

阳光、鲜花和溪流，幸福的家园田亩。

A happy home of sunshine, flowers and streams.

可这最甜蜜的地方灾难忽骤，

Yet in the sweetest places cometh ill,

窸窸窣窣的依土野草，把那风声泄露；

A noisome weed that burthens every soil;

众所周知蛇是阴飕飕、致命盘绕的猎手

For snakes are known with chill and deadly coil

紧盯这样的巢宅，无助的鸟蛋便要遭殃，

To watch such nests and seize the helpless young,

这灾祸就像不请自来，

And like as though the plague became a guest,

离开一个失屋的家，被破坏的巢宅——

Leaving a houseless home, a ruined nest—

小鸣鸟戚唱着哀悼的歌行

And mournful hath the little warblers sung

当这样的悲痛将它小小的胸膛撕害。

When such like woes hath rent its little breast.

《黄鹂的巢》一共三十行，前十二行可看作一段诗节，后接一个十行诗节和一个八行诗节。诗中用了大量以"il"或者"ill"结尾的词来作韵，顺溜，有着歌唱般的小调。其中第七行和第八行"beside the bank /Beneath the bunch"还使用了连续的"b"头韵，读起来有一种短促的弹性。

和《小羊羔》不同，《黄鹂的巢》采用了一种在诗歌理论上称为"in medias res"（直入事件当中）的手法。古罗马诗人贺拉斯（Quintus Horatius Flaccus）在公元前1世纪的《诗艺》（Ars Poetica）中最早谈到这种手法，即在诗叙述的一开始，我们就已经置身诸事件当中。诗的开头"在双桨的木船旁边，有只鸟朝上飞扑"，一下就抓住了我们心中的"视线"。尽管克莱尔并没有描写鸟儿本身，但通过诗歌的标题和下一句的人称"他"，我们就能知道，这是一只雄性黄鹂（yellowhammer, *Emberiza citronella* L.）。黄鹂是一种雀形目鹀科的小型鸣禽，体羽类似麻雀。这种小鸟有着褐色的圆锥形小尖喙，与雀科鸟类相比较细弱，上下喙边缘不紧密切合而微向内弯。它的颏、喉、胸和腹都是鲜黄色，体羽则是暗黄色，体侧还有黑色

和锈栗色的纵纹。[1]这种鸟倾斜上升后飞行迅速，因而"朝上飞扑"，紧接着又"俯冲得仓促，被牧童惊了个趔趄"，才"到达薄雾中露莓丛"。露莓（dewberry）这一俗名用于统称蔷薇科、悬钩子属（*Rubus*）的各种黑莓，这类植物的茎部缺乏木质纤维，因而匍匐生长，笼罩在河边的一层薄雾当中。于是克莱尔说，"让我们弯腰俯伏 / 来寻找他的巢"。他用一种博物学家式的口吻，引导读者和他一起用肉眼近距离观察，并且知道如何打消疑虑：深入探秘自然可能是陌生的、危险的事，但是"这儿的小溪可无大碍"，因为"这水深几乎都没法让一只蜜蜂淹亡"。克莱尔继续用拟人手法说"溪水在鹅卵石河床上无害地把歌儿唱来"。紧接着，他发出一声招呼，"嗳，他的巢就塞在这儿，很靠近河岸"。

黄鹂喜栖于有矮灌丛的地带，是处在繁殖期的迹象。非繁殖期黄鹂往往成群活动在山地和平原地带的疏林或耕地附近，到了繁殖期则会在地面或灌丛内筑碗状巢。克莱尔看到的巢"隐匿在草丛下"，而遮盖着它的牧草"长着细长的茎秆 / 谷壳高耸结着籽"，是人类农

---

[1]　参见赵正阶：中国鸟类志（下卷：雀形目），吉林科学技术出版社，2001.

业有所触及的地方。这里的"spindles"是名词，不是"纺锤状"的意思，而是植物的"细长茎秆"。克莱尔进而评价"这巢设计得倒挺粗蛮"，因为构筑鸟巢的都是些从玉米地采来的枯茎草叶，"褪白的作物根茬""干瘪的剩菜""去年收成后留在这片土地上的余残"。但是巢的衬里又很细致，垫有须根和兽毛，"再用马颈子的骏黑鬃毛薄薄地衬上一排"。

在诗的后半部分，克莱尔开始描述黄鹂巢中的鸟蛋，蛋壳上披覆着斑纹。克莱尔把鸟蛋上的斑纹比作"墨水在蛋壳上涂描"，进而像"潦草的笔记"，于是就像"自然的诗篇""田园的歌谣"。"诗篇（poesy）"是克莱尔极为常用的一个双关语，这个词简洁地表达出诗与自然的关系：它既表示一束花（posy），也表示一首诗（poetry）。我们很容易想象到这些自然物的精致，以及自然的设计之美。"它们是黄鹂的蛋，而她是栖身在那儿的鸟"，这一句则将注视的焦点转回到黄鹂身上。这次是一只雌性黄鹂，而"她的伴侣"这会儿正在鼹鼠丘上，"好眠入梦／好眠在她欢唱的歌子中"。

在这里克莱尔使用了两个比喻：古希腊神话中的卡斯塔利（Castaly）和帕纳塞斯山丘（Parnassus hill）。这一典故要追溯到赫西俄德（Ἡσίοδος, Hesiod）的《神谱》（Theogony）。宙斯（Ζεύς, Zeus）和司掌记忆、语言、文字的女神谟涅摩叙涅（Μνημοσύνη, Mnemosyne）生下九位文艺女神，合名为缪斯（Μοῦσαι, Muses），她们共同司掌诗歌、音乐等艺术与科学。18世纪，受启蒙运动影响的部分人士重新建立对缪斯的崇拜，强调诗歌技艺。克莱尔后来的诗集《乡村缪斯》也以此为名。这一时期，"muse"作为词根，也衍生出了大量的词，例如博物馆（museum）的本义就是"缪斯的崇拜地"，这意味着博物馆是一个向公众展示知识的地方。帕纳塞斯山位于希腊中部，它被认为是缪斯们的圣地，因而帕纳塞斯山也意指诗坛。卡斯塔利则是一处泉水，它被视作诗歌灵感的源泉。这里对黄鹂之巢的比喻，可以说将自然物和诗意完全结合在一起。换句话说，克莱尔持有一种以诗歌的力量来表达自然的信念。在他后期一首更长的、探讨自然和诗艺的诗《品味的形影》（Shadows of Taste）中，克莱尔也写下了相似的语句：

黄鹂像是位颇有品味的客人前来

The yellowhammer like a tasteful guest

在青草如画的鼹鼠丘下筑起了巢宅

'Neath picturesque green molehills makes a nest

而这儿常有没什么文化的牧羊人

Where oft the shepherd with unlearned ken

找到奇怪的蛋，带着钢笔墨水涂过的痕。

Finds strange eggs scribbled as with ink and pen.

他边瞧边琢磨着这些他见识过的描字

He looks with wonder on the learned marks

就按照记忆称呼它们"会写字的雀子"。

And calls them in his memory 'writing larks'.

（第 9 至 14 行）

一团如魔法般绽放的花簇

A blossom in its witchery of bloom

聚在那儿，栖生在美丽和芬芳之处。

There gathered, dwells in beauty and perfume.

鸟儿高歌，溪水欢笑，沿途流淌

The singing bird, the brook that laughs along

在那儿不停歌唱，可从未缺了歌行。

There ceaseless sing and never thirsts for song.

在诗页上传达出多么愉快的景象。

A pleasing image to its page conferred.

（第 67 至 71 行）

　　但在《黄鹂的巢》中，这种美丽与平和最终被捕食者打断。它不能免受伤害。"灾难忽骤 / 窸窸窣窣的依土野草，把那风声泄露 / 众所周知蛇是阴飕飕、致命盘绕的猎手"。克莱尔在这里寻到痛苦与冲突。对鸟类世界的乐观和美丽的描述，与捕食者猎食卵的场面的直白和残酷，都是自然的真实面貌。"这灾祸就像不请自来 / 离开一个失屋的家，被破坏的巢宅"蛇对黄鹂的巢造成的伤害几乎是毁灭性的，而黄鹂只能"戚唱着哀悼的歌行"。黄鹂的日常鸣声为单音的"steuf"和飞行时清脆的"steelit"声，在栖处也会发出有特色的重复声，声似"ze-ze-ze-ze-ze-ze-zoo-ziiii"。但这时的黄鹂，却只能以细薄的"dzee"声告警，飞离自己的巢，发出"siss i-s iss i- ser"这种重复的呼告。[1]

希尼在《诗歌的纠正》中用了一整讲的篇幅谈论克莱尔，并认为在克莱尔的作品里，他家乡的每个细节都流畅地出入语言，"他写这种诗就像呼吸一样自然"。（Heaney，1996：65）例如：

鼠窝 [2]
The Mouse's Nest

我瞧见一团草球，混在了干草堆，

I found a ball of grass among the hay,

我经过正要走，又挑开它一些微，

And progged it as I passed and went away;

我眼前一晃影，感觉有什么动着，

And when I looked I fancied something stirred,

好像是只鸟，我转身想逮在身侧；

And turn again and hoped to catch the bird;

这时有一只大鼠窜出了这麦草地，

When out an old mouse bolted in the wheat,

所有崽子都在她的乳头上悬吊住身体；

When all her young ones hanging at her teats;

我瞧在眼里，她竟是这般奇异，

She looked so odd and so grotesque to me,

我忙跑去想知道这是什么东西；

I ran and wondered what the thing could be;

等我拨开脚边满地的矢车菊花束，

And pushed the knapweed bunches where I stood,

母鼠忙从一窝匍匐的小崽中跑出；

When the mouse hurried from the crawling brood;

---

[1] 黄鹂各种状态下的鸣叫声，参见《中国鸟类志》（下卷：雀形目），2001.

[2] 约翰·克莱尔，《乡村缪斯》。

鼠崽们吱个没歇，而当我走开一些微，

The young ones squeaked and when I went away,

她又找回了自己的窝，还在那干草堆；

She found her nest again among the hay;

溪水在鹅卵石上薄薄一层地流淌，

The water o' er the pebbles scarce could run,

宽阔的老水塘在阳光下闪闪发亮。

And broad old cesspools glittered in the sun.

这首诗是多么风趣，多么酣畅，你完全能想到克莱尔在附近溜达，在干草堆里发现了一个草球，半晌后拿着一根小树枝回来。对大自然有兴趣的人才会这么做。这首诗尤其体现了克莱尔使用的语言本身，也就是他赋予画面的用词。希尼谈到，克莱尔在写对一个草球发出的动作时，原本可以用"戳（poked）"或者"捅（prodded）"，但他用的是"挑开（progged）"。还有小鼠崽们在母鼠乳头上的情景，他没有用"挂在上面（hanging on）"，这多少会带上一些悲悯的人类情感；他也没有使用"从上面悬挂下来（hanging from）"，这会显得小鼠崽们过于被动；而是用了"在上面悬吊住（hanging at）"，这种用法暗示着"抓住（catching at）"。"细枝末节，事关重大。"（Heaney，1996：66）

"prog"是英格兰中东部至北部的方言，在苏格兰俚语中更为常见。与其说克莱尔充分发掘了方言的潜力，不如说他始终忠实于他的地方语言。用希尼的话说，就是"不会考虑两遍"。也正因此，克莱尔的特质在这些鸟兽诗里表现得最为明显，也最富有自发性。他在诗中的口吻始终是自成一体的。希尼指出克莱尔有一种本能，这种本能让他坚定地忠实于自己最原初的"感官之声（sound of sense）"。（Heaney，1996：65）在他使用这些词汇的时候，"没有显出任何再三推敲或是事先考虑过的痕迹"。在克莱尔使用"正""当""这时""等"这些连词时，话语就一拥而上，热切地力图抓住眼前的那种动态。希尼称赞这一点为"表意的速度（notational speed）"。（Heaney，1996：67）于是，克莱尔捕捉到了小鼠崽们在母鼠突然逃窜时下意识紧紧悬吊住的场景，这既是生物自发的动作，又让人近乎本能地产生关心之情。可这种关心并没有过分暴露诗人作为观看者的主体性，即没有过多的个人抒发，只是"瞧在眼里"。黄鹂那首诗也是同样。有同情，但没有过分感伤。克莱尔鸟兽诗的基调更集中在捕食者和猎物之间的紧张关系以及自然界残酷的生态平衡，是对朴实的自然物和生存本身的同情。这里还可能涉及部分现代研究关注的，所谓克莱尔的"生态意识"一类的东西，就是说，克莱尔比同时代的其他浪漫主义诗人更少表露"自我意识"，更有能力面向自然本身。一些研究者则从克莱尔的诗和信件中找寻证据，以证实他反对"自我（Ego）"的过分参与。（Kövesi，2017）

《鼠窝》前十二诗行的一系列动作都是连贯的，没有喘口气的功夫，也是比较典型的随韵（running rhyme scheme），也就是一二行押，三四行押，AABB式的"连续韵"。这些诗行都很短促，可以称作"柔韧句"，叙事也让人应接不暇。但到了最后两行，

当母鼠"又找回了自己的窝，还在那干草堆"，希尼评为"近乎强制性的加速一下转为了美丽的减速"（Heaney，1996：67）。"溪水在鹅卵石上薄薄一层地流淌／宽阔的老水塘在阳光下闪闪发亮"。希尼认为，这两行诗不是有意为之的效果，而是诗人彻底沉浸在其中的感觉。我比较认同希尼的这一看法，更进一步说，当母鼠跑回干草堆，克莱尔的视线也终于从紧跟母鼠而移向别处——溪水宁静流淌，太阳露出的光线映照在老水塘。自然完整性因克莱尔路过时挑开草球而受到惊扰，最终得以恢复。和《黄鹂的巢》那种美丽最终被搅乱时心脏的紧缩截然相反，这份再次恢复的平静有一种临时性，它是一次短暂的停留，让人读来也感到高兴，情绪满足。

克莱尔的诗歌非常具体，实在。在后来写的《为退休而叹息》（Sighing for Retirement）中，克莱尔用直抒胸臆的两行笔墨谈论他的这种创作风格：

我在田野地头发现了诗，

I found the poems in the fields,

便只管把它们写下来。

And only wrote them down.

克莱尔的传记著述者弗雷德里克·马丁（Frederick Martin）曾询问后期接任北安普顿综合精神病院的医师，对方描述，他们问过克莱尔是如何写出那些漂亮的诗歌，克莱尔回答，他是"把诗从泥土块里踢了出来"（Thornton，1997：xii）。克莱尔的这种语言增添了一些幽默，一些喜剧性，但他说的是大实话，没有什么欺瞒，或是另一些评论家声称的过分谦逊。克莱尔的诗确实是"从泥土块里踢出来"的，不是真正踢过泥土块、在干草堆里用小树枝挑开过鼠窝的人，写不出这样生动的好诗。

以英国乡村为主题写原生态（primitivism）诗歌，克莱尔绝不是头一个。但克莱尔和彭斯，或者再往前数，斯蒂芬·达克（Stephen Duck，1705—1756），克莱尔和这些人是相当不同的，他们诗歌的性质也不同。达克和彭斯的农民诗歌写农村劳作者的糟糕命运，似乎劳作就是他们的归属，充满了对贫苦的愤懑、激情、陶醉和各种思潮，但他们不像克莱尔这样对乡村田地、对自然本身有这么深厚的爱意。彭斯对自然有没有感情？肯定也有，但彭斯对自然的热爱，是像《杜河两岸》（The Banks o' Doon）那样对沿河鲜艳美丽的花朵的热爱；彭斯不会像克莱尔这样去忠实地观察记录那些微小，甚至是毫不起眼的

自然物，生动准确地刻画它们的精细特性，并在诗歌中尽量控制自己的诗性情绪。克莱尔的乡野诗和鸟兽诗都有一种特点：诚实、诚恳，却又无比节制。克莱尔近距离地观察、记录和描述他在乡村自然中遇到的每一件事、每一样细节，并用当地俗名、土名区分和称呼它们，这很类似博物学家的做法。而在克莱尔之前，谁也没有给人这样一种乡村的感觉。甚至在克莱尔的传记著述者马丁眼中，赫尔普斯顿根本不是什么好地方，"茅屋坐落在一片黑暗、阴森森的平原上，到处都是死水，一年中的大部分时间都笼罩在薄雾之中。"（Symons，1908：5）可是在克莱尔眼里，"宽阔的老水塘在阳光下闪闪发亮"。

诗人往往对自身所处有种审视情绪。克莱尔不是，他总在眺望，把在乡野里看到的一切自然物都当作朋友，有时甚至会忘记除了鸟、昆虫和各种小哺乳动物以外还有什么存在。他写了太多的鸟兽诗。这些鸟兽诗，当时的人们也不重视，但里面有不少佳作。光是鸟巢诗，我们随便就能数出一大溜，像《歪脖蚁䴕的巢》（The Wry Neck's Nest）、《黄鹡鸰的巢》（The Yellow Wagtail's Nest）、《叽喳柳莺的巢》（The Pettichap's Nest）、《欧亚鸲的巢》（The Robin's Nest）、《夜莺的巢》（The

Nightingale's Nest)、《欧夜鹰的巢》（The Fern Owl's Nest)、《白嘴鸦的巢》（The Rook's Nest)、《鹧鸪的巢》（The Partridge's Nest)等。他能在各种地方发现一窝蛋。还有一些诗是专门写鸟的，如《篱雀》（Hedge-Sparrow)、《云雀》（The Sky Lark)、《秧鸡》（The Land Rail)、《芦苇莺》（The Reed Bird)、《鸦》（The Nuthatch)等。兽诗比较有名的则有《致小鼠》（To a Mouse)、《狐》（The Fox)、《獾》（The Badger)、《刺猬》（The Hedgedog)等。这些诗在内容上一行一行地紧密夯实，且每个特定物种都具有视觉上的吸引力。英国文学评论家查尔斯·兰姆（Charles Lamb，1792—1834）在 1822 年就曾称赞过克莱尔观察的"量"。（Symons，1908：4）

但这份观察的"量"并没有压倒克莱尔。希尼评论道："克莱尔的诗里充满了实在性，它装满精确的细节，就像谷仓里装满谷子，但这并不意味着把它们堆砌起来，然后深陷其中。"（Heaney，1996：78）的确，克莱尔诗歌的独特，就在于他通过诗歌"固定"自然的方式，也就是索顿（Robert K.R. Thornton）所说的 "fixing nature"。索顿在他编纂的《约翰·克莱尔》（John Clare)导言中指出，克莱尔的诗歌并不是仅仅把那些自然物的事实细节列成一种名录。尽管克莱尔

从 18 世纪的诗人那里学到了一点东西，但他没有按照 18 世纪那种正统的方式来创作诗歌场景，而是创造了一种新的方式：他在那些简单的事物和更宏大的重点之间始终看到一种动态，一种深层的关系。"他描摹了很多细节，但不会显得过分密致。"（Thornton，1997：xiii)

这是很接近博物志的方法。通过长时间在现场观察家乡赫尔普斯顿的动植物，克莱尔也在日记和手稿中记录自己熟知的物种。他受到了当地业余博物学家、弥尔顿庄园（Milton Hall）的园丁主管约瑟夫·亨德森（Joseph Henderson）的鼓励，植物学家伊丽莎白·肯特[1]的著作《家庭植物志，或袖珍的花园——附盆栽植物培养指南和经由诗人的诗作绘制的插图》（*Flora Domestica, or the Portable Flower-Garden; with Directions for the Treatment of Plants in Pots; and Illustrations from the Works of the Poets*，1823）以及后来的《森林掠影》

---

[1] 有关女性植物学家伊丽莎白·肯特的记述，可参见 Ann Shteir. 'A Romantic Flora: Elizabeth Kent', in *Cultivating Women, Cultivating Science: Flora's Daughters and Botany in England, 1760–1860*. Baltimore and London: The Johns Hopkins University Press, 1996, pp.135–145。中译本参见安·希黛儿. 花神的女儿：英国植物学文化中的科学与性别 (1760—1860). 姜虹译. 四川人民出版社, pp. 185–206.

（*Sylvan Sketches*, 1825）给了他灵感启发。19 世纪初期，受浪漫主义写作潮流和反林奈式（Anti-Linnaean）的植物学转向的影响，肯特在对植物的文学描写中，注重对植物特征的细致观察，刻意避免使用大量专业的科学术语，尽可能闲适地向读者介绍树木和灌丛，同时穿插了一些从诗人作品特别是浪漫主义诗歌中挑选出来的诗句。书商詹姆斯·赫西（James Hessey）在给克莱尔的信中一并寄去了肯特小姐的作品，克莱尔的回信长达 8 页，里面对肯特书中出现的个别植物和花卉做了笔记，虽然他声称这些笔记并不是写给作者的，只是写给赫西看的，但他还是对书本身评价道："我从未遇到一本关于植物的书让我感到如此快乐。"（Grainger，1983：10-25）赫西则进一步反馈，恳请克莱尔写一部类似的鸟类诗歌博物志，或向肯特小姐提供一些关于英格兰鸟类的信息储备。1824 年 9 月 7 日，赫西写道：

　　……感谢你为我提供那些有关燕子的信息——你的观察与我很欣赏的塞尔伯恩的怀特大体一致，他对燕子一族的各支系种都有着非常细致的观察。你所说的恶魔马丁那种燕子就是我们通常说的迅捷鸟雨燕——你提到了一条多么美丽的细节啊——"保护这飞行迅疾的鸟

的眼睛的那一撮簇生的毛"——我在别的地方可没见有人这样提起过。（Egerton Manuscripts materiols）

　　在赫西看来，克莱尔和 18 世纪以书信体撰写《塞尔伯恩博物志》（*The Natural History of Selborne*，1789）的牧师博物学家吉尔伯特·怀特（Gilbert White）[1] 的观察方式"大体一致"，他们都详细地记录物种的形态特征、栖息环境、行为方式和它们的季节性变化。不过克莱尔当时可能并未在意，直到 1828 年他才在书信中透露自己开始阅读怀特的作品，也没有对怀特发表什么看法。"迅捷鸟（Swift）"能作为雨燕科（*Apodidiae*）各种雨燕的俗名统称，是因为它们总是不停息地在空中快速盘旋飞翔，敏捷矫健。而克莱尔用的则是更有地方色彩的土名"恶魔马丁（Devil Martin）"。雨燕羽衣致密，呈现暗淡或有光泽的灰、黑色，狭长的镰刀形翅膀，就像恶魔的形象一样。克莱尔反对采用晦涩的、林奈式的拉丁术语那一套，称它们是"充斥在乡村植物书籍中的复杂的字母排列形式"，他更愿意坚持使用俗语。克莱尔在 1824 年 9 月 2 日的

---

[1] 怀特的《塞尔伯恩博物志》已有中译本。参见吉尔伯特·怀特. 塞尔伯恩博物志. 梅静译. 九州出版社，2016. 塞尔伯恩，也译作塞尔彭。

日记中写道：

> 今天写了一篇《论植物的性系统》，然后开始写关于《真菌族和霉菌疫病》的文章。这些文章我准备用在我的《赫尔普斯顿博物志》中。我会给赫西写一系列信件，等我最终完成的时候，赫西能将这些信件整理出版。（Grainger，1983：175）

在这些往来信件中，克莱尔和赫西都使用了"族（Tribe）"这样的分类级别，当时它常被添加在科和属之间。这显然与林奈最初在《自然系统》（*Systema Naturae*）里建立的分类体系有些区别，也能体现出克莱尔的地方性。克莱尔谈到希望能完成一部《赫尔普斯顿博物志》（*A Natural History of Helpstone*），以记录家乡的自然风物以及一些本土博物学常识。在 1825 年 3 月 2 日的日记里，克莱尔又写道：

> 我打算把我的赫尔普斯顿博物志称作"花鸟传"，并附上一份包含动物和昆虫的物种名录。（Grainger，1983：228）

在这期间，亨德森积极地与克莱尔讨论。克莱尔还在 1825 年 5 月 7 日写道："昨天给亨德森寄去了一些漂亮小花儿和蕨类植物。"这里，克莱尔对漂亮小花儿的用词也是方言，克莱尔使用的是"Pootys"。"Pooty"是 19 世纪 20 年代英格兰乡下对"pretty"的异读词，就是在发音时将 pretty 中 r 这个音完全丢掉。1824 到 1826 年间，克莱尔格外关注找寻身边的本土植物，更热衷观察鸟类。他利用闲暇时间撰写英国鸟类志，以作消遣，并完成了一份基于俗名的鸟类名录，还为肯特小姐写了不少有关鸟类博物知识的书信。1826 年 4 月 11 日，克莱尔表示自己正在"观察春天里鸟儿的习性和迁徙，这能为肯特小姐提供一些书里不常见到的信息"。（Storey，1985）然而克莱尔的博物志没能按计划完成。这些材料直到 1951 年才被收录在《约翰·克莱尔散文集》（*The Prose of John Clare*）中。玛格丽特·格兰杰（Margaret Grainger）后将这些内容编辑成书，书名为《约翰·克莱尔博物散文集》（*The Natural History Prose Writings of John Clare*）。（Grainger，1983：xiii）但克莱尔的博物学书信和手稿混杂在一起，中间有缺失，有些书信手稿的通信人也尚有待考证。尽管克莱尔没能在有生之年出版《赫尔普斯顿博物志》，萨莫菲尔德还是将克莱尔描述为"英国诗歌史上最出色的博物学家"（Robinson，1964：viii）。他对鸟类生活细致的观察笔记，使他在诗歌上收获颇丰。而克莱尔这些诗歌中的自然还总体呈现出一个特征：它们极易受到伤害，同时又具有很强的忍耐力和适应性。

回到诗歌语言和方言的问题，克莱尔可以有意识地创作，但他并没有有意识地进行个人化。克莱尔的个人特质是留在习惯里、存在于生活中的，他从那里汲取浅白、直露、活生生的语言。克莱尔的写作习惯也是将纸张折叠成小方块，塞在口袋里，带着他的纸上田地里去。也因此，读克莱尔会让人想到夏多布里昂（François-René de ChateauBrind, 1768—1848）形容的那种"每个人身上都拖带着一个世界"。在他身上我们看到俗语的活力，那种能够完全真实再现当地自然的能力。希尼在谈论克莱尔时也称"我们的语言也许就是我们的世界"。（Heaney, 1996：63）对于克莱尔作品中北安普顿方言的具体使用，雷蒙德·威廉姆斯（Raymond Williams）做了比较详细的考察 [1]，如今一些生态思想史研究则将克莱尔这样的地方性语言称为"生态方言"（ecolect）。但在当时，克莱尔的方言也部分受到了编辑的校正。克莱尔在日记里写道："编辑们正费大劲将诗歌修改得漂亮些，他

们喜欢润色和纠正。如果医生也像这样喜欢给人截肢的话，那他们除了使人残废，可什么也得不到。"（Robinson, 1996：225）克莱尔用一种直言不讳的写作法来表达自己的意愿："凡是对别人来说能理解的，就是语法；凡是常识惯用的，那就是对的。"（The Oxford Authors, 1984：481）显然，克莱尔在语言上的意识是一种本土身份认同。

克莱尔的诗歌不仅仅是诗歌体的博物学。克莱尔的叙事里有描述，但不仅仅是描述。通过长期的记录和积累，克莱尔建立的是他对家乡自然的整体认知，这使得他的鸟兽诗都有一种深植此地的感觉。而克莱尔的博物参与还包含一种全身心投入的意味——他观察一切，始终做好准备。这些鸟兽诗之所以是克莱尔能把握的题材，之所以能成为英格兰乡村生态环境的真实写照，是因为那就是克莱尔熟知的自然：真实，普遍，普遍得每一个乡间生命都如此具体。

三、克莱尔的诗艺与自然情感

1835 年，克莱尔的最后一部作品集《乡村缪斯》得以出版，这本诗集受到了比前两部作品更积极的反响。克莱尔在这部诗集中运用了各种诗歌技巧，例如这首《夜来香》：

---

[1] 参见 Raymond Williams. *The Country and the City*. London: Chatto and Windus & Spokesman Books, 1973, pp.133–141.

夜来香[1]
Evening Primrose

每当太阳西沉入暮霭，

When once the sun sinks in the west,

而清露流珠投入夜怀；

And dewdrops pearl the evening's breast;

它几乎如月光一样皎白无华，

Almost as pale as moonbeams are,

又像是，晚见疏星挂；

Or, its companionable star,

夜来香再度悄然绽幽，

The evening primrose opes anew,

娇柔的花瓣承着露流；

Its delicate blossoms to the dew;

它就像是隐士那样避日而来，

And, hermit-like, shunning the light,

徒在这夜晚迎满地花白；

Wastes its fair bloom upon the night;

谁对它深情的抚动乏有凝思，

Who, blindfold to its fond caresses,

对它的美亦然无知。

Know not the beauty it possesses.

夜来香的盛开遂与夜色同在；

Thus it blooms on while night is by;

一旦白昼将探看的双眼睁开，

When day looks out with open eye,

它羞怯被凝望，避无可藏，

Bashed at the gaze it cannot shun,

便香消又花谢，落了芬芳。

It faints and withers and is gone.

---

[1] 约翰·克莱尔诗歌，收录于《乡村缪斯》。

克莱尔的"evening primrose"应该指的是柳叶菜科的月见草属（*Oenothera* L.）。根据19世纪英国博物学家爱德华·斯特普（Edward Step，1855—1931）所著的《园艺花卉图谱》（*Favourite Flowers of Garden and Greenhouse*，1896）中收录的一幅由法国植物学家、园艺家德西雷·布瓦（Désiré Georges Jean Marie Bois，1856—1946）绘制的两种月见草的博物插画 [1]，克莱尔描述的极有可能是美丽月见草（*Oenothera speciosa*）在英国、法国等地野化的一个开白花的品种——白花美丽月见草："几乎如月光一样皎白无华"。但考虑到克莱尔用的也是俗名，这里还是译作"夜来香"。

克莱尔的诗才是多方面的。在《夜来香》中，克莱尔的用词显然更为精致，典雅。这首诗在文学评论者那里收获不少好评，几部克莱尔诗选都收录了它。"And dewdrops pearl the evening's breast"，用词、用韵都很美，我译为"清露流珠投入夜怀"。但我也为这句诗行

中透出的那种传统风格而感到吃惊。"珍珠"这个词作为"露珠"的喻体，出现在不靠海的北安普顿乡下，其实不太自然。乡野的比喻不是这么的。它当然优美，但这种优美很圆熟。编1908年版《克莱尔诗集》（*Poems by John Clare*）的英国诗人、文学评论家阿瑟·西蒙斯（Arthur Symons）[2] 也在诗集导言中表达了相似的观点，他说："这些诗里最流畅、最传统的部分肯定不是最好的。"（Symons，1908：5）

这是为了出版而修改过的诗。西蒙斯指出，《乡村缪斯》收录的很多诗都出现在当时的年刊上，甚至似乎就是为了年刊而写的。克莱尔重复熟悉的音韵，流利地使用它们，这是长期的文学训练和大量的古典阅读带给他的。但西蒙斯觉得，"他轻松获得了这些，却失去了那种（接触自然的）个人化的直接性。"（Symons，1908：22）不过之前提到的那些鸟兽诗和一些更琐碎的片段也都保留了下来，收录在《乡村缪斯》中。西蒙斯在他编的《克莱尔诗集》中收入了他认为最好的17首十四行诗和9首其

---

[1] 白花美丽月见草的博物插图参见 Edward Step. *Favourite Flowers of Garden and Greenhouse*. London：Frederick Warne，1896. 该书原版共4卷，315幅插图，是在布瓦的《花园植物图谱》（*Dictionnaire d'horticulture*）160幅插图的基础上进行的扩充。斯特普这本书已有中译本，参见爱德华·斯特普. 园艺花卉图谱. 中国青年出版社，2015.

---

[2] 在20世纪初期中国作家和学者介绍欧洲近代文学时，阿瑟·西蒙斯常被视作文学评论界的权威，在中国诗歌研究界有着广泛的影响。鲁迅、周作人、徐志摩和陈炜谟等人都对西蒙斯的见地颇为推重。

他诗，《夜来香》也在内。但事实上，克莱尔的诗不见得有必要做这样的"高尚"处理。克莱尔要写的是对他来说"自然"的诗：

> 辛勤劳作在光秃的田地，
> Toiling in the naked fields,
> 那地儿可没有灌木遮蔽。
> Where no bush a shelter yields.

质朴，率性，没有矫饰。这种"自然"的诗里充满了个人化的体验、对大地和自然物的感知、对田野和耕地的各种生命的熟悉。克莱尔本来想出版一部名为《仲夏的花垫》（*The Midsummer Cushion*）的诗集，这来源于当地农人的习俗：在仲夏时节将采摘的鲜花放在一个软垫上，作为乡村农舍的装饰。克莱尔在 1831 至 1832 年间誊写了手抄本，然而最终只出版了《乡村缪斯》。《仲夏的花垫》直到 1978 年才有一位出版商将它交付印刷。但《夜来香》也表达了克莱尔的博物审美观："谁对它深情的抚动乏有凝思／对它的美亦然无知"，观察的自发性是很重要的。在中后期，克莱尔写了一系列观点明显的长诗，例如《自然的永恒》（The Eternity of Nature）和前文提到的《品味的形影》。他开始谈及自然品位，并鲜明地宣告他的艺术观点：自然给的灵感比什么都重要。这正是浪漫主义诗人秉持的观点。尽管不同的诗人在对自然的理解，以及表现自然的方式上风格迥异，但"自然"的确是浪漫主义时期诗人追求的共同主题。在《自然的永恒》的结尾，克莱尔写道：

> 而蟋蟀草丛生遍野，几乎到处都有，
> And spreading goosegrass trailing all abroad
> 在那沿路银绿色的穗里头，
> In leaves of silver green about the road,
> 向来是五条花穗聚成一朵花的形状；
> Five leaves make every blossom all along;
> 我多次为它们停留；没一次数错数量。
> I stoop for many; none are counted wrong.

这是自然的奇迹，造物者的意志造就

'Tis nature's wonder and her maker's will

令大地存在，而万物的秩序仍在他手

Who bade earth be, and order owns him still

那是至高无上的自然力

As that superior power who keeps the key

将智慧、力量和神威，持到永恒。

Of wisdom, power and might through all eternity.

（第 95 至 102 行）

克莱尔使用的俗名"goosegrass"，涵盖的植物涉及禾本科的䅟属、黍属、稷属等，甚至还包含蔷薇科委陵菜属等[1]，比较广泛。根据前后诗行判断，最有可能是禾本科的一年生湿生性杂草牛筋草（*Eleusine indica*），中文俗名"蟋蟀草"。这种草的草秆丛生，根系极为发达。夏秋之际抽花茎，在英格兰当地的穗状花序常为五枚，呈指状簇生于秆项，缀花则呈淡银绿色。"leaves"在当时的英格兰俚语中不仅指称"叶片"，也被用来指称"花瓣"。另一种可能是指蔷薇科、委陵菜属的多年生草本鹅绒委陵菜，也就是蕨麻（*Potentilla anserina*）。鹅绒委陵菜的英语俗名又称"silverweed"，小叶对生或互生，正面呈绿色，下面密被紧贴的银白色绢毛，花呈五瓣小黄花，常生于山坡、草甸、阴湿处。但如果是鹅绒委陵菜，那么连续两行的"leaves"就一行指称银色叶片，一行指称黄色花瓣，不连贯，故更可能是蟋蟀草。克莱尔在这首诗里不止一次声称自己"多次为它们停留；没一次数错数量"，由此论及自然秩序和永恒的自然力。而在《品味的形影》中，克莱尔写道：

各人的心灵鉴赏出色彩纷呈的品味，

Taste with as many hues doth hearts engage

---

[1] 对英文"goosegrass"的释义，比较详尽的可参见普林斯顿大学英文电子词典 WordNet 2.0，其中给出了 4 个释义：1. 一年生植物，茎上有弯曲的皮刺；2. 低矮的多年生植物，叶下银色；3. 一年生杂草，可用以制作干草；4. 粗糙的一年生草本，有指状的穗状花序。在每个释义后列举了该类物种分布的国家和地区，附 3—4 个该类别下同义或近义的物种俗名或属名。WordNet 2.0. Princeton University, 2003.

一如自然画卷上树叶和花朵的斑斓之美。

As leaves and flowers do upon nature's page.

不仅人的心灵天生能有情绪萦怀，

Not mind alone the instinctive mood declares,

飞鸟、野花和昆虫也都继承这本能情态。

But birds and flowers and insects are its heirs.

品位是万物喜乐的遗产，而自然万类

Taste is their joyous heritage and they

皆向欢悦，适择其会。

All choose for joy in a peculiar way.

（第1至6行）

克莱尔不满早期浪漫主义诗歌和古典诗歌，认为它们过度在意人的心灵和情绪。在克莱尔看来，自然万类都有属于自己的品位。随即，克莱尔在这首诗中详细描述了诸多生灵"皆向欢悦，适择其会"的方式：鸟类择地而栖，有些鸟栖息的低洼地，还有青草凝缀着露珠。克莱尔提到前文引过的黄鹂片段，称黄鹂是"爱写字的雀子"。有些鸟从灌木丛展翅，适攀高枝，寄宿云端；而小鹪鹩截然相反，只觅隐蔽幽僻处。花朵虽然无声，却若有所感：有些喜阴凉，一见晨光就消失殆尽，有些则需日晒，向阳茁壮成长。草里虫鸣蚤跃，空中蛸飞蠕动。自然万类，都有喜乐之性。而"不安分的人类"，思想在浩瀚广阔的天地间四处攀登，把活生生的灵魂倾注在许多的"形影"中，品味丰富多彩，在每一处都能找到趣味。克莱尔再次谈及自然的至高和永恒：

在诗行活生生的文字和呼吸着的词句里，

In living character and breathing word

自然变成可听闻、可触摸、可见的景地，

Becomes a landscape heard and felt and seen,

在一片平和的青绿上的阳光和阴影，

Sunshine and shade one harmonizing green,

沉浸着暖阳的草坪、溪水和森林，

Where meads and brooks and forests basking lie,

一如真理和那永恒的天空延续。

Lasting as truth and the eternal sky.

于是自然的真理一如真正的崇高登顶

Thus truth to nature as the true sublime

屹立在阿特拉斯山脉至高巅峰的时期。

Stands a mount Atlas overpeering time.

（第 72 至 78 行）

阿特拉斯山脉（mount Atlas）在地质上是阿伯拉契造山运动的一部分。远古时代，欧洲、非洲和北美洲大陆相连，而在非洲和北美洲相撞过程中形成的阿特拉斯山脉，当时远比如今的喜马拉雅山脉要高，因而被视为一种"至高巅峰"的象征。克莱尔在《品味的形影》里探讨押韵和散文的流行品味变迁，然后话锋一转："但是自然的真理终究常在"。他还论及对自然的博物学探究，以及这种探究品味和一些世俗的自然审美的区别：

那喜爱科学的人满怀着探索之情漫步

The man of science in discovery's moods

在荆豆披覆的荒野，积叶埋径的林木，

Roams o'er the furze-clad heath, leaf-buried woods,

而他在普通的小溪边找寻到狂喜无数

And by the simple brook in rapture finds

这珍宝引来大笑捧腹，是那些人世俗，

Treasures that wake the laugh of vulgar hinds,

他们后蹄直立，看待自然，眼空无物，

Who see no further in his dark employs

还不如乡村孩童寻找小玩意那般忙碌。

Than village childern seeking after toys.

他们愚昧可笑的心和毫不留意的眼睛

Their clownish hearts and ever heedless eyes

在自然中找不到能用价值衡量的东西，

Find nought in nature they as wealth can prize.

他们带着利己的私欲，想来获取的

With them self interest and the thoughts of gain

无他，是自然的美；其余都没所谓。

Are nature's beauties; all beside are vain.

（第 99 至 109 行）

但他，是兼有科学知识和品味的一位，

But he, the man of science and of taste,

在没用的荒田废地，也瞧见财富蕴薮，

Sees wealth far richer in the worthless waste,

哪儿有一小块地衣和一小枝苔藓之处

Where bits of lichen and a sprig of moss

他心灵中所有的喜悦就都会全神贯注，

Will all the raptures of his mind engross,

翅子鲜亮的昆虫，停栖在五月的花卉

And bright-winged insects on the flowers of May

和明珠一般珍贵，怎能随意将它丢飞。

Shine pearls too wealthy to be cast away.

他的欢悦自由驰骋在每一片叶片青翠

His joys run riot mid each juicy blade

或对绿荫下密虫鸣跃的草地如痴似醉；

Of grass where insects revel in the shade;

（第 109 至 116 行）

在克莱尔看来，博物学探究"兼有科学知识和品味"，因而能在"荆豆披覆的荒野，积叶埋径的林木""普通的小溪边""没用的荒田废地"这些世俗人士看不到美感的地方，仍然"满怀着探索之情漫步""全神贯注""找寻到狂喜无数"："他的欢悦自由驰骋在每一片叶片青翠／或对绿荫下密虫鸣跃的草地如痴似醉"。但克莱尔紧接着也提到博物学可能给人留下的负面印象：

而对此持有不同心绪的人往往会谴责

And minds of different moods will oft condemn

说他品味残忍——这些行为在他们看来确实如此

His taste as cruel—such the deeds to them

他毫无觉察地把蝴蝶钉上绞刑台，

While he unconscious gibbets butterflies

他还扼杀甲虫，只为让我们聪明顿开。

And strangles beetles all to make us wise.

品味之彩虹拥有难以计数的丰富色彩

Taste's rainbow visions own unnumbered hues

每一色度浓淡都由一种品味追求而来。

And every shade its sense of taste pursues.

（第 117 至 122 行）

　　我认为克莱尔在这段诗行里所表达的，并非是对博物学中科学的一面进行谴责，也谈不上抵制。[1] 尽管克莱尔个人很少采取这些解剖式的探究手段，他在赫尔普斯顿的小木屋也不适合进行收藏活动，但他并不抗拒制作标本。在亨德森和克莱尔的书信往来中，有证据表明克莱尔习得了当时流行的一些博物学探究手段，包括收集化石，采集各种植物、鸟巢和鸟蛋的样本等。克莱尔也学习了如何捕捉、杀死蝴蝶和蛾子，并把它们完整地钉在软木上面。（Storey，1985）亨德森把这种程度的博物学研究看作一项正当的智力活动，克莱尔则很乐意为亨德森寄去一些他自己做的自然标本。尽管克莱尔更愿意用诗意的愉悦对乡村自然开展本土化的博物认知，通过感性经验来获取审美体验，但是，从长诗《品味的形影》里前后表述的连贯性来看，被"持有不同心绪的人""谴责"的，与前文赞美过"兼有科学知识和品味""在没用的荒田废地，也瞧见财富葳蕤""心灵中所有的喜悦就都会全神贯注"的，是同一位"他"。这正是当时博物学家的形象：对荒野粗鄙的自然物也怀有热爱，同时也会为探究而残酷地制作标本或是进行解剖。但是，"他"扼杀甲虫，只为让"我们"聪明顿开。这里前后人称的不一致，暗示了克莱尔至少认可这种理性探究并非为了私利。他对博物学中科学的一面态度比较中肯。

---

[1]　对这首诗的其他见解，可参见陈浩然 . 19 世纪英国的边缘诗人及先锋叙事 . 中国读书报，2019 年 1 月 16 日，第 19 版 . 他认为克莱尔"抵制采集动物标本的行为，他更关注在栖息地中'活'的动物，而不是被解剖后'死'的身体。在《品味的幽灵》中，克莱尔谴责了那些狂热追求标本的科学家，指出这些研究者'无意识地绞死蝴蝶／扼死甲壳虫只为自己更聪明'"。

在克莱尔所处的时期，也就是 19 世纪上半叶，博物学在研究范围与探究方式上仍具有极大的广度和较强的综合性。它尚未真正分化，具有文学与科学的混合特质：一方面是情绪的欢愉，一方面则是对物质的强烈需求。采集活动、标本制作、解剖、收藏、家庭培植和饲育、博物馆和博览会的兴办等都是这一物质性需求的表征。博物学家有时也会被轻蔑地贴上"填塞蜘蛛的人"这样的标签。在《品味的形影》中，克莱尔的态度是将之归结为品味的多元："品味之彩虹拥有难以计数的丰富色彩 / 每一色度浓淡都由一种品味追求而来"。在克莱尔看来，"兼有科学知识和品味"的博物学家尽管会因那些行为遭到诟病，但他所能看到的，远多于"带着利己的私欲，想来获取的 / 无他，是自然的美；其余都没所谓"的世俗短见之人所见。那些人"并不拥有能在自然里找寻到愉悦的灵魂"，还"嘲笑别人的智慧，这智慧他们可无法拥有"。因此，克莱尔在这首诗里抨击的不是科学方法，而是对自然狭隘的审美。博物学家对自然的爱，从根本上就是生态的：

> 他爱花朵，不是因为它们能散发出芬芳，
> He loves not flowers because they shed perfumes,
> 他爱蝴蝶，不仅因为有翩然如画的翅膀，
> Or butterflies alone for painted plumes,
> 或爱鸟儿只为听它们歌唱，尽管确实甜美，
> Or birds for singing, although sweet it be,
> 但他的确深爱荒山野水，草甸牧地；
> But he doth love the wild and meadow lea;
> 花在那里栖息，
> There hath the flower its dwelling place and there
> 蝴蝶轻盈舞起。
> The butterfly goes dancing through the air.
> 他爱每一处不被在意的野花荒草，
> He loves each desolate neglected spot
> 像是农人碌碌匆忙后遗落的枯槁：
> That seems in labour's hurry left forgot:
> 生长不良的橡树，树干佝偻扭曲，
> The warped and punished trunk of stunted oak,

脱去了斧伐的捆绳，却又遭雷劈，

Freed from its bonds but by the thunder stroke,

这橡树被常春藤的枯蔓虬枝摧绞；

As crampt by straggling ribs of ivy sere;

在那儿，愉快的鸟儿能筑上半年的巢。

There the glad bird makes home for half the year.

（第 137 至 148 行）

　　这首诗体现了克莱尔的生态观念：他关注的是整体、联系和依存性。克莱尔不单是欣赏自然物身上在古典意义上被称为"美"的那些规范形式，而是接纳自然物全部的"自然"，包括它和其他物种、植被和栖息地之间的联系。对博物学的自然视野而言，每一个事实都很重要，每一个细节都激起了奇思。对自然的科学认识并不会减损自然的美，真正伤害自然之美的，是人为地将自然物从它所处的生态环境里剥离出来：

但若把这些生灵从他们的家园带走，

But, take these several beings from their homes,

每一样美丽的事物都消谢在了心头；

Each beauteous thing a withered thought becomes;

他们与自然的联系消逝，如梦忽尽

Association fades and like a dream

所剩只是看着像一回事的表象的形影。

They are but shadows of the things they seem.

他们被从家园撕扯下来，往那儿一站

Torn from their homes and happiness they stand

失乐木然的俘虏在异地被人观看赏玩。

The poor dull captives of a foreign land.

人们用云杉和精致的主意饲育这些鸟；

Some spruce and delicate ideas feed;

可失去自然的秩序，也是丑陋的杂草，

With them disorder is an ugly weed,

而林木和荒野满地荆棘繁茂，

And wood and heath a wilderness of thorns,

园丁们用剪刀又岂能装点，岂能塑造。

Which gardeners' shears nor fashions nor adorns.

论欢愉没有哪地儿比这里还荒芜贫瘠

No spots give pleasure so forlorn and bare

可在那儿的砾石小路散步都满是奇迹。

But gravel walks would work rich wonders there.

如此一来，荒野自然的美被大肆浪费

With such, wild nature's beauty's run to waste

艺术的强烈冲动损毁了真正的品味。

And art's strong impulse mars the truth of taste.

（第 149 至 162 行）

在原初的生态环境里，万物"适择其会"，都选择了一种适合自身的方式生存喜乐。兼有科学知识和品味的人，也能时时处处与这些自然物相会。但人为的剥离、干预和改造，无疑损毁了自然本身的这份平衡。"荒野自然的美被大肆浪费／艺术的强烈冲动损毁了真正的品味。"克莱尔一向痛斥人类破坏自然的恶性，在《追忆》（Remembrances）、《沼泽》（The Mores）、《致倒下的榆树》（To a Fallen Elm）和《湿地哀歌》（The Lament of Swordy Well）等不少诗歌中，还直截了当地抨击当时的圈地运动，指出圈占公有荒地对生态造成的打击，说他们"铲平每一片草丛林地，推平每一座山丘"。田园牧歌式的乡村景观不复存在，佃农流离失所，生态也备受戕害。

而另一方面，无论身在何处，克莱尔都从未切断过与自然的联系。到了后期，克莱尔对脚下土地的念念于兹，几乎成为一种固执的力量。这种自然情感进一步和他对爱情永恒的感觉深深结合在一起。克莱尔在精神病院时期的诗和早期有很大不同，尽管克莱尔的爱情诗通常都是他对初恋求而不得的爱情悲剧的表现，但大部分并不悲伤或痛苦：自然和想象征服了悲剧，悲剧便消失了，只有平和。在克莱尔后来的诗歌中，悲伤和欢悦是如此接近，它们唤醒了某些更深处的情感和本能。一种新的，甚至是来自于孤独感的满足进入了诗歌，例如：

暗恋 [1]

我在年轻时深藏着我的爱，直到我
甚至都不能承受住飞蝇的嗡声来；
我竭尽所能地深藏着我的爱，
直到我甚至都不敢目视起阳光来：
我不敢抬眸望一望她的眼眉，
却将她的倩影留遍了山川湖水；
无论我身在何处，但看见野花自开，
我便以吻言别，道别我的爱。

我邂逅她在青翠至极的山谷，
林间的蓝铃花缀着清露流珠，

一阵悠风落吻，她明亮的蓝眸饱含
情态，
蜜蜂将她轻触，以歌声相待；
一道光束倒在那儿寻到自在，
围绕她脖颈，美如金色颈带；
一切悄然隐秘如野蜂的吟唱，
她躺在那儿，伴随夏日绵长。

我把我的爱深藏在田地和农乡；
直到连吹起一阵微风也让我动容哀怅；

蜜蜂似唱着歌谣，拥我身后，
飞蝇的低嗡听来则如同狮吼；
就连万籁静寂之中也诉衷肠，
在整个夏日时光萦绕我心房；
这谜题就算自然也无法揣度，
那只是我的暗恋，在我心常驻。

Secret Love

I hid my love when young till I,
Couldn't bear the buzzing of a fly;
I hid my love to my despite,
Till I could not bear to look at light:
I dare not gaze upon her face,
But left her memory in each place;
Wherever I saw a wild flower lie,
I kissed and bade my love good-bye.

I met her in the greenest dells,
Where dewdrops pearl the wood blue-bells;
The lost breeze kissed her bright blue eye,

The bee kissed and went singing by;
A sunbeam found a passage there,
A gold chain round her neck so fair;
As secret as the wild bee's song,
She lay there all the summer long.

I hid my love in field and town;
Till even the breeze would knock me down;

The bees seemed singing ballads o'er,
The fly's bass turned a lion's roar;
And even silence found a tongue,
To haunt me all the summer long;
The riddle nature could not prove,
Was nothing else but secret love.

---

[1] 约翰·克莱尔，精神病院时期诗歌（*Asylum Poems*，1837—1864）。

克莱尔在这首诗中流露出极其真实的情感。埃德蒙·布伦登（Edmund Blunden）称在这些自然—爱情诗里，克莱尔"从一种宁静的反思转变为一种抒情的热情：甚至连自然也被赋予了更明亮的色彩，被用更美妙的音乐来歌唱"。（Blunden, 1920: 45）蓝铃花属（bluebell, *Hyacinthoides Medik*）在大不列颠只分布有一个本土种英国蓝铃花（*Hyacinthoides non-scripta*）。这种植物最初被林奈在《植物种志》（*Species Plantarum*, 1735）中描述为风信子属中的一个种，种加词"non-scriptus"的意思是"非正本"或"无标记"，将这种植物与希腊神话中的古典风信子区别开来。[1]蓝铃花喜阴，不耐阳光，主要分布在繁茂的落叶林地上，春末夏初开出一串具有浓郁芳香的蓝紫色铃状小花，因此被称作"林间的蓝铃花"。在《暗恋》中，克莱尔对已然逝去的初恋幻想般的爱恋，与对自然的情意几乎难以分割。人生的乐趣、感情的热流，以及夏色春光——克莱尔在爱情、诗歌和自然三者中看到了一致性。在另一首诗《歌以永恒》（Song's Eternity）中，他把蓝冠山雀（*Cyanistes caeruleus*）的歌视作"大自然的通用语言"[2]，并在最后一节写下这样一句诗行："歌声与鲜草常青（Songs like the grass are ever green）。"

克莱尔在美学上的生态观点是极为明显的，可他的身份使他在当时未能获得足够的话语权。长期使克莱尔备受折磨的，正是他的农民身份与诗人身份之间的分裂和落差感：在传统上，诗歌文化在精英圈子里传播，农村风物诗在上流社会中短暂风行了一阵就受到冷落，这种阶级根源，以及对这种阶级根源的自我意识，使得克莱尔常常感到与主流社会脱节。他并不像希尼所说那么"安全地使用地方性语言"，而是在上层文化中勉力进行自我维持。他的赞助体系不发达，也尝试过服从或回应市场的需求，争取得到文化的认可以获取一些声望，但在当时英国工业革命和圈地运动的浪潮下，他无法符合、也不具备任何取得话语权的条件。他只能不断地生产话语。也正是这些话语形成了他的主题。

[1]　参见 Michael Grundmann. Phylogeny and taxonomy of the bluebell genus Hyacinthoides. *Asparagaceae [Hyacinthaceae] Taxon*, 2010, 59 (1): 68 - 82.

[2]　在英国 2010 年发行的一套鸟类邮票中也收录了蓝冠山雀，证明这种鸟在英国具有一定的普遍性和代表性。这套邮票收录的 6 种常见英国鸟类分别是家麻雀（*Passer domesticus*）、金翅雀（*Carduelis carduelis*）、蓝冠山雀（*Cyanistes caeruleus*）、椋鸟（*Sturnus vulgaris*）、斑尾林鸽（*Columba palumbus*）和知更鸟（*Erithacus rubecula*）。

自然是克莱尔唯一可去的地方，但更重要的事情是，在自然中他找到了和谐。克莱尔的确基于方言和俗语的本土性，以及大致的美学计划，呈现了包含高度生态隐喻的乡野诗歌和博物诗歌。他相信自己的语音学，追求不偏离心灵的自动写作法（直言不讳的思想，一种迅速而不受限制的、当下在场的写作），把纸片塞在口袋带去田野地头，在诗歌作品的风格上既有独特性，又饱含多样性。他始终忠于原始的直接经验，从熟悉的事物中找寻新鲜感。

尽管晚年的失意使他最终受精神病态之苦，间歇性对自己身体与思想的各部分之间的联系和冲突感到忧心忡忡，但 20 世纪中后期福柯等人对疯癫诗的研究热潮，或许也在另一维度上重新发现了克莱尔。自然始终是克莱尔的安慰，而诗歌是他头脑中的自然产物。在最紊乱的精神状况里，克莱尔诗歌中的自然却更加鲜明、稳定。自然的秩序和永恒真理给予克莱尔后期精神化的世界以哲学的理性。如克莱尔所愿，他最后被埋葬在赫尔普斯顿的一棵梧桐树下。就像他在《我是》的最后两句诗行中所写的那样：

> 我躺眠之处无忧无扰，
> Untroubling and untroubled where I lie
> 身枕青草，上有苍穹。
> The grass below——above the vaulted sky.

参考文献：

陈浩然 (2019). 19 世纪英国的边缘诗人及先锋叙事. 中国读书报，1 月 16 日，第 19 版.

陈浩然 (2019). 约翰·克莱尔与"田野诗". 光明日报，3 月 21 日，第 13 版.

赫苏斯·卡拉斯科 (2018). 荒野里的牧羊人. 叶淑吟译. 北京：人民文学出版社.

麦克库斯科 (2018). 约翰·克莱尔诗歌的生态视域. 刘岩译. 鄱阳湖学刊，6: 81–93.

向荣 (2014). 敞田制与英国的传统农业. 中国社会科学，1: 181–203.

Blunden, E. & Porter, A. (eds.) (1920). *John Clare: Poems Chiefly from Manuscript*. London: Richard Cobden-Sanderson.

Egerton Manuscripts Materials. The British Library Board. Eg. 2246, fol.377.

Goodridge, J. (2013). *John Clare and Community*. Cambridge: Cambridge University Press.

Grainger, M. (ed.). (1983). *The Natural History Prose Writings of John Clare*. Oxford: Clarenton Press.

Heaney, S. (1996). *John Clare'* s *Prog, in The Redress of Poetry*. London: Faber and Faber (first published in 1995).

Kövesi, S. (2017). *Clare and Ecocenrism, in John Clare: Nature, Criticism and History*. London: Macmillan Publishers Ltd.

Mckusick, J.C. (1991). 'A language that is ever green' : The Ecological Vision of John Clare. *University of Toronto Quarterly*, 61(2) : 226–249.

Robinson, E. & Powell, D. (eds.) (1996). *John Clare By Himself*. Ashington and Manchester: MidNAG/Carcanet.

Robinson, E. & Summerfield, G. (eds.) (1964). *John Clare, the Shepherd Calendar*. London: Oxford University Press.

Storey, M. (ed.) (1985). *The Letters of John Clare*. Oxford: Clarendon.

Summerfield, G. (ed.) (1990). *John Clare: Selected Poetry*. London: Penguin.

Symons, A. (ed.) (1908). *Poems by John Clare*. London: Henry Frowde.

The Oxford Authors (1984). *John Clare*. Oxford: Oxford University Press.

Thornton, R.K.R. (ed.) (1997). *John Clare*. London: J.M. Dent.

《中国博物学评论》，2023，（07）：172-175.

自然之诗

云雀
The Sky Lark

原著：约翰·克莱尔（John Clare）

译注：吴浙宁（北京大学哲学系）

犁具和耙子放在一旁	The rolls and harrows lie at rest beside
坑坑洼洼的路延绵向远方	The battered road and spreading far and wide
赤褐色的土块上玉米依稀可见	Above the russet clods the corn is seen,
它生出嫩绿的尖尖的芽，	Sprouting its spiry points of tender green,
卧在上面的野兔被惊醒了，	Where squats the hare, to terrors wide awake,
它就像没被耙子打碎的棕色土块。	Like some brown clod the harrows failed to break.
温暖的树篱下，男孩们远离家乡	While 'neath the warm hedge boys stray far from home
此番前去只为收获早开的花朵	To crop the early blossoms as they come
他们急切地冲向毛茛	Where buttercups will make them eager run
冲着太阳打开它们的金匣子，	Opening their golden caskets to the sun,
看谁能第一个摘下奖品——	To see who shall be first to pluck the prize—
他们匆忙跑过，云雀飞走了，	Up from their hurry see the Skylark flies,
快乐地飞过她还没筑好的巢，	And over her half-formed nest, with

她在空中翱翔，在云端歌唱，

好像阳光明媚的天空中的一个尘点，
滴滴答答地落下，直到躺进巢里，

男孩们不闻不问地走过，当时没有梦想

鸟儿飞得再高也要落下

地面上的鸟巢，任何东西
都可能会来破坏。如果他们有翅膀

像鸟一样，他们自己也会过于骄傲

筑于过往的云彩上而一无所有！
免于危险就像天堂一样

摆脱痛苦和辛劳，他们将在那里建造和存在，
航行至未曾听闻的景色
哦，他们只是一只鸟！
在鸟儿的歌声中，他们这样想着，

微笑着，幻想着，就这样走着；
当低矮的巢被清晨的露水打湿时，

她正在玉米地里，和小野兔躺在一起。

happy wings,

Winnows the air till in the clouds she sings,

Then hangs a dust spot in the sunny skies,

And drops and drops till in her nest she lies,

Which they unheeded passed, not dreaming then

That birds, which flew so high, would drop again

To nests upon the ground, which thing

May come at to destroy. Had they the wing

Like such a bird, themselves would be too proud

And build on nothing but a passing cloud!

As free from danger as the heavens are free

From pain and toil, there would they build and be,

And sail about the world to scenes unheard

Of and unseen, —O were they but a bird!

So think they, while they listen to its song,

And smile and fancy and so pass along;

While its low nest, moist with the dews of morn,

Lies safely, with the leveret, in the corn.

注释：

《云雀》（The Sky Lark）一诗选自 *John Clare: Poems Chiefly from Manuscript*（Clare, 1920），根据 *John Clare: Selected Poem*（Joshua, 2008）有所改动。这首诗写于 1825 年到 1826 年之间，彼时诗人 32 岁左右。

《云雀》是一首描绘年轻人抱负和想象力的诗。诗人将场景设定在初春时节，玉米刚刚吐露嫩芽，耕种工具闲置在一旁，云雀还没有筑好她的巢。诗人被正在歌唱的云雀和采花的男孩所吸引，运用丰富的想象力将二者联系在一起。在诗的结尾，男孩们好像变成了云雀，自由地歌唱着在云间筑巢。

英文中 buttercups 指毛茛科毛茛属植物，可能是草地毛茛（*Ranunculus acris*）或匍枝毛茛（*R. repens*）；golden caskets（直译为"金匣子"）指毛茛属植物金黄色的花瓣。诗人将毛茛盛开的过程比作开启金匣子，而男孩们找到花朵就好像获得了大自然的奖励。诗中 skylark 指百灵科云雀（*Alauda arvensis*）。这种鸟的雄鸟在繁殖期鸣啭洪亮动听，是少数能在飞行中歌唱的鸣禽之一。求偶时飞行技巧复杂，能"悬停"于空中。在地面以草茎、根编碗状巢。以植物种子、昆虫等为食。

本诗中的暗线是贯穿始终的"危险因素"。诗的开头，诗人将受惊的小野兔比作未被耙子打碎的"棕色土块"。男孩们不想像野兔那样担惊受怕地生活，希望他们的居所"免于危险就像天堂一样 / 摆脱痛苦和辛劳"。但随后诗人似乎又在暗示，虽然鸟儿翱翔于天际，但她在地面上筑巢是不明智的，因为"任何东西 / 都可能来破坏"鸟巢。在此，男孩们的境况似乎映射着人类的状况，但云雀的行为出人意料。诗的结尾，云雀和小兔躺在一起，她似乎在地面上找到了真正的安全。

本诗韵律节奏优美。行与行之间的韵法为两行转韵（AABB），如第一、二行相互押韵，第三、四行相互押韵。相互押韵的两行之间，行末词语押尾韵，如第一行的 beside 和第二行的 wide，第三行的 seen 和第四行的 green。

博物诗人克莱尔写过许多关于鸟的诗歌。他的鸟类诗歌重视细节，不囿于传统印象而是精准地记录观察到的景象（Duddy, 2011）。麦克·默克勒（Mike Mockler）在《想象的飞翔》（*Flights of Imagination: An Illustrated Anthology of Bird Poetry*, 1982）一书中称克莱尔为"第一位真正意义上的自然诗人"。克莱尔的诗歌已经翻译成汉语的还有《致鹬》《鸫鸟的巢》《苇莺的巢》《黄鹂的巢》《秧鸡》《小小鹡鸰鸟》等（参考飞白编译《世界在门外闪光》，湖南文艺出版社，2015 年）。

参考文献:

Clare, J. (1920). *John Clare: Poems Chiefly from Manuscript* (E. Blunden & A. Porter, Eds.). London: Richard Cobden-Sanderson.

Duddy, T. (2011). John Clare and the Poetry of Birds. *The Poetry Ireland Review*, 104: 60–73.

Joshua, E. (2008). *John Clare: Selected Poems*. Harlow: Longman.

Mockler, M. (1982). *Flights of Imagination: An Illustrated Anthology of Bird Poetry*. Poole, Dorset: Blandford Press.

《中国博物学评论》，2023，（07）：176-179.

评论

现代性的忧思与成长的烦恼
——影片《狼图腾》展示的阵痛

郑笑冉

　　千百年来，苍茫辽阔的蒙古草原上孕育了历史悠久的游牧民族及其博大精深的草原文化。影片《狼图腾》在歌颂雄风壮烈的草原的同时，将现代性忧思这一悖论式命题，以荡气回肠的史诗化表达再次呈现给观众。

　　科学与技术的结合成为现代性的显著特征。现代文明进程在全球范围内的推进不仅充满了传统与现代的交锋，而且交织着人类与其他物种之间的冲突，其中包含的深刻内涵和深远影响也成为学者们长期争论不休的话题。早在启蒙运动时代，法国思想家卢梭就曾以《论科学与艺术》为题表达了对科学不断进步而人类精神文明相对滞后的忧虑。在影片《狼图腾》中，北京的知青陈阵来到神往已久的内蒙古草原插队后，陷入了同样的困局之中。他发现千百年来，草原上处于食物链顶端的人与狼既有竞争又能长期共存，在蒙古族人眼中，狼与人类一样受腾格里长生天的保佑。然而，随着草原上技术的引进以及人口的增加，这一平衡被打破了，狼群的生存空间不断受到挤压，人们偷走了狼群过冬的食物，暴风雪之夜狼群伺机对生产队的马群进行了凶猛的报复，手中有枪的人类反过来又对狼群展开了屠杀。影片的主角陈阵试图以一己之力，保护草原上狼的微弱火种。他收养了一只野生的小狼。

　　文明的扩张是否一定要打破自然的平衡？草原上千百年来形成的地方性知识与传统在现代性潮流中还能否保留？随着影片的进展，观众会陷入两难：是应该赞成更加适合草原的原始野性，还是向现代文明前进？然而任何单纯的态度都太简单而武断了，导演阿诺将一个深刻的矛盾展现在观众面前，又试图给出一个旁观者温和的答案。

在影片之初，陈阵带来的成箱书籍，得到了毕力格老人的认可。沙茨愣为了一台无线电收音机，出卖了狼群储藏黄羊的地点。这些细节表明知识与技术的引入受到当地人的认可。事实上，知识与技术的扩散正是促进 20 世纪全球化、现代化的显著动力，然而文化落差带来的烦恼往往发生在技术发展变化速度很快，而生态治理方式与社会发展模式无法跟进的时候。这会造成自然秩序紊乱与社会变革阵痛，这也正是卢梭提出的悖论式问题。影片中讲述了东边的草原人不合时宜地推广农业，在草原上开垦种田，导致草原荒漠化，最终自食其果，流离失所。像包顺贵这样不懂草原的草原管理者们急功近利地在意眼前的发展，虽然初衷是好的，但这些短视行为往往会造成诸多恶果。例如，人们在抢夺了狼群的黄羊后，又掏杀狼崽，不料马群覆灭，牲畜遭袭，损失惨重。包顺贵以及东边移民过来的外来户们，由于过分相信技术的力量，强调人定胜天的口号，忘记了自然界深刻联系和无涯无限的相互制约，忽略了草原的整体生态平衡，从而过度放大了物种之间的冲突，陷入恶劣的人类中心论。

与之形成对照的是毕力格老人和他的儿媳嘎斯迈对自然与传统的敬畏之心。在蒙古族人心中，腾格里与世间万物乃是一个有机的整体，为天地间精神活动所渗透，自然界的一切过程都可以用腾格里的内在活力来解释。现代科学已经揭示，自然乃至生命系统协作的力量远比表面上宽泛得多，广义上的协作参与者往往并非有意识地参与其中，甚至实际上可能处于相互竞争甚至寄生的状态。陈阵孤身遇到狼群时想起毕力格老人曾经的教诲，用敲击马镫的声音吓走了狼群。在那一刻他终于领悟到，"因草原狼所产生的恐惧与敬畏，也许从原始时期起就是草原人所崇拜的图腾，我对这种神秘的力量所给予的帮助满怀感激，仿佛推开了通往草原人民精神世界的大门。"

希望诠释着信仰的力量。曾几何时，工业文明世界典型的未来景象是标准的现代化、统一性。就像影片所展现的，面对少数民族的地方性知识与传统受到的冲击，观众很容易产生对技术至上与文化同质化倾向的担忧。马尔库塞曾在《单向度的人》中指出，控制和同质化将会导致单向的社会与单向度的人。技术操控的文化发展过快，常常导致短期利益决定一切的发展方向，在此过程中人性表现出的盲目将导致诸多的困境。培根曾经说："支配自然首先必须遵从自然。"减慢物质文化改变世界的速度，让不可避免的趋势以慢一些的速度逐渐展开，是一种保留多样性、减少冲突的有效做法。在草原人的信仰中，各种形态并非独立和任意的，而是很有规律地相互关联。生命蓝图遵循着某些基本的但又能灵活变化的模式。毕力格老人和噶斯迈对腾格里的敬畏，诠释了传统信仰的力量在文明过快推进过程中所形成的张力。

影片的结尾对现代性展示出了乐观的一面，陈阵在听闻噶斯迈的儿子巴雅儿康复的消息之后，笑着说："这就是现代医学，这是未来的方向。"事实上，在看似全球文明进程趋同的趋势中，一旦到了更为发达的标准运输系统、电力系统、网络通信工具建立的今天，少数民族文化地方特色传统曾经产生的定位差异就会显现出更强的生命力。人类社会与生态系统一样拥有共同的动力——多样性。在生态系统中，多样性提高是健康的象征。在人类社会中，如果在科技信息如此发达的今天，本土差异与外界结合时仍然保持着独特性，那么这种多样性特色的价值就会在新的全球视野范围内不断提升。在信息成本已经无限降低的网络时代，同质化的发展模式已成了工业时代的标签，蒙古族草原文化的特殊属性在信息爆炸的潮流中，逆转成为相对稀缺的优势资源。像《狼图腾》这样带有浓郁地方特色的文学作品，反而能够吸引世界上最有名的自然主义导演耗时五年将原作品改编成影片，以光影映画的形式在世界范围内讲述草原上蒙古族人的现代性忧思与成长的烦恼。就此而言，这部作品本身便是文化多样性价值在全球化视野中得到升华的典型范例。

自组织现象是现代科学最令人惊异的发现之一，在某种程度上也是影片试图给出的拯救未来的答案。当人类文明与自然生态系统自组织成更复杂的整体，它的生命力就加强了——不是延长了生命的长度，而是增强了生命的维度与力度。陈阵在毕力格老人弥留之际沮丧地说："狼都被打死了。"而老人的眼睛里仍然充满希望："还没有！你的还活着！"草原复杂的生态系统不会轻易死亡，系统成员可以为整体牺牲，整体的利益永远大于个体利益的综合。蒙古族人深知，人与自然界之间需要更加公平地分配已减少了的能量。就像毕力格老人与他的儿子巴图死后都不会进行火葬甚至土葬，而是将肉身还于草原：蒙古族人的生命与未来交织，个体会死，但整体永存。

现代科学发展的逻辑与蒙古族人的信仰仿佛讲述的正是同一个故事。科学视角所用的客观语言也许只表达了真理的一个方面，而《狼图腾》这样的影片所展现的信仰与艺术的力量往往能够以更加有效、简洁、耐久的方式呈现出真理的另一个方面。

《中国博物学评论》，2023，（07）：180-184.

评论

关于"大牛博物学家"的问题

张橐龠（山西大学哲学系）

刘光裕先生在《西方为何能不断诞生伟大的博物学家？》一文中介绍了四位堪称世界级的西方博物学大牛后，依次提出了两个大问题："中国为何没有'大牛'博物学家？""为何西方博物学领域总是'牛人'辈出？"

对于第一个问题，刘光裕先生给出了3点原因：①中国的动植物学家或生态学家对自然的热爱不够；②中国现阶段倡导的博物理论是偏颇的；③我们没有拥抱教育、传媒和政治，简单讲就是没有拥抱人民。在分析了第一个问题的这3点原因后，刘光裕先生以"与中国对比分析"的方式进而回答了第二个问题，将西方博物学领域总是牛人辈出的原因归为7点：①对于自然有执着而热烈的爱；②不断的科学融入和探索；③基于博物传统的艺术创作；④广泛的教育宣传、生态摄影与纪录片；⑤基于收藏的强大的博物馆体系；⑥强大的共享精神；⑦自然、科学与社会的融合。

首先，对于刘光裕先生"中国现阶段倡导的博物理论是偏颇的"这个观点，我既不敢苟同也无法质疑，因为我不知道其所谓的"中国现阶段倡导的博物理论"究竟意指什么。我所理解的"中国现阶段倡导的博物理论"是2018第三届博物学文化论坛表决通过的《博物理念宣言》，我认为这个宣言及其背后的理论是经得起推敲的，尤其在大方向上是没有问题的。（而且这几年博物学发展到如今的情形已经很不错了，甚至有些出人意料。）刘光裕先生认为"中国没有大牛博物学家"，我暂且不讨论这是不是一个客观事实，不论在事实上是否成立，我想成因绝对不在于刘光裕先生所谓的"现阶段"。分析问题的原因，总要问个前因后果，在前者为因，在后者为果。如果"大牛"博物学家不是几年或十几年能培养出来的，那么回答"中国为何没有'大牛'博物学家？"就不应在现阶段找答案，而应向前追溯。

刘光裕先生在文中列出四位西方"大牛"博物学家——洛夫乔伊、威尔逊、爱登伯格、戴蒙德。毫无争议，他们是"大牛"，但别忘了他们的"生命时间"。下面我们简单序齿来看：爱登伯格（1926—2022），1979年英国广播公司播出其"生命三部曲"的第一部《生命的进化》，时年53岁；威尔逊（1929—2021），享年92岁，1975年出版《社会生物学：新的综合》，时年46岁；戴蒙德（1937—），1997年出版《枪炮、病菌与钢铁》，时年60岁；洛夫乔伊（1941—2021），享年80岁，1980年提出"生物多样性"一词，时年39岁。刘光裕先生提到了洛夫乔伊和威尔逊的高寿，也提到了"老爷子爱登堡96岁了还在拍纪录片"，却没有注意到一个简单事实——他们之所以能成为大牛博物学家，离不开长时间的积累。"大牛"不是一天长大的，不是在做出某一成果后一下子变成"大牛"的，而是凭着对博物的热情专注，凭着几十年如一日的辛勤积累。此外，仅从这四人，也看不

出所谓西方博物学"大牛"的"辈出"，他们出生在1929—1941间，可以被视为一代人，言之"丛出"更合适。其实在科学的挤压下，西方博物学目前也相对衰落，是不是有连续性的"牛人辈出"，恐怕是有疑问的，不排除将来会出现"断代"的情况。

西方博物学的问题我们暂且不去讨论。回到中国博物学的话题上来，中国无论当前有没有"大牛"博物学家，其主要成因都不能从现阶段来寻找，当下只是历史效果呈现的一个界面而已，真正的原因应向前回溯，通过复盘，在历史中寻找答案。因此，刘光裕先生所谓"中国现阶段倡导的博物理论是偏颇的"，无论这里"中国现阶段倡导的博物理论"指什么，他分析原因的方式都是本末倒置的。他对中西两方面的分析建立在一种"时间错位"的表象上，这种时间错位如同流星闪过，当我们看到流星时，流星早已不再。我们看到的是历史在当下的表象，历史能表现为"问题"是由于当下的中介作用，但不能把当下当作历史的原因来分析。因此，在我看来，刘光裕先生该文对事实的表述、对问题的表征、对答案的架构，在系统上都是成问题的。但我也认为刘光裕先生的文章很有价值，他的问题意识很好，以批判的眼光看待中国博物学的发展，

是难能可贵的。反驳他的一些观点，正是为了更好地承接其问题意识，更好地服务于中国博物学的健康发展。

下面更具体地回应几个方面。

首先是分类问题，"中国没有'大牛'博物学家"这个印象很大程度上是由人为分类造成的。举例来说，笔者去年读臧穆先生《山川纪行》，才知道原来中国有这样一位伟大的、让人心灵为之震撼的博物学家。我国不是没有"大牛"博物学家，而是很多"大牛"没有被冠以"博物学家"之名。尤其在科学文化占绝对统治地位的今天，"好的归科学"，"大牛"都被科学"圈走了"。与分类问题相关的是界面问题，媒体界面没有在"博物学家"的名义下进行文化传播，倡导博物学通常被放在"科普"下来理解。当然，近年来情况有所好转，博物学的"正名"工作在持续推进。

其次是时间问题，"中国没有'大牛'博物学家"这个表述缺少必要的时间限定。一旦引入历史，我们自然可以用"也有"的逻辑做出回应——中国历史上也有"大牛"博物学家，而且不比西方差。但笔者不打算以这种方式简单地否定刘光裕先生的问题，因为其问题若加上时间限定，仍然是一个值得探讨的问题。假如以1949年为界，考察新中国成立以来的中国博物学，那么对于其所欲探

讨的中国没有"大牛"博物学家或"大牛"辈出的问题，事实的表述会更清楚些，其主要原因也能得到更具体的分析。

再次是西方问题，"西方"这个概念太大、太模糊，既可以理解为一个文明，也可以理解为多个国家。无论如何，将一个国家与多个西方国家的集合相比，是不是有失公平？至少在方法上不太严谨。如同一个班的班主任问"为什么我们班没一个全市前十名？为什么别的班出了那么多全市前十名？"其问题的歧义和荒谬处，在于"别的班"是一个集合，而不是与自己班同等性质的概念。

最后是比较问题，即便我们明确了"大牛""博物学家"的定义、特征或条件，并对时间、西方加以限定，刘光裕先生将"中国为何没有'大牛'博物学家？"与"为何西方博物领域总是'牛人'辈出？"这两个问题进行对比分析也并不完全恰当。下面我们来看为什么。

先以我自身的生活场景为铺垫。为人父母，不免会担心自己孩子的个头，尤其是看到孩子身边那些高个头时，常常会有一种视觉的压迫感和成长的紧迫感，于是各种胡思乱想：为什么别人家的孩子那么高？为什么自己孩子那么矮？是不是营养不良？是不是睡眠不足？……每当这时，我必须理性地问自

己一个问题才能打住这种不安："你孩子几岁了？别人孩子几岁了？"是啊，不加分类地比高低有什么意义呢？自然生长中的"差异"在什么意义上应被视为"缺陷"呢？现在，为了缓解"中国没有'大牛'博物学家"的尴尬，我想问：西方博物学几岁了？中国博物学几岁了？

当前中国博物学仍处在复兴的起步阶段，我更在乎的是其根本而不是顶尖，根有没有扎好，本有没有摆正，这是当前博物学这棵树苗生长的关键所在。（当然，顶尖也是有意义的，顶点反映着根本，反映着生长的状况。）将一棵树苗与百年大树比顶点、比果实，显然是不恰当的。刘光裕先生渴望中国出"大牛"博物学家的心情是可以理解的，无可厚非，不过在笔者看来，他的这种期盼似乎是对科学评价体系的移植。科学与博物学在很多方面都是不同的，在评价体系上也不能等而视之。在科学评价体系中，重复已有知识几乎是没有价值的，科学看的是最新、最高成果，为了拓展科学边界，需要出一批科学"大牛"乃至几个超级"大牛"，为了培养大牛的"分子"，需要提供配套的科学文化环境和"科学分母"。（科学在今天已然是一门竞技活动，科研目前已成为异化程度很高的工作。）博物学的旨趣则大不相同，博物学更在乎大众博物生存的深度和广度，在乎人们在其生活的土地上扎根多深，博物文化影响有多广，在此重复和亲知是很有价值的，而且正是博物所追求的价值。总体上讲，科学的展开逻辑是证伪、推翻，博物学的展开逻辑是积累、沉淀。科学以知识为目的，博物学以人为目的。科学重分子，博物学重分母。中国博物学能推出自己的世界级"大牛"当然更好，但那是复兴博物学的自然馈赠，而非复兴博物学的首要追求。

我们不妨设想下这种场景：假如我们花重金将国外那些世界级的大牛博物学家们"移植"过来，让他们加入中国国籍，那么中国博物学无疑算是有了"大牛"，但中国博物学是不是因此就"牛"起来了呢？"迁彼人来此地"的"迁地保护"是不是真的有利于本土的文化生态呢？在人才频繁流动的国际劳动市场，这种操作并不陌生，但出于地域文化的考量，人们心里其实更认可"土生土长"。假如中国今后真出了几个土生土长的世界级"大牛"博物学家，我并不感到意外，那也并不代表中国博物学发展的整体状况。中国博物学的整体状况要看有多少中国人在践行博物人生，博物学对中国文化界的影响有多广泛。博物学是"在地"的学问，其生命力正在于其"在地性"、本土性，大博物学家何以为大？以地为大！越乡土，越博物；越中国，越世界。如果倡导博物学也动辄鼓吹"与国际接轨""世界级"这样的大叙事、高目标，那是违反文化生态发展规律的浮躁表现，从根本上也违背了博物学的精神。

用现代科学的标准来框定博物学，是对博物学的一次伤害；用西方博物学的标准来框定博物学，是对中国博物学的二次伤害。中西博物学对比是有意义的，但要慎重表述问题，严谨分析原因，不能不加限制地厚此薄彼，妄自菲薄。中国博物学曾经辉煌过，值得重来；中国博物学"大牛"们正在路上，值得等待。复兴博物学，我建议多些耐心，在关注国际"大牛"博物学家的同时，注意向下看，比如先来个"万人计划"，用三十年时间培养出一万名校园级、村镇级、小区级的"小牛地域博物达人"再说。有一万名"堪称小牛"的博物达人，"大牛"会"自组织"地"涌现"出来，那是后话。现阶段，比起世界这个大舞台需要一个"大牛中国博物学家"来说，我认为中国的每个小地方更需要自己的"小牛地域博物达人"。

最后，让我们再次品读阳明先生的名言——"立志用功如种树然，方其根芽，犹未有干，及其有干，尚未有枝，枝而后叶，叶而后花。实初种根时，只管栽培灌溉，勿作枝想，勿作叶想，勿作花想，勿作实想。悬想何益，但不忘栽培之功，怕没有枝叶花实？"

2022.03.05

《中国博物学评论》，2023，（07）：185-190.

评论

新博物学运动的几个节点

田松（南方科技大学）

2021 年 11 月的第一个周末，第八届中国科学传播学学术会议在南方科技大学举办，这次的主题是"面向生态文明的科学传播"。事后总结，我认为这次会议确定了几个词："科学文化运动""科学传播人文学派"和"新博物学运动"，当然，每个词的前面都可以加上一个定语：中国的。这几件事之间有着密切的关联。在这次会议中，有一个议题是："博物学视野下的科学传播与科学传播视野下的博物学"。

追溯起来，这几件事都开始于 2000 年前后，具体起点难以断定，只能用一个概数：有二十多年了。

2017 年，我曾经应《鄱阳湖学刊》之邀，写一篇刘华杰的学术综述，相当于给华杰做一个学术小传。我发现他最早发表倡导博物（学）的文章，是在 2000 年之前，20 世纪 90 年代。与科学文化人之反思科学主义是同一个时期。只不过，科学文化运动在 2000 年之后迅速发展起来，并且 2002 年在上海举办了首届科学文化研讨会。虽然这次研讨会是江晓原教授无意之举，事先并无筹划，但由于事后发表了学术宣言，也可以视为中国科学史—科学哲学之科学文化学派的正式亮相。在此之前，各个成员只是出于各自的学术理念各自写文章。从另一个角度看，这次会议也可以视为中国科学传播人文学派的一个节点。此前，北京大学科学传播中心成立是一个节点；此后的 2007 年，中国自然辩证法研究会科学传播与科学教育专业委员会成立，是另一个重大节点。

相比之下，中国新博物学的运动一直不温不火，几乎是华杰一个人在推动。

华杰自己不断地写文章，不断地向出版社推荐博物类书籍；从有意无意地把同事、朋友、师生的郊游活动变成植物辨识活动，到有意识地带领朋友师生去郊外进行博物实践。华杰本人也是一个出色的"学妖"，善于把自己的问题变成朋友的问题。在科学文化人的系列出版物"我们的科学文化"运行期间，至少有两期专辑的主体文章是华杰推动的。一期是我担任执行主编的《伦理能不能管科学》（2009），一期是他自己主编的《好的归博物》（2011）。他的推动方式就是向学界朋友提出他的问题，请朋友写文章回答对博物的看法，其实是变相布置命题作文。我最早的两篇讨论博物学的二阶文章，都是由于华杰约稿。其中《原创出于自己的问题》发在《好的归博物》上，《博物学：人类拯救灵魂的一条小路》（2011）发在《广西民族大学学报》上。华杰以这种简单粗暴但友好的方式，把科学文化人都拉过来参与博物，让大家不得不面对博物学，把博物学作为学术思考的对象。大家从各自的学理出发，也的确丰富了博物学的基础理论。

按照我大致的记忆，博物学是在2010年之后忽然热起来的。最容易看到的现象有这样几个：其一，各地的年度书展上，冒出来越来越多的博物学书籍，译著、原创都逐年增多，越来越精美；其二，全国各地出现了非常多的博物活动和博物达人，有官方、半官方的，也有纯粹民间的；其三，大众传媒和学刊上关于博物的文章逐年增多。当然，我相信华杰本人还有一个直观感受，那就是请他演讲的人越来越多了。很多中小学校也接受了博物学，设置课程和业余小组。2013年，华杰的"西方博物学文化"获得了国家社科基金重大课题，算是得到了官方认可，鼓舞更多学者加入到博物学的一阶、二阶研究中来。到2017年底，中国自然辩证法研究会博物学文化专业委员会成立，华杰有一个惊人之举，自己只做顾问，把徐保军、熊姣等年轻人推到前台。

二十多年来，中国新博物学运动在理念上不断推进，不断丰富，在我看来有几个重要节点：

1. 关于博物学的意义，强调其"无用而美好"，自居边缘，划定底线；

2. 将博物学与生态文明建设联系起来，获得了高大上的话语权；

3. 重新界定博物学的属性，强调博物学不是科学；

4. 界定博物实践的属性，强调博物实践不是科学普及，重在体验，不在认知；

5. 强调博物实践的审美价值，将博

物实践视为一种审美活动；

6. 将博物观察从单个物种扩展到生态系统。

所谓"名不正则言不顺"，一个新事物出现，先要正名，证明其存在的意义。华杰说博物学是"美好而无用的事物"，属于以守为攻，肯定了博物学的正向价值。但是在今天的社会实践中，这个价值可能只是一个不被消灭的价值，作为边缘的价值，作为生活点缀的价值。

无用之用，方为大用。我自己是在写作《一条小路》的过程中，梳理出一个逻辑，把博物学与生态文明直接联系起来。首先，新博物学是与数理科学相对立的，数理科学建立在机械自然观之上，博物学则有可能提供一种非机械的自然观；机械自然观、数理科学及其技术和工业文明三者是相互建构的，则生态文明需要非机械的自然观，需要博物学。

2019 年，我曾为一家法国杂志《中法文化间性》组织一期英文专辑，华杰和李猛都贡献了文章。对应专辑的内容，我在前言中写了四个关键词：科学文化运动、新博物学运动、科学传播人文学派理论建构和生态文明理论建构，强调了四者的内在关联。其中，前三者的渊源更早，早到二十年前。

在科学传播人文学派的理论建构中，2004 年，我在华杰提出的"立场说"的基础上，提出了科学传播"为什么"的问题。我提出一个命题："一切实践性的理论，都建立在两个前提之上，一个是对当下的判断，一个是对未来的预期。"任何实践性的理论，都或自觉或不自觉地有一个对未来社会的预期。同样是科学传播，所预期的未来是更发达的工业文明，还是一个人与自然和谐的生态文明，表现在理念、内容、方式各个方面，都会有所不同。当时我强调了一点，如果预期的未来是生态性的文明，则就"传播什么"这个问题而言，博物学比数理科学更为重要。

关于博物学的属性，最开始，我们都接受吴国盛教授的观点，把博物学传统和数理科学传统作为两大科学传统。从直觉上，这也是顺理成章的。把博物学与数理科学相提并论，视为科学的一大传统，当然也赋予了博物学以一定的话语权。即使如此，在社会意识层面，博物学还是被认为是浅显的、表象的、不深刻的科学。我也一直是在与数理科学相对立的意义上讨论博物学——以数理科学的负面，来反衬博物学的正面。华杰后来把两大传统说推广到四大传统说，按照时间序列，在博物学传统、数理传统之后，加上了受控实验传统和数字模拟传统。不过，在我看来，并不十分必要。因为可以把受控实验传统和数字模拟传统作为数理传统的新形式。不过，2015年前后，华杰又迈出了一大步，提出把博物学与科学切割开来，到2016年提出了"平行说"，公然强调博物学不是科学，博物学与科学是平行的。就像艺术、文学与科学的关系一样，是平行的，并列的，虽然可能会有交集，但是两回事儿。

迈出这一步，一下子就清爽多了。

博物实践刚刚兴起的时候，无论官方和民间，都习惯于将博物活动定位为科普活动。实际上，直到现在，很多地方依然保持这个惯性。那自然是因为，科普具有更悠久的传统，具有更高的知名度，具有更大的话语权。然而，一旦以科普之名，就难免行科普之实。比如带孩子观鸟，就要把见到多少种鸟、辨识多少种鸟作为目标。也难免要强调博物学具有多么高的科学价值。然而这样一来，未免舍本逐末，过于强调乃至于唯独强调追求智识上的知识增长，反而失去了博物的本意。2016年，我还在北师大哲学系，杨雪泥请我做她的本科学位论文指导教师，杨雪泥是资深观鸟人士，所以我们很快就确定了她的论文选题：对观鸟活动的研究。在讨论中，我才了解到观鸟活动的一些细节，比如听

觉的作用，让我颇受启发。联想到与华杰到山上看植物时，他经常让大家用手摸，用舌头尝，我意识到，博物活动应该是一种调动所有感官参与的全身心的活动，而不应该是以大脑学习知识为主的（科普）活动。把博物实践与科普活动区分开来，在理论上极为必要，在实践上更为必要。从全感官、全身心的角度，博物实践与科普活动只有很小的交集。这个区分与"平行说"正好相互支持。

在引入全感官，强调博物实践是一种感官活动之后，把博物实践定位为审美活动，也变得顺理成章了。这当然取决于对美的理解。多年以前，华杰就把博物解读为BOWU，并为每一个拼音字母赋予一个英文单词，B就是Beauty（美）。博物的第一要义，乃是审美。其余三个字母分别是Observation（观察）、Wonder（好奇）、Understanding（理解）。多年前，我从另外的角度强调："基本美感是美好生活的基础和前提""没有基本美感，人只能过丑的生活，越有钱，越有能力过得丑"。对于自然美的欣赏，是从事博物实践的最原初、最本能的驱动力。追根溯源，我相信，对自然美的欣赏原本应该是人的本能。欣赏自然的美，有能力欣赏自然的美，是人热爱自然的基础，是人与自然重建和谐关系的基础。生态文明，是一

个美的文明。

不久前，我邀请华杰为南科大同学做一个线上讲座——疫情期间，不能来现场，非常遗憾——这是我这个学期主持的"博物学名家讲坛"的第二讲。这次华杰讲了一个我以前没有听过的题目：燕园的树、象、蜂。这是华杰自己的博物观察，在燕园，有一种黑弹树，树上寄生了一种叫作瘿孔象（枝瘿象）的昆虫；在瘿孔象的幼虫上，又寄生了一种更小的昆虫刻腹小蜂。自然界神奇的结合。从对单个物种的观察，扩展到生态系统的观察，这把博物实践推到了一个新的层次，新的境界。

在《小道》一文中，我把博物学与生态文明联系起来，我觉得有点儿突兀，找了一个中间环节，就是生态学。对于生态学的数理科学化我是持有警惕态度的，但是仍然强调生态学需要以博物学为基础，而系统的博物观察自然会走向生态学。2017 年到 2018 年，我在康奈尔大学期间，曾经有一个与华杰远程合作的计划。我拍摄伊萨卡的植物，请华杰来写说明文字；我还提出一个设想，同时拍摄两种生长在一起的植物，请华杰解说，如果能够说明两者生长在一起的缘由，那就有了生态的味道了。我隐隐觉得，只关注一个一个的分立的植物，还不够充分。

我们的教育方式能够让我们学会一些抽象的理念，能够"正确"地答题。比如热爱自然，所有人都知道应该热爱自然，很难见到有人反对。但是，没有博物实践，没有对任何一种自然物发自内心的热爱，这些"正确"答题的人们只能抽象地、理性地"热爱"自然。再比如说"森林中的动物、植物和微生物之间，有着相互依存的关系"，对于这个表述，大多数人都会赞同，甚至自己也会说出来，写在文章里。但是，如果追问究竟有着怎样的相互依存关系，能否举一两个例子？绝大多数人是回答不出来的。甚至，很多多年从事博物实践的人，也答不出来。我在给学生推荐哈斯卡尔的《树木之歌》的时候，就经常提这样的问题。在《树木之歌》中，有大量的内容是在具体描述某几种动物、某几种植物和某几种微生物之间有着怎样的相互作用。然而，阅读《树木之歌》，我们所获得的，依然是一些理论上的例子。只有通过相应的博物实践，才能把抽象的原则上正确的话，变成我们的亲身知识、私人知识。

在具有足够的博物实践基础之后，将博物观察拓展到几个物种之间的关系，我想是博物活动下一步的方向。

需要说明的是，以上只是我作为旁观者和参与者的个人记忆，是个人视角，并非上帝视角。没有做文献检索，对于我本人没有直接接触到的人和事，就无法概括了。行文匆匆，也没有考证各个节点发生的具体时间，可能未必是实际发生的次序。

中国新博物学运动二十多年，从当年的星星点点，到现在成为显学，成为热点，仿佛沙漠变成了草原。新博物学运动现在正处于多元共生的局面，有不同范式、不同理念、不同机制，在生态文明的话语体系下，各自表述。

在我看来，下一个节点是更加深入的建制化。目前高校里有一些博物类的课程，基本上是因人设课。越来越多的中小学校为博物学提供空间，开设课程，成立业余小组，值得关注。中小学现有自然教育类的课程，这是与博物学在建制上最为接近的部分。以博物精神进入自然教育，是一个可行的方向。

2022 年 3 月 20 日
2022 年 3 月 21 日
2022 年 3 月 30 日
深圳　亚寄山前

《中国博物学评论》，2023，（07）：191-194.

生活世界

疫情下的野外动物调查

赵序茅（兰州大学生态学院青年研究员）

我从事保护生物学研究，野外出差比较多，疫情完全打乱了我的科研计划和科研工作。当然，受影响的还有那些动物。

2019年下半年，突如其来的疫情开始蔓延。2020年初，可以清晰地看到中国地图上一个又一个省份变红（出现疫情感染者的地区标红），远在西北的甘肃省也没能幸免。临近年关，是疫情最严重的时候，几乎全国按下暂停键。我只得孤身待在兰州过年。小区全部封锁，街上空无一人，口罩早就被抢空，好在可以在网上购买蔬菜和食物，比起封城的武汉，已算万幸。对于科研工作来说，与外界隔离并不是坏事，我可以静下心来做自己的事情，不受打扰。我的生活没有因隔离而清闲，反而更加忙碌了。除了本职的科研工作外，我还给新华社做些疫情的内参分析，写点和疫情相关的科普。第一次感觉到能给这个社会尽点微薄之力，是那么荣幸。

疫情带给人类几个月的封锁，但对于动物而言，却是解放。在因疫情封锁的日子里，动物们几乎在一夜间获得了前所未有的自由。它们可以随便出入过去无法到达的地方。我们平日里难以见到的黄大仙（黄鼠狼）竟然光天化日之下敢在居民小区自由出入。松鼠在学校的操场上迈着六亲不认的步伐，活动范围貌似在一夜之间扩大了数百倍。美国科学家研究发现，疫情下，就连麻雀的求偶声也变得温柔起来。这是因为疫情的封锁导致街道车辆减少，噪声随之减少。麻雀不需要像以前一样大声呼喊引起同伴的注意，音调自然和谐了许多。

因人类封锁，尤其是一度因猫狗感

染新冠病毒的报道而被遗弃的狗和猫，开始了流浪生活。当乖巧的猫咪走到街头和荒野，瞬间由衣来伸手、饭来张嘴的生活转变为自力更生时，有一批因为不能在短时间内适应饥寒交迫的生活而失去了宝贵的生命。而幸存下来的猫成为猫中精英，是名副其实的"战斗猫"。南京大学的李忠秋博士曾经统计过，流浪猫的食物多达十几种，从天上飞的麻雀、鸽子，到地下跑的老鼠和松鼠，都在流浪猫的菜单里。没想到吧，一旦脱离人类的控制，弱不禁风的"小可爱"秒变"大老虎"，在城市生态中是名副其实的小型动物杀手！

流浪狗就没那么幸运了，它们没有猫咪那样的身手，一旦流落街头，多是靠捡食垃圾维持生活。但也有例外。兰州榆中县附近村子的流浪狗就懂得另辟蹊径。疫情中，被人类遗弃的宠物狗被逼上"梁山"，走进了兴隆山国家级自然保护区——和城市相比，那里食物充足，无人管理，只要有本事就可以"大块吃肉"。这些狗回归到原始的社会，如同杰克·伦敦《野性的呼唤》里面描述的巴克。可惜，杰克·伦敦不是动物学家。这些流浪狗不会也不可能和狼混在一起，尽管在生物学上，狗也是灰狼的亚种。这些流浪狗选择组建自己的队伍。和家猫不同，狗属于社群动物，一只狗的战斗力微不足道，而一群狗则会爆发出惊人的战斗力。这些背井离乡的流浪狗在国家级保护区走到了一起，开始形成社群。形成社群的关键条件是要确定等级。没有稳定的等级，再多的狗也是乌合之众，并不能发挥集体的优势。生存压力下，来自四面八方的流浪狗通过确立等级，形成了一个群体。一旦形成群体，它们就不用为食物担忧了。况且这里是保护区，食物资源相对丰富。保护区的小动物们久已失去狼的捕食压力，面对组织起来的流浪狗，丝毫没有招架之力。从我们红外相机拍摄的视频可以看到，这些流浪狗开始有组织地围猎，它们的食物异常丰富，包括环颈雉、小鹿、毛冠鹿等。更有甚者，它们开始打起马麝的主意。护林员在冬季目睹一群流浪狗围攻一只马麝并将其咬伤，要不是及时发现，麝就落入狗嘴了。我一直在思考：这些流浪狗能否弥补狼的生态位？不过，这还需要长时间的观察。

2020年4月之后，随着疫情缓解，我们的野外科研工作也提上日程。我和几个同事承担了兰州市生物多样性的调查工作。虽然出省还不太方便，但是在省内工作几乎没有限制了。7月份全国疫情得到控制，我和同事做了一个宏伟的科研计划：沿着河西走廊，直到新疆西部，调查降水梯度下物种多样性的变化。我们两个老师组织了2辆越野车，带着10名研究生，浩浩荡荡地从河西走廊出发。七天时间就到达瓜州，准备由甘入疆。第一站到达哈密，除了安保加强外，其他一切正常。哈密工作完成后，我们准备往吐鲁番进军。然而新疆各地防疫政策不同，哈密允许我们进入，吐鲁番却把我们拒之门外。全程不让下高速，就连吃饭也没地方。就这样我们早上八点从哈密出发，在高速上只能一直向前，无法掉头。距离乌鲁木齐还有200公里的时候，我们进行了一次权衡。鉴于新疆的防疫政策，我们实在没有向前的勇气，只得连夜返回哈密。到哈密已经是凌晨三点，路口执勤的警察查看我们的证件，问明原委，放行前说了句："晚上注意安全。"那一刻，我破防了！

我们离开后两天，乌鲁木齐爆发了疫情，封城了！

2021年，疫情总体上得到控制，但是并未"天下太平"，几乎隔一段时间就有一个城市出现本土感染者。虽然国家卫健委再三要求不得过度防疫，但是上有政策，下有对策，层层加码比较严重。鉴于2020年采样的情况，这次我们决定不跑那么远，就在甘肃周边采样。

六月份，我带着学生在甘肃裕河国家级自然保护区开展川金丝猴调查。这里有一群习惯化的川金丝猴群——所谓

的习惯化，简单来说就是让川金丝猴习惯人类的存在，以便于研究和观察。当然，考虑到旅游的需求，也是允许游客参观的。由于前段时间疫情限制，来这里看猴的游客少之又少。以至于，这群习惯化的川金丝猴开始不习惯人类的存在了。可以看出，它们对人类的警戒距离加大了，警戒行为更为明显。

完成采样后，我们进入陕西。那里也有一群习惯化的川金丝猴，由于没有游客参观，收入减少了，管理部门不再"习惯"它们（不再进行投食和管理）。这些川金丝猴失去人类投食，一下子变得不习惯，开始四处流荡，甚至跑到了村镇脚下。很多人误以为是川金丝猴种群数量大幅度增加，导致媒体争相报道。

我们由陕西进入四川省，之后准备去湖北省宜昌市的神农架，希望能完成整个川金丝猴分布区的调查。然而不幸的是，四川省绵阳市出现一例本土病例。虽然我们并没有进入绵阳市，仅仅在高速上路过，但是健康码带了一个星号，湖北省宜昌市那边说什么都不让进，即便做核酸检测也不行。就这样，采样再次失败！

等到8月份，好不容易疫情消停了，我们打算"重出江湖"。先在陕西进行采样，比较顺利。就在我们进入四川的时候，西安爆发了疫情。由于我

们并没有进入西安，健康码也没有星号，一些开明的保护区允许我们进入。但是也有几个保护区，仅仅因为我们疫情前到过陕西就不让我们进入。就这样，我们依旧没有完成整个川金丝猴保护区的采样。

2022 年，希望疫情尽快结束，让我们的野外科研能够顺利进行。

《中国博物学评论》，2023，（07）：195-200.

生活世界

疫里偷闲里岩沟

刘利柱[*]

从太行山高速渡口下道口，向西约1.5千米，有一座大渡槽——太行渡槽。

这座飞架东西的单孔石砌渡槽，可是沙河市西部丘陵区老百姓的福音桥。1976年5月竣工以来，秦王湖（石岭水库）里的水，通过它，源源不断地输送到了西部干旱的麦田里。有了水浇地，"跑堂"（走读）学生的箅里才有了白馒头。现在的太行渡槽，俨然是一个非著名景点。它的水利作用，在改革开放后逐渐淡化了。由于水电人工费上涨，算一下账，入不敷出。渠上村庄早已不再抽水浇地，只有渠下村庄还在用渠水自流灌溉。渠上村庄每年只种一季玉米，"望天收"，其他时间都打工去了。

从太行渡槽北侧山凹向西，有一条路可以到里岩沟。近几年由于疫情，周末来里岩沟爬野山的人们不再绕行渡口村，都从这儿进去，这儿反倒成了去里岩沟的主路。这样省去了进村登记测体温的"麻烦"，也减少了哪天突然冒出的疫情把你"封"进去的可能性。

里岩沟位于渡口村西南的山脚下，是一个坐南朝北、三面环山的山凹，隔村和广阳山相望。在二十世纪六七十年代，里岩沟是渡口村果园所在地。八十年代中期生产队解散以后，这儿就荒废了。2017年前后，户外群里有人开始宣

---

* 刘利柱，河北省沙河市人。生态摄影师，博物爱好者。中国野生植物保护协会会员，河北省摄影家协会会员，沙河市摄影家协会副主席。著有《太行山常见植物野外识别手册》《沙河市常见草木图鉴》《沙河市常见128种野生鸟类图鉴》《飞天鸟韵》。2022年1月被评为沙河市第六届市管拔尖人才。

传里岩沟，逐渐这儿也成了不要门票的驴友打卡地。

二十世纪六七十年代，里岩沟在孩子们眼里是一个充满诱惑的地方，魅力要超过渡口村北广阳山上的老君洞（公元前477—前471年老子修行的地方）。因为那个食不果腹的年代，有得吃、能吃饱就是王道。那儿瓜香飘香，自然吸引孩子们的眼球。里岩沟位置独特，昼夜温差大，出产的水果品质特别好。苹果脆甜，花红和槟子果香十足。如果把花红、槟子和衣服放在一起，过一段时间衣服上就浸满了果香，穿在身上可好闻了，那香味至今还在我脑子里打转转呢。果树是集体所有，摘了果子要换成钱，贴补生产上的需要。百姓能吃上果子的机会不多，除非看园子或者在果园干活，才能顺便捡些落果吃。吃水果，对于孩子们来说就是一种奢望。在果子成熟的时候，肚里咕咕叫的孩子们，和一些馋嘴的大人，按捺不住"躁动"的心，会或明或暗地溜进果园，捋些果子悄悄享受。我舅舅有个堂弟，我也管他叫舅舅。他晚上溜进果园想饱口腹之快，触发了地炮，被崩发的钢珠打瘸了腿，至今还跛着。在果园受了伤，偷偷溜回家，也不敢声张。被地炮炸伤的，除野猪、獾之外，绝不止我这个舅一个。不过自家的丑都不说了，一切都过去了，想必

"偷"总是不对的。

八十年代初，我到渡口村学校读初中。也就是没考上乡中（可住宿），被打发到村办初中"跑堂"（走读，中午自带干粮）去完成八年制义务教育。学校距里岩沟不远，南门外有一条土路可达。中午同学们就着咸菜啃干粮，喝一碗教师食堂里的煮面汤，午饭就算解决了。午休漫长无聊，几个不安分的学生便结伴到里岩沟踅摸吃食。每每都不空手回来，青皮核桃、梨、苹果、大枣、柿子。我也吃过他们给的半生不熟的苹果。

之前里岩沟我没有去过，对它既熟悉又陌生。唯一和它近距离接触，还是读初一时。那天是农历七月十五安河庙会（公历大概是8月11日），我们都正常上课（农村学校当时放麦假和秋假，不像现在一样放暑假），中午啃完干粮，闲着没事。大坪村一位同学提议去安河看庙会，我说好吧，咱们一起去。我们相跟着从学校南门出发，翻过几道地堰，朝安河方向走去。快到水渠边要上坡的时候，他后悔了，不去了，怕赶不回来挨老师批评（兴许人家就是逗我玩）。其实，渡口到安河也就五里地，走到里岩沟，翻过一座小山就是。我也没说什么，独自一人开拔。顺着水渠走，到里岩沟过桥，向上翻过垭口，就到安河地

界了。站在垭口，回头俯瞰里岩沟，果园一览无余。梯田里的果树，一层层，一行行，井然有序。我想找找我的最爱——花红在哪块地，可惜有点远，满眼蒸腾的绿浪，哪里能分得清。匆匆赶到安河，用卖蝎子赚的钱，花两毛买了本小人书，五分钱喝了一氋红色甜水。中午的阳光晒得脖颈儿火辣辣，没敢久留，赶紧往回返，还好没迟到。这是我与里岩沟的初次触碰，匆匆一瞥，擦肩而过，彼此留下了再见的念想。

2020年3月17日，新冠疫情不大要紧了，县乡村主道都已经畅通。虽然出入村子和小区依然要登记，但没有那么严格了。吃过午饭靸着拖鞋在客厅里转圈，在沙发上东倒西歪腻歪着看了会儿电视剧。拨拉拨拉手机，看朋友圈，有人发里岩沟杏花开了的照片。是啊，春天按照它的节奏，不紧不慢地来了，毫不理会病毒是否还在。我也想去里岩沟，去看看那里的春天，去看看记忆里的模样，换换郁闷了许久的心境。里岩沟距市区不远，也就30多公里，半日游足矣。

一路西行，在太行渡槽北侧路边停好车，沿着山坳里的水泥路向西。阳坡背风处，蒲公英、苦菜、桃叶鸦葱在白羊草草丛的掩护下已经开花。这些寻常的野草，总是在不经意间向人们昭告春天的到来，给人以惊喜。干旱山坡上常见的荆条、野皂荚、白刺花、酸枣、杠柳还不见动静，依然穿着灰突突的冬装。狭裂太行铁线莲缠在酸枣、荆条丛上，竟然偷偷摸摸露出了春意。两三厘米长的嫩芽，卷在黑色的藤蔓上很别致，犹如小女孩头上的发簪儿。路边废弃的石灰窑边，还残存着石灰的痕迹，这一片没有植物生长。

土路上，一辆电动三轮车连同它的主人一起，在布满卵石的小路上蹦蹦跶跶爬了上来。车斗里坐着一位中年妇女和一个小女孩，边上放着农具，看来是到地里干活的。春天来了，不管疫情如何人们总不能让地闲着，得给眠了一冬的地松松土，修修边幅。等到了谷雨时节，落了透雨，好撒花点豆，一年的活计就算开始了。在将近坡顶时，土路和灌渠平行了，渠里淌着从秦王湖来的水。渠水约有一米多深，清澈透底，不用手试都感觉凉凉的。渠内侧石缝里有干枯的陕西粉背蕨，外侧漏水的小沟边，巴天酸模、花叶滇苦菜（续断菊）长势喜人，颇有独霸一方的气势。渠边坡下的核桃树、柿树这些大个子，还没有一丝绿意。远处犁过的红土地衬着侧柏格外油绿，田里几个农人忙活着，太远也看不清到底在忙些什么。

走过一个S湾，就到了去安河的石

桥边。从这儿往上，翻过垭口就是安河。不过桥，沿渠边向前是一个果园，路被果园的铁丝网截断了。渠水静悄悄地向东流淌，没有一点声响，好像怕惊了谁的春梦似的。如若不是站在渠边，谁都不会相信，渠里还流着水呢。一株开花的老杏树，将手臂从南岸伸到了水渠上空。杏花在阳光的照射下显得发白，背景中的荆条、野皂荚杂乱无章。几次举起相机，又都放了下来，这不是一个生动的场景。

返回去过桥，从渠上边沿路标向西。地面上裸露的石灰岩，历经风雨变得黑黢黢的，荒草掩映的小径依稀可辨。里岩沟里看不到一个人，北方春天的山野本缺少色彩，疫情下少了人的衬托更显无趣。拐过弯，杏树多了起来。由近及远，大树小树挂满杏花，蜜蜂围着杏树嗡嗡地转，打破了时空的沉寂，显出点生机来。透过树影，村庄清晰可见。脚下铺排的梯田错落有致，微风吹过，飘来阵阵新翻泥土的气息。站在里岩沟的东坡向西望去，对面山坡上的杏花点点簇簇。粉的、白的，给枯黄的山野增添了些色彩。这里的杏树看起来存量不小，是野杏还是杏不好判断。《中国植物志》上说：杏，花单生，白或带粉；野杏，花成对，色粉。我看了几棵树，同一棵树上既有单花，也有成对的，

实在不好判断。区别杏与野杏，还是从果核来看比较明了。杏核表面稍粗糙或平滑，腹棱较圆，常稍钝，背棱较直。野杏核离肉，表面粗糙而有网纹，腹棱常锐利。也就是说，核表面光滑的是杏，核离肉且表面粗糙的是野杏。哈哈！省脑子了，等它们熟了再说吧。

里岩沟没有了当年果园时代的精细管理，树下荒草丛生，走起来有点绊脚。大披针薹草已经抽莛，花期不会远了。里岩沟的东坡和南坡分布有成片的栓皮栎林，这是我在沙河市看到的分布海拔最低、最靠东的栓皮栎林了。这说明这种纯本地树种在低海拔也可以生长。如果把它引种到市区或者公园里，也许是一种不错的景观树。在东坡林下，撞见了一个盗挖小叶鼠李的人。我举起相机责问了一声，他竟也悄无声息，猫腰钻进密林不见了。小叶鼠李的根老百姓叫麻梨疙瘩，是近几年兴起的工艺品原料。小叶鼠李喜生阳坡，生长缓慢。一棵像样的树，最少也得长几十、上百年。树龄都赶得上老祖宗了，为了几个小钱竟然要把老祖宗挖掉，岂不哀哉。到西坡高处，我又特意往回瞅了瞅，没看到人。走了？还是躲了？原路返回时，小叶鼠李仍保持着原来的样子。

里岩沟看起来不大，沿三面山崖绕一圈着实也得不少时间。今天时间不多，

图 1　大果榆的花

图 2　冻雨下的山桃花

又不想远走，闲逛一下而已。我在这儿拍摄到了大果榆的花，还看到另一种榆科植物。至于其他植物，需要以后常来考察。

2020 年 3 月 25 日，全市小区解封，居家憋了 55 天的人们，一下子像出了圈的羔羊，到处撒欢。朋友圈里的春汛，一波一波地涌来，想不看都不行。我的里岩沟之行，也算提前领略了春意吧。这一年疫情还算缓和，原本的远方计划缩水不少。临近腊月疫情又起，道路封闭，公交停运，二女儿放假回家都颇费周折。村口、路口依然封堵，2021 年又过了一个居家蹲"肥"的春节。

2021 年 2 月 19 日，接种新冠疫苗第一针。3 月 6 日周六，惊蛰后的第一天，接种新冠疫苗第二针。花开时节，周日又来到里岩沟，要去看看去年匆匆而别没来得及细瞧的那株榆科植物。里岩沟

这个"非著名景区"没人看管，进出方便。找到那棵树，树上静悄悄的，看来今年的物候要比去年晚得多。山崖上早开的山桃被寒风裹上了冰裳，透明晶莹。好看是好看，山桃的繁衍任务今年怕是完不成了。在山崖根看到一只完整的蝉蜕，在山脊上看到一只中华大刀螳的卵鞘。

约莫着那株"榆树"该开花了，4 月 10 日再次来到里岩沟。唉，这次春天跑得有点快。沟里的树木已经郁郁葱葱，核桃（胡桃）、枫杨、栓皮栎、红花锦鸡儿、紫花地丁、雀儿舌头、桑树、钩齿溲疏都开花了。那株"榆树"已经结果，在它周围又发现了一片幼株，看来它们在这里生活得很好。拍摄了树上的果、叶子和树皮，回家查《河北植物志》，比对"植物图像库"里的照片，结论是春榆。

2021 年 10 月 24 日，接种了加强疫苗。

图 3　春榆的果实

图 4　大果榆果实

2022 年春节，各地疫情依然起伏不定，状况频出。但各种应对措施显然要成熟得多，人们的生活秩序平稳。少了些抱怨，多了些理解。2021 年我仅去了河南林州、河北驼梁和嶂石岩。其他时间只在本地转转，次数也少得可怜。春节已过，春天还会远吗？到时再看春榆开花。五月去看杏核如何？

2022 年 2 月 13 日

《中国博物学评论》，2023，（07）：201-206.

生活世界

从附近出发

周玮[*]

轻霾的冬日也无非是这样，小公园里那排毛白杨的高处膨起一个硕大的鹊巢，叶子落尽以后，原本被遮蔽的鹊巢昭然于世。喜鹊默立弯枝，雪白的胸腹被斜阳打成金色。如果我开始走动，它便振翅飞离，一字形长直的尾羽划过树影，刺破太阳落山前凝固的空气。霾天的夕照色彩特别，在北京多住些年头，总会习得这种审美。那是几乎可以直视的辉煌，细小的污霾颗粒减弱紫外线的强度，造就珊瑚橙的落日，一种极为美妙的橙粉色。天光渐渐黯淡，喜鹊和灰喜鹊都下到草地觅食，两只乌鸦飞过头顶，"啊—啊—"大叫，我和孩子听得多了，已可以逼真地模仿它们的叫声。

"疫年"以来，我们常去这个郊野公园溜达，步行二十分钟可达，游人寥寥，完美地符合了疫情期间出门的原则。冬至以后白昼渐长，即使我在电脑前工作到下午四点，也还有时间跟孩子去晃荡一圈。公园不大，却有多个名称古雅的景点，我渐渐在心里把它们替换为其他的说法："忆杨场"——孩子最爱的沙坑，"问柳坡"——假装在林中，"野鹤塘"——玩冰的地方。当然这多少算作冬季的版本，在春天、夏天和秋天，这些朴素的所在又是另一番面貌，我们的视线和双脚所及的地方，也会挪移变动。

沙坑北面是两棵高拔挺立的加拿大

---

* 周玮，自然文学、博物学爱好者，任教于北京外国语大学专用英语学院。出版自然随笔集《怎样看到鹿》，科普译著《怎样观察一朵花》《流浪猫战争》。

杨树，此时叶子落尽，仍可凭树型和枝态、树皮和冬芽，将它们与其他树种区别开。这两棵加杨很有些年头，重重枝丫已有一部分相互交叠，不分你我。对阳光的执着追随让它们渐渐形成了略微倾斜的姿态，一棵向左，一棵向右，远远看去，又有点像是一棵冠幅极宽的巨树，巍然不动，静静守候着树下沙坑里玩耍的孩子们。他们没人注意这两棵大树，兴趣全在手中捏紧又滑落的沙子上，忙着挖出一个深坑，再埋进一两块石头，下次来玩的时候，还要找一找这失落的宝藏。

在孩子视线可及的范围，我来回逡巡，观察我最感兴趣的自然细节。沙坑西面的草地上种了几棵油松，树皮斑驳，针叶黄绿相间，黄色是因为部分松针枯干锈黄，但并未掉落。树上缀满了松塔，鳞片都已开裂，露出松子。在食物匮乏的漫长冬日，很多野鸟都要依靠松树的馈赠。从前在这里驻足聆听观望的时候，除了喜鹊、灰喜鹊、珠颈斑鸠和麻雀这四种"家常"鸟，好像并没有什么特别的动静。但是这一年频繁来访，我的耳力和眼神似乎都更加敏锐，发现的野鸟越来越多。

有一天我们带上了双筒望远镜，那是我为了培养孩子的观鸟兴趣给他买的一款，轻便易携。我对孩子说："今天争取看到8种鸟，你负责记录。"他喜欢用我的手机练习拼音输入，在备忘录里点出一个个汉字。进门后，刚走到那片满地残梗的苇塘，就发现一只下地觅食的灰头绿啄木鸟，这是它们冬天常有的举动。我把望远镜递给孩子，他看了一眼就跑走了，对于一个爱奔跑的活泼男孩，驻足静观还是难为他了。饶是如此，我还是成功地让他看到了新种：在油松浓密的枝叶间，一小团明艳的光影闪烁，是那小小的黄腹山雀，轻盈地倒挂在松塔上，啄食鳞片里残余的美食。有一只还在油松树干上猛啄一通，冬日的园子安静无人，我俩甚至听到了它敲击的鼓点，与啄木鸟机关枪似的疾速打击相比，节奏慢了不少。它啄破树皮是为了吸食树汁吗？我在植物园里曾经见到燕雀啄破元宝槭的树皮，吸取饱含糖分的汁液，元宝槭确实是鸟儿们的宝树。可惜此刻天光渐暗，即使用望远镜也看不真切树皮上到底有没有流出汁液。不过我也没有特别遗憾，总会有下一次。自然观察的积累需要时间和耐性，也需要一颗不带功利的心。虽然对于身边这个还没有耐心长久驻足的男孩，在开阔之地奔跑的单纯快乐恐怕更为重要，但至少这个下午他明白了一件事：聆听可以发现新的东西。回家前我们统计鸟种，这次一起看到了11种野鸟，超额完成任务。

图 1　萝藦种子

图 2　萝藦种子的绢质白色冠毛

冬日漫步还有一个我们永不厌倦的目标：寻找会飞的植物种子。比如萝藦。这是我们迷恋了多年的植物，却不是年年都有机会见到它的种子。攀缘在栏杆或其他植物上的萝藦，因被归为杂草，夏秋之际总会被眼尖手快的园林工人尽数摘除。每次我们找到幸存的果实，总有如获至宝的喜悦。果壳往往已经干瘪皱缩，里面的上百枚种子秉着无比经济节省的收纳原则，以最大数量填充最小空间，好像压扁的火柴杆紧贴着塞在火柴盒里，"火柴头"种子交叠排列，形成优美的纹样，让艺术家朋友想到日本传统纹样中的"青海波纹"。种子见风，立刻飘飘欲动，带有绢质白色冠毛的种子随风四散，光芒雪亮，也像仙人手中的拂尘。有时果壳的开口依然很小，大部分种子靠吹气还飞不走，急性子的小孩就直接用手揪出一撮，在空中任意挥洒，这样一来我们惊觉种子的数量繁多，

一撮一撮似乎总也揪不完。一个同样喜爱观察自然的朋友捡回萝藦的果实，认真地一一计数，那个尖长瓢状的蓇葖果里共有 217 枚种子！疫情最为严重的那年深秋，我发现终于没人理会萝藦这平凡的"杂草"了，小区围栏，公园栅栏，绿地灌丛，很多地方的萝藦得以度过完整的一生。那段时间我和孩子帮忙散播的萝藦种子，比以往任何一年都多。

看了动画电影《心灵奇旅》以后，我又开始琢磨电影里那枚沐浴着纽约秋天金色阳光的槭树翅果，一枚单翅飞旋而下，落入初涉人世的老灵魂 22 手中。我加入的一个自然爱好者的微信群正好也有相关讨论，有人问翅果是以单翅还是双翅旋飞。群里做自然教育的老师说，槭树的双翅果成熟之后，中间的隔断裂开，是一半一半落的。我看到这段讨论以后，就去小公园散步，打算捡些翅果做实验。果然，

元宝槭下都是掉落的翅果，仅有一侧，好不容易捡到一簇还有完整双翅的翅果，中间的隔断也有了小裂缝。我分别试飞，单侧翅果如螺旋桨的桨叶，飞旋而下，完美神奇，而双翅的翅果转不起来，直愣愣一头栽地。

图3 元宝槭落地的单侧翅果

过了几天，周末亲戚来玩，我带孩子和他的小堂哥又来小公园溜达，给他们演示了元宝槭的翅果如何飞行。两个小学生惊叹不已，立刻蹲在树下捡个没完，右手捡起，放入左手，活像两只不停啄米的小鸡。左手握满一捧翅果，就使劲把它们抛到空中，看这些小小的飞行器又稳又快地旋转，孩子们欢呼雀跃。意犹未尽，我们在公园里还捡到了白蜡树的翅果和臭椿树的翅果，它们也会飞。白蜡的翅果是自旋下落，臭椿的更加有

趣，有时如一弯水波起伏荡漾着落下，有时一边荡漾一边旋转，这和它们果翅的形态和生长方式有关。那天我们还遇到了萝藦的亲戚——同属夹竹桃科的鹅绒藤，尖长细窄的蓇葖果，一枚双生的就像羊角。果壳脆薄，轻轻一按就碎了，不像萝藦的果壳坚韧又有厚度。它也有长着白色冠毛的种子。对着夕阳调整一枚种子的角度，直到它四散的冠毛衍射出虹彩，这是我们自己变出彩虹的小魔术。吹一口气放飞，种子驭风滑翔，我们目送这些自由的小伞兵，希望它们落在合适的土壤。

寒假结束的时候，空气和光线已和冬天完全不同了。夕阳下我们再次漫步公园绿道，望春玉兰布满茸毛的芽鳞闪着柔和的银光，有几枚花苞初绽，露出内里的另一层茸壳，它们为抵御严寒做足了准备，马上就要迎来开花的春天。黄刺玫的灌丛中缠绕的萝藦果壳仍在，现在果壳开裂，其中的两百余枚种子已经全部驭风飞走，只留下一根中轴。燕雀集群来回疾飞，空中仿佛掠过一阵弹雨，随后全都停在毛白杨上，纷纷啄食已经膨大的树芽。它们身上橙黑相间的"虎皮"斑纹看不真切，但胸喉橙黄，类似燕尾的尾羽分岔有柔和优美的角度，让我立刻就能确定，是燕雀，冬天才会在这座城市出现的越冬鸟种。再过

些日子，它们也要告别此地南飞，再见还要等一年。而我们的老邻居喜鹊夫妇，又开始互相追逐，上下翻飞，它们在一月甚至十二月下旬，就已经开始衔枝筑巢，为春天的繁衍大业做好准备。如今它们已经进入了交配季。在喜鹊的世界，春天的开端、节奏和意义都与人类的标准不同。

我很想把其他季节的自然见闻也一一记录下来，但只是一个冬天的发现就已经写了几千字。这个小小的郊野公园，因为我们频繁的造访，投注的热情与耐心的目光，逐渐变成了一个充满微小奇迹的所在。我暗自好奇，有些事情是否只有我们注意到。早上舞动彩绸的大妈，下午拿着麦克风高声唱歌的大爷，步道上健步如飞的中年男女，不知他们是否看到。九月里一只雌性大斑啄木鸟在柳树上用坚硬的鸟喙凿洞，它在树洞里奋力凿击时头部和尖喙上下晃动，木屑飞溅，之后它在圆形洞口露脸，转头四顾，似以头喙来测量洞口尺寸是否合适。六月中池塘苇丛青绿茂密，我和孩子在岸边遇到中华萝藦叶甲爆发，身披宝蓝色鞘翅的小甲虫，在脚下的草叶、身侧的苇叶，还有恣意蔓生的萝藦叶上熠熠发光。

还是二月，我们第一次看到喜鹊的尸体，不是流浪猫杀死的，因为尸体完

图 4　大斑啄木鸟凿洞

整无缺。洁白蓬松的胸羽在风中微微颤动。还是头一回如此靠近，如此清楚地看到喜鹊的羽毛，这一次它再也无法飞离一对步步迫近的人类母子。一个月前，我曾在公园的油松林下捡到一枚修长完美的尾羽，我惊喜不已，前前后后移动脚步，欣赏它神奇的结构色。平常所见的黑色，随着变换的角度，呈现出墨蓝、幽蓝、紫色、深青，甚至还有一点锈红，让人想到奇幻的北极光。我爱惜地捡起这枚尾羽带回家，插在瓶子里日日观赏。可是此刻，蹲在这只死去的喜鹊面前，我只看到蓝黑墨水色的尾羽，一根根收拢交叠，还有镶着淡雅灰边的洁白的初级飞羽，它们依旧一丝不乱，只是再也无法振翅伸展，尖锐地切入春日空中暖

热的气流。不知为何，眼前所见让我深深震动，好像一个孩子刚刚意识到死亡意味着什么。这如此平常的城市野鸟，日日可见的动物邻居，其实生命并不长久，初长成的喜鹊在独立生活的头一年尤其脆弱，如果能够顺利度过，进入繁殖期，它们的平均寿命是三年左右。我们见到的这只多半是没有熬过食物匮乏的寒冬，它在万物开始复苏的早春衰竭而亡。

那个特别的早春二月让我对这片园子产生了一些不同的感受。一个旁人眼里平淡无奇的小公园，如今成了我的自然观察地，孩子的游乐场和实验室，甚至是激发我形而上思考的地方。它固然是一个有限的天地，但其间蕴含的丰富趣味远超预期，让我感悟良多。在这比以往任何时候都更考验心灵的年月里，我渐渐掌握了一小片土地的观看之道，结识其间种种植物、动物，了解它们各具特色的不凡生活，然后低头审视自己的存在方式，思考我与它们之间的差异和关联。一旦拥有了这样的体认，我便再也不能熟视无睹地走过一棵树、一片草地、一群密密麻麻的蚂蚁——现在我知道了，它们的名字叫作草地铺道蚁。我隐约觉得，这样的体认给我指引的前路，应当是以"尊重"和"了解"铺就，树立着"信念"和"定力"的路标。

假如远方难以抵达，我便从附近出发。

《中国博物学评论》，2023，（07）：207-213.

生活世界

春来更有好花枝

纪红 *

2022 年春天如期而至，新冠疫情依然这里那里地发生。三个春天了，疫情存在的三个春天，也是我们与春同在的三个春天，虽有疫情防控带来的出行不便，但没有一个春天缺席。春依然故我地到来，花依然故我地盛开，我也依然在随时随喜地看花、吃花、写花，继续整理着拖延 N 年的新书《花食记》。世事无常，而春生、花开、我在，已属幸运。人生亦渐老，岁月却常新，三个春天的花事花食亦在我的日记中随意自新，它们也是当春乃发生的花枝吧，采撷几枝来敝帚自珍，应了明代陈献章的诗句："老去又逢新岁月，春来更有好花枝。"

【2020 年春天】

2 月 4 日。立春。济南。

唐代罗隐立春诗曰："一二三四五六七，万木生芽是今日。远天归雁拂云飞，近水游鱼迸冰出。"众人响应防疫号召，深居简出，闭门隔离，哪里能见拂云的雁、迸冰的鱼，万木生芽也不在今日。这立春，众草木由蛰伏到萌生新绿新花，当也是数着时日一路奋斗而来的吧。一二三四五六七，我数着友人相赠的一枝时新的蜡梅花，想着就这么数着日子来迎春吧，一朵朵一瓣瓣，看着记着数着，一直数到花枝春满、疫情消除啊。

---

* 　纪红，女，任职于山东大学。植物文化学者，山东省科普作家协会会员。著有《安知时节好：山东大学二十四节气》《山大草木图志》等书。

2月8日。元宵节。济南。

读书消得此良辰，见有写一道孔府菜："将豆芽去芽和根，清油快炒，鲜脆爽口，曾受到乾隆皇帝的赞赏。"想起姥姥当年就是这么讲究吃豆芽的，姥爷的父亲是县师爷，家境较好，老家距离孔府地域近，豆芽这样的吃法未必是孔府原创，是民间普及过去的也未可知。将绿豆芽掐头去尾，如法炮制了这道豆芽菜，算是家传了。今日喜庆，还加了些去年晾干的文冠果花叶，美味自足，锦上添花。

2月20日。济南。

从后阳台隔窗东望，每天可见高大的白杨树上的鸟巢，风来了，雨来了，雪来了，兀自岿然不动。看枝头花蕾渐壮，看喜鹊飞扬、衔枝、筑巢、栖落、安卧，我十二天居家未外出，时不时观看，总是由衷感动，心下柔软。今日出门到树下近瞧，已有杨花早开，防疫限行而不得去南山采回那种可食用的加杨的花，遂用去年春天冻存的杨花蒸了菜拖，自诩为咬春。

3月1日。济南。

嫩寒碍于春风面，天气已是抑不住的暖。雪来不来无所谓了，反正春都一样地来，花都照样地开。得阳的苦菜花

等不及地黄灿，红梅也盛放起来，阿拉伯婆婆纳的花儿蓝格盈盈地彩，迎春花自然守时地来，郁香忍冬不觉间已花开满枝，山茱萸的花苞吐出最早的娇黄，望春玉兰的花朵望见春天果然就振翅地飞。最爱的还是此时的柳色，衬着湛蓝的天，清新新、柔媚媚地直在人心上焕然，而柳上鸟鸣声喧，清亮欢快地在叫醒整个春天。

4月3日。济南。

拍照第一次拍到金钱松的雌球花，好开心啊。又看到油松的雌球花、桑树的雌花、地黄开出的黄色花，真美啊！汲取美的善的，足以抵抗那丑的恶的，心灵平衡随时进行着。而看多了紫荆紫花，实觉紫荆白花美，口感是脆生生的清甜，用它与马兰头、春笋、肉丁做馅儿，用嫩艾叶汁和面做了青团，又用鲜桑叶、桑树雌花碎成汁液和面，做了发糕和坚果饼，还粘了糙叶黄芪的花瓣吃甜味土豆泥，都好吃。请叫我"吃花厨子"，有点点儿创意的那种哈。

4月20日。济南。

疫情让这个寒假还没有开学的迹象。想着鹅掌楸该开花了，即坐校车去山大兴隆山校区看花。乘客只我一人，满校园里看花的也只我一个，自由自在，

图 1　糙叶黄芪花食

图 2　麦蒿花食

怡然自得。"清彻纱帷延昼梦，绿涵金盏带春风"，说的就是鹅掌楸盛开的美妙花朵吧，幸运的是还照到花蕾和初开、半开的花，春以为期，不虚此行啊。

4 月 23 日。济南。

　　疫情期间，幸亏园丁没那么周全勤快地割草翻地，多种野草野花得以在校园内生长良好，于喜爱看花的我，是求之不得的事。好一片初花的播娘蒿，是《诗经》中"蓼蓼者莪"的"莪"。山东老家叫它麦蒿、米米蒿子，其种子就是中医里的南葶苈子，而中医里的北葶苈子是指独行菜的种子。而颖儿老师所

画制的葶苈胸针的原型植物葶苈，既不是播娘蒿也不是独行菜。那么，葶苈的种子该叫啥合适？有意思。反正啊，用麦蒿花叶切碎加芝麻和面炸出焦叶子，麦蒿的清香味和芝麻香经油炸的香合在一起，回味有淡淡海苔味，极好吃。

　　因为"新冠"疫情，这个学期直到 5 月 9 日才开学。这整整一个春天，是我看花、吃花特别细致自由的美满春天。看花，有新的心得；吃花，有新的体会；自己做的花食，收获了 15 道新的品类。每一次照见，都是得未曾有，唯其美好而心净踊跃。有花事相伴，一切尽可安然若素。

【2021 年春天】

2 月 19 日。济南。

喜欢早春响晴的天气，有清冽的意气和暖意。柳花初开，柳色黄柔，"五九六九，河边看柳"，城里这七九，亦正可看柳。楼下年迈的阿姨说老话都说九尽杨花开，现在还是七九，杨花就全开了，今年春来得早。应时而来的春消息，还有我参编的《山大草木图志》已正式出版在售，与萍老师的合作和相处总是如沐春风，美好的人啊自有善缘，美好的事啊尽可发生在春天。

3 月 20 日。春分。海口。

终于终于实地看到了木棉花，木棉花、红棉花，我少年时英雄主义的英雄花呀！人生第一次实地相见，这份春分之分足够标新，令人开心惊艳。看花后，又用花瓣炒了鸡蛋，用花蕊炒了青豆，吃下两道木棉花美味，更是格外心满意足。新鲜木棉花花瓣吃起来绵厚温软，花蕊则微劲略韧，不同的口感已然新奇。那么艳丽的大朵花，本味却清淡隐逸，这番浓淡相宜，我喜欢。

3 月 21 日。济南。

西府海棠吐出花萼的花苞，全是红色；花瓣从打开到盛放，颜色会变浅淡，

图 3　木棉花花食

由晕染的粉红、粉紫、粉白变到白色。桃花吐出花萼的花苞，全是桃红色；花瓣初开粉白色，盛放时由花心向花瓣渐次变红，落花时最红。西府海棠和桃花的花事，夜间依然步履不停；木瓜花夜间则有收合，在早晨会再次打开。

3 月 25 日。海口。

在海口安居些时日，浩大的草木花花世界，样样叫人惊奇。拘于虚，笃于时，人生何其有限，俺这个井底之蛙，可得好好学认。超喜欢鸡蛋花，园子深处四季梅掩映着的一棵鸡蛋花，正开着几簇黄白的花，摘了花朵与鲜荸荠、鲜玉米煲汤，真是香香甜甜的美味。近来认学的植物有：牛轭草、九里香、墨苜蓿、

母草、帽儿瓜、垂果瓜、马瓞儿、小花十万错。看洋金凤的花蕊横空出世，超出花冠之外，莫名地想起贾岛的那首诗："十年磨一剑，霜刃未曾试。今日把似君，谁为不平事？"

4 月 12 日。济南。

同儿子视频聊天，特意记下他说的一句话："存在，因果，变化，程度。这四点，构成一切事物的本质。"看一片青翠的繁缕又一片旺盛的牛繁缕的存在，都本质地开着纯洁的小白花，怎么看都觉得是青翠可食的因果。切碎其花叶加肉馅调成面糊，油炸成丸子，两样植物的清香圆融其中，分不出谁"牛"啦。采了些野生黄花地黄的花，与鲜银耳、鲜枇杷果做甜汤，顿感人生极其奢华。流苏树也已开花，白衣胜雪，喜欢叫它四月雪，想起谁说的："在世间，本就是各人下雪，各人有各人的隐晦和皎洁。"

4 月 16 日。济南。

又去了山大兴隆山校区，疫情当前，满校园看花的还是只我一人。一棵合欢树下，第一次见到确山野豌豆，特开心。资料显示，确山野豌豆因其模式标本 1935 年采集于河南确山县而得名。而确山县正是山大的定点扶贫单位，俺

图 4　地黄花食

们个人也都为确山县捐款呐，善哉善哉。而大花野豌豆，也终于在山大中心校区一隅生长为多年来最繁荣自在的模样。蹲在墙角一丛旺盛的野豌豆面前看了好一会儿，站起来竟有"拔剑四顾心茫然"之叹，小声诵"外侮需人御，将军赋采薇"，春风中只听见自己轻微的回声。

【2022 年春天】

2 月 6 日。海口。

蓝天白云，阳光明媚。忍着腰疼骑车去那片草坪寻找线柱兰。果然，又一个春天，在原地，如期相见。线柱兰很小只，混迹在草地里几乎不可见。直接匍匐在地看它，一茎特立，线状披针形

的叶没有叶柄，着生的黄白色小花有晶莹的质感，是我眼中大隐于市的小仙。绶草、线柱兰、美冠兰，被植物爱好者誉为华南地区的"草坪三宝"，长居山东的我终于见其一宝，其余俩宝何时得见，只管随缘了。

2月14日。海口。小雨，东风3—4级，空气质量优。

走过风雨，和老伴牵手特意到木棉大道看花。木棉花，最具英气的花。有的树初开几朵，有的已然一树繁花。捡起一朵落花放在一处铁丝网的顶端，像是摆拍的摄影艺术作品，想起网上"铁链女"事件正人声鼎沸，直觉可以为这幅作品配上西蒙娜·薇依的话："人的生命是卑微短暂的，生活不可避免地充满荒谬，而人拥有的最大的特权是，我们处在爱恰恰可能之处。爱的可能性，高于恶的现实。"

2月15日。海口。

这世界真假善恶美丑正邪荣辱缠夹，真正单纯快乐有意思的美事并不多。于我，看花、得花、择花到吃花，就是这样的美事一桩。邻居为我砍下自家院里那炮弹一样造型的粉蕉的大花，真让我这样爱吃花的吃货由衷开心呀。又获赠一枝棕榈花苞，拿牛肉和辣酱来炒，

图5　棕榈花食

能吃出鱼籽的味道，多么奇妙。一地到一地，一春又一春，春来更有好花枝，春来亦更有好花吃呐。

2月25日。海口。

吉贝的花一开就满枝，花朵、花蕾、花萼，不时地落下，噗噗嗒嗒，像重一些的落雨声。花落殆尽之时，木棉花就接着盛开了。有些木棉树的叶子尚存，开出花来就少了些纯粹的意味。还是更喜欢落光叶子的木棉树铁干上只有红花大朵地开，一种超拔的英气、伟岸的风骨，绝不同流俗。一朵木棉花擦着发梢落上左肩后滑下，我不禁模仿动画电影《雄狮少年》那句话，惊喜地脱口而出："我可是被英雄花选中的人啊！"

2月26日。海口。

连日阴天，今日响晴，阳光普照，蓝天清湛，草木生机焕然，走在阳光中，连人也宛如新生。白花鬼针草、朱槿、黄槿、火焰木的花都在开着，资料显示这些都可以吃，在考虑要不要做几道花食尝个新鲜。吃不完的花呀，随看，随喜，吃不吃都满意，而所有美好都堪汲取，那正是平衡心灵生态的坚实力量。

3月6日。济南。

昨天尚见海口的芭蕉花，果实壮大，花萼片落下，每天每夜都有变化；楝树也已开花，香气悠然。今日则已到山大看花，山桃和望春玉兰均开到最盛，红梅花、粉梅花、白梅花都开得如震如怒摧枯拉朽，而国内外这事件那战事依然不得消停，青岛那边又出现较为严峻的疫情……忽觉得能活着已然是幸运的事，甚至连有病可治、有药可吃也是幸事。而无论世界如何喧嚣，自留一方心田，有所爱的花可看，终究亦可感："老去又逢新岁月，春来更有好花枝。"

归去来兮，对梅花如对故人，唐代卢仝的诗显得可亲："春度春归无限春，今朝方始觉成人。从今克己应犹及，颜与梅花俱自新。"自新永远比丑恶更有清拔力度，朝气蓬勃、自强不息的新新春天在兹，人亦当求真向善，唯美地顽强自新，克己复礼，振奋出新春态度、梅花精神。

新老岁月更好花枝的意蕴，倒可与曾巩《看花》的情怀相印："春来日日探花开，紫陌看花始此回。欲赋妍华无健笔，拟酬芳景怕深盃。但知抖擞红尘去，莫问髟髻白发催。更老风情转应少，且邀佳客试徘徊。"人生遭际，难诉笔端，看花如归，即莫怕莫问莫多虑，探得的每一朵花，记下的每一个春天，都是我们一去不复返的自身。万物生长终究归于自守，欣欣向荣其实源于独处，无论后疫情时代如何，我已期待有花看、有花吃的第四个春天……

《中国博物学评论》，2023，（07）：214-216.

生活世界

操场上的春天

田震琼

我住在云南大理苍山脚下一个叫思乐苑的小区。苍山十八溪之一黑龙溪，与住宅小区只有一墙之隔，在雨季轰鸣作响。

小区里没有物业，居民也不多，却在一所很大的校园里。学校的名字叫大理财校，与大理大学比邻。至今没弄明白这学校和小区的关系。爬上 70 阶台阶，一个红色大牌子赫然在目，上面写着："疫情防控期间，非学校教职员工及学生，不得进入教学区、餐厅及学生活动场所。"其实就是为了提示住在小区的人。学校很早就安装了刷脸测温门禁，每天出来进去都是"体温正常"。偶尔也有不正常的时候，大概是这高原的阳光让测温不准确吧。

我的活动范围小得可怜，每天除了在家里画画，就是到校园里的操场散步，一边用"微信读书"听书，一边看草坪里又长出什么草。这里是我每天必来的地方。不仅因为这里安静和辽阔，更主要的是因为足球场上的草坪。虽然草坪以人工种的牛筋草为主，但其间夹杂着其他的草种和跟随各种媒介来的种子——有风刮来的，也有鸟或人带来的。这野草茂盛得让人喜爱，不过长得太嚣张时就有工作人员用除草机把它们规训得整整齐齐，就像校园里的孩子们一般——草的种类可以不一样，但身高要一致。

足球场是个小生态，偌大的足球场实际上没什么人踢球。偶尔有几个人，也就是守住一个球门象征性地练练。学校每天的体育课只在塑料跑道上进行，所以草坪大多时间比较空闲，而且并没有不停地换草皮，这让野草有了生长的机会。这些不起眼的野草大部分（甚至全部）都曾被当作草药，有的至今还在应用。我采了一把酢浆草，打算学着老姆登的人泡水喝，清洗的时候才发现自己有多愚蠢——里面竟然缠结着人类的青丝，只能作罢。

也不知道草籽都来自何方？在这里生生不息了多少代？反正它们都长得很好，也不在意人们争论它们是不是外来物种，也不管不同地域、不同民族叫它们什么名字。有时候百姓们也是可爱，根本不在乎植物学家的权威。比如蒲公英，东北人就叫它"婆婆丁"。在林奈建立双名法之前，植物也早已有各自的名字。不得不承认，这些植物名的确体现了人类的智慧和审美。但无论什么名字，跟野草本身并没太大关系。

在这草坪小生态下，必然有伴生物种，比如蝴蝶、螽斯、蜻蜓等，射炮步甲在草丛间爬来爬去，偶尔看到一个不动的，拿起来发现其实是个空壳，很轻。这个季节蜜蜂不多，偶尔飞来几只在白花车轴草上停留片刻。草坪上空当然飞翔着各种留鸟和迁移的鸟类，还有其他各种小昆虫。

操场的四周用高大的铁丝网围起来，紧挨着铁丝网外面种了合欢树、松树和必不可少的大青树。红色的塑胶跑道边上种了半圈八角金盘，其中还点缀着两棵木槿。偶尔会看见松鼠沿着铁丝网最上面跑来跑去，然后再从网上跳到树上。戴胜在不远处飞起，白鹡鸰在草坪里蹦来蹦去。那些紧贴地皮生长的狗牙根从草坪里向跑道上延伸，可能因为时间久了的缘故，很多草会从塑胶跑道的裂缝处钻出来，绿绿的一株株，在红色的映衬下格外突出。

这个操场也是应急避难场所。2021年5月21日21时，云南大理州漾濞县发生5.6级地震，我们就在这操场的草坪上搭帐篷避难两晚。震中距离我们只有20公里之遥，当时学生们就抱着被褥睡在塑胶跑道上。

2022年大理的春天来得似乎晚些，大家都觉得冷。大理没有室内取暖，当手脚冰凉的时候只有到室外是最好的选择。但从入冬到春节过后雨水和阴天都比较多，人就不太舒服。无论如何，大自然的力量对人类一定有巨大的影响，这几年深有体会。

这些日子在听有声书《塞尔伯恩博物志》，听着书中的讲述心生羡慕：如今大多数人很难做到对物种进行如此细致入微的观察。如我，每天在围着草坪走一万步的时候，也仅仅是看着鸟儿飞来飞去地觅食。它们当然要跟我保持距离，还会保持相反的方向。戴胜一般不太惧怕人，它只顾埋头找吃的，根本没时间搭理我，至于它在草坪里究竟找到了什么吃的，仅靠肉眼很难发现——因为又远又小。白鹡鸰是球场草坪上最常见的鸟，总是不慌不忙地溜达来溜达去。当然它属于那种小步快跑式的溜达。大部分时间它喜欢在地上觅食，很少能看到它在树上发呆。白喉红臀鹎却不然，它们很少落地觅食，也不到草坪上来。但在草坪四周的树上到处都是它们的身影，特别容易识别。

站在深红色的塑料跑道上，看着长满枯草的足球场，就好像俯视整个非洲草原。沙漠里的树清晰可见，不过这里没有沙漠和树，只有同沙漠一样颜色的枯草、刚刚长出的一年蓬和成片的芥菜。在草坪靠近北面一端，密集地长满了紫花地丁，紫花地丁的花期非常长，好像永远在开。其中点缀着鳞叶龙胆和两种不知名的野豌豆。鳞叶龙胆很小，不认真去找是很难看到的，而且下午也看不到，因为它只在上午开。在这个寒冷的春天里悄悄露出头来的这些野草，在全国各地基本都可以见到，其他国家也很常见。它们何以遍布全世界？想必都有非凡之处吧。

《中国博物学评论》，2023，（07）：217-222.

生活世界

后山森林的一年

郭静[*]

今年（2022年），是我来杭州的第20年，我早已把自己当作杭州人。还有一个爱杭州的四川人——苏东坡，他说："故乡无此好湖山。"

我上班的公司在杭州西溪路559号，步行数百米即可到达西湖群山的西溪谷游步道。从这里，走半小时山路，可到杭州植物园；走一个多小时，可到杭州市区最高峰北高峰。这片群山，是保护了几十年的天然次生林，野趣盎然，有着城市荒野的模样。

过去一年，我的同事们和周围社区居民一起走进了后山这片森林。

12月：山上有小麂、野猪、白鹇

红外相机不是个陌生的物件。在蚂蚁森林保护地，巡护员们的主要工作之一，就是守护红外相机。三江源的藏狐、华北森林的华北豹、西南山地的大熊猫，影像常常在园区播放。2020年，山水自然保护中心的伙伴在杭州青山村安装红外相机，拍摄到小麂、野猪、猪獾等动物。我们工作的这片后山，生境和青山村类似，要是也能拍到小麂，那多有意思。年底，我们邀请来山水的伙伴，也开启了红外相机监测项目。

---

* 郭静（网名"琉璃"），蚂蚁集团社会责任部工作人员。2012—2018年担任阿里巴巴基金会公益委员，开辟自然教育资助板块。其间参与发起第一届全国自然教育论坛、桃源里自然中心、杭州植物达人训练营（并推动成立"浙江山野"）、杭州观鸟达人训练营等。多年来，业余时间在杭州植物园担任公益自然讲解员。2020年，在蚂蚁集团推动公民科学家社团成立，带动员工和周边社区居民走进身边的自然。

不过 10 天，我们就在山上拍到了独自出门觅食的小麂，后来又拍到了各种小麂：早晨、下午、晚上的小麂；大雪天夜晚的小麂；春天和妈妈一起出来觅食的小麂；断了一只腿，依然蹦蹦跳跳的小麂。

也拍到了夜间的野猪，春天，猪妈妈带着 5 只西瓜皮纹路的小猪。

下午 2 点，拍到了炫耀美丽翅膀的白鹇，旁边是低调的灰色的雌白鹇。

还拍到一群鸳鸯，在吃地上的坚果。原来鸳鸯不只生活在水边，也会在树林里停留。

半年后，我们在公司内网介绍山上的小动物，当天登上内网热搜，浏览量近 3 万。

同事们说："没想到后山有这么多小动物，治愈了。""生活不止眼前的代码和 BUG，还有后山可可爱爱的小动物。""小野猪的花纹像西瓜皮。""生态真好，希望这样的美景以及跟小生灵的相处可以长长久久。"

4 月：跟着自然讲解员认识后山的森林

同事舜华姐、燕柒和我，三人都参加过 2015—2016 年"植物达人"训练营，业余时间在杭州植物园和西溪湿地做公益讲解。每天中午，在后山游步道散步

图 1　后山红外相机拍摄到小麂

图 2　后山讲解，偶遇董事长 Eric

的同事络绎不绝。"我们为什么要带身边的同事认识后山呢？因为哪怕一个人也没有，我们自己也是要去散步的。"

2021 年 4 月 17 日，我们开启了第一次后山午间自然讲解。

说来奇怪。我们在那条路上来来回回走了一两年，第一次讲解，我正在讲木荷，就遇到了也来散步的董事长 Eric。我立刻抓住机会，给他讲这杭州山上广为种植的防火林树种木荷。也不知道是谁取的这个好名字。山上的步道边，一片一片全是木荷。盛夏开花时，杭城极度闷热，山下除了荷花乏善可陈，走上山，小清新的木荷好似龙井茶花，淡淡的黄色落了一地。

有这样一个好兆头，我们干劲十足。

5 月，我们邀请"浙江山野"的老师，再次开设植物达人训练营，希望招募热爱植物的学员，培养一批和我们一样的讲解员。

潜伏在人群里的自然爱好者浮出水面，有工程师、设计师、产品经理，还有旁边医院的医生。有趣的是，好些学员的"花名"都和植物相关。一位男同学叫"络石"；一位女同学叫"蒹葭"——家住水边的缘故；一位女同学叫"羽栾"——取自复羽叶栾树。

他们就像 5 年前的我们一样，学习植物术语，学习植物的结构，从营养器官到生殖器官；走进后山，走进杭州植物园，走进西湖群山，从后山植物到杭州植物。学员们分组考试，写讲解稿，

图3　午间一小时，学员画蕨类9宫格　　　图4　远眺葛岭和西湖，1918年（美国社会学家甘博 摄）

考试，上岗，把所学的知识讲给更多人听。我们也成为"植系"亲属，常常相约去看花。其中一些人将成为一生的朋友。

9月，我们开始给学员讲解。游步道上，有南天竹、八角金盘、十大功劳、结香、冬青、苦槠、山鸡椒、无患子、常春藤、紫金牛、小叶蚊母树、玉兰、山莓、黄山栾树、紫苏、泡桐，都是我们常常介绍的植物。最有趣的是夏天介绍蜡梅时，好多学员惊讶地说："啊，这是蜡梅，蜡梅居然长叶子！"

有学员看到初秋的黄山栾树花，看到早春的檫木花，都要说："这不是桂花吗？"

每周五午间一小时，我们讲解了几十次，渐渐小有名气。有时正在讲解，路过的人也会说："又周五了，公民科学家。"不仅我们"植物达人"班学员认识了山上的常见草木，常来的学员也会给人介绍："这是十大功劳，这是南天竹，有毒的。"

我则迷上了蕨类植物，做了自然观察九宫格，带同学们去找井栏边草、贯众、狗脊、芒萁、肾蕨、瓦韦，去观察它们的孢子，有的长在叶缘，有的长在叶背中间，有线形的有圆圆的，圆圆的好像草间弥生的画作；早春，新叶刚刚长出来，像毛茸茸的小拳头。

5月：西湖群山曾经光秃秃

我们想要把后山森林了解得更清楚，就像对保护区一样，做一个本底调查。5月，我们开启生物多样性调研，网格化监测后山动物，调查植物和鸟类资源。

浙江山野的老师和我们一起开展植物多样性调查，不仅拉样方，也查文献。距离我们后山几公里，有个地方叫松木场，就是转运木头的地方。杭州居民修筑房屋、造船等也需要上山取材。近60—70年间封山保护，逐渐恢复了具有野趣的天然次生林。

我们的后山位于北纬30.26°、东经120.10°附近，地处我国东部湿润亚热带季风气候区的北部。据《中国植被》，该区域植被属于中亚热带常绿阔叶林地带（北部亚地带）类型，典型自然植被为青冈、苦槠林。

我们圈定调查的区块，不过0.4平方公里。调查区域内一共记录到种子植物55科105属132种。其中裸子植物3科3属4种，被子植物52科102属128种。另外记录到蕨类植物5科6属6种。群落优势种为秃瓣杜英，它与樟、老鼠矢、枹栎、石栎（柯）共同构成了该群落的主要树种。这些植物，喂养了山里的生灵们。

红外相机监测到松鼠科、鹿科、猪科、灵猫科、鼬科、猬科的8种哺乳动物，其中包括6种"三有"动物。同时拍到24种鸟类，包括国家二级保护动物白鹇。

6月—9月：后山奇妙夜，夏日晚上看竹节虫

6月盛夏，杭州室外灼热，自然讲解难以开展，我们开启了夜观。后山上的这条游步道有人工维护，我们不太有

图5　后山夜观，找到了竹节虫

信心能看到什么。第一次去踩点，估计刚打完药不久，蚊子都没遇到一只，看来看去，不过是蜈蚣、蛞蝓、刺蛾、蚰蜒之类。正垂头丧气，就遇到了一只刺猬，大概初出茅庐，在灯光照射下楚楚可怜。

9月最后一次上山，居然遇到了法布尔的《昆虫记》里善良可欺的昆虫裁判竹节虫。曾经在中科院西双版纳植物园见过一次，没想到在我们的后山也会看到。当你看到了，就会反复看到，走不多久又遇到一只。不到一公里路程，我们边走边看，足足看了三个小时，怎么也看不够。看搬运残缺黄蜂尸骨的蚂蚁；看白背叶后角盾蝽妈妈和她的孩子们；看各种蜘蛛：细长腿的盲蛛、头长得像螃蟹的蟹蛛，还有艾蛛；振动翅膀唧唧不休的纺织娘，也被我们抓了个正着。

在公司内网里发布了后山奇妙夜的

视频，不时有同学来问："啥时候夜观啊？"回答："明年夏天了。"

11月—12月：画博物画，再做一个后山小程序

11月，我们又开了一个班："博物画达人"训练营。说来很简单，我们喜欢博物画，刚好身边就有一位博物画爱好者——杭州植物园的橙子老师。她想找到更多志同道合者。一个招募贴，30人的博物画班就开起来。

我们也重新认识了身边的同事，做品牌策划的同学原来从小就画国画。连续5个周六，从早上9点到下午5点，每个人都交出了令人惊艳的作品。还有同事带着零基础的女儿来，小姑娘说："画画一点也不难，你只要画就好。"

"独乐乐不如众乐乐"，后山森林的故事，我们想要讲给更多人听。不止我们有后山，每个人都有自己的后山。且不闻"采菊东篱下，悠然见南山"，这是中国人的田园梦。

12月31日，"后山森林物语"在支付宝上线，按照时令，每天推出一个植物，有我们的后山植物，也有杭州常见植物。工程师写代码，植物达人们写植物故事，博物画达人画博物画。上线一个月，就超过1000人访问。

结尾

过去这一年，新冠肆虐，世界不太平，杭州也不太平。我们在博物馆、图书馆、敬老院的公益活动时常暂停，但是，走进自然的活动，除了下雨天暂停，其他没有任何影响。我们照常去看春花秋果，走进我们身边的自然，探索它，记录它，讲述它。如我的同事所说："你只有认识它，才能更好地看见它。"

后山森林，永远也看不够。

《中国博物学评论》，2023，（07）：223-232.

书评·动态

以编史学视角看《吉尔伯特·怀特传:〈塞耳彭博物志〉背后的故事》

Review *Gilbert White: A Biography of the Author of the Natural History of Selborne* from a Historiographical Perspective

余梦婷（北京大学哲学系，北京，100871）

YU Mengting (Peking University, Beijing 100871, China)

《塞耳彭博物志》自 1788 年末问世以来，不断重印、再版、移译，成为人类自然观发展过程中的经典文本。书中的观察虽然主要限定在 18 世纪英格兰的小村庄塞耳彭，作者吉尔伯特·怀特（Gilbert White，1720—1793）与自然的交互方式却具有普适性，如保持好奇、亲身观察、关心自然个体，以及宏观层面上的整体把握。

乡村生活让怀特从小就能方便地进行自然观察。此外，怀特出身绅士阶层，有机会接受西方古典语言、诗歌、神学教育，他二十岁进入牛津大学奥里尔学院学习，预备成为神职人员。怀特深受约翰·雷（John Ray）、威廉·德勒姆（William Durham）的自然神学思想影响，这一流派提倡从神的造物，即自然中感受神的存在与智慧。帕特里克·阿姆斯特朗（Patrick Armstrong）在《英国的牧师—博物学家》（*The English Parson-Naturalists*）中，视怀特为牧师—博物学家的典型代表。

怀特在塞耳彭出生，而后在这里度过了人生中大部分时期，并在这里死去。在他去世后，人们遵照他的遗愿，将他安葬在教堂的墓园中，墓碑低调地隐没其间。塞耳彭距离伦敦只有 50 英里，但对外交通十分不畅。这种相对隔绝的地理环境，以及怀特看似单纯的乡村牧师生活，给了后世足够的建构空间。人们塑造出"圣怀特"供自己顶礼膜拜，怀特成为道德良好、醉心自然的隐士。

例如，美国作家洛威尔形容《塞耳彭博物志》是"亚当在天堂的日志"；伍尔夫说这本书是无意识的设计，似乎怀特不是用头脑写作，而是用心写作；爱德华·托马斯盛赞怀特："我们很难在他引领的生活中发现缺点"。（梅比，2021：7）达尔文也深受此书影响，甚至专程前往塞耳彭"朝圣"。

梅比写作《吉尔伯特·怀特传：〈塞耳彭博物志〉背后的故事》（下文简称《怀特传》），核心诉求就是"探究怀特与18世纪塞耳彭内外世界的关联"（梅比，2021a：10），打破人们对怀特的刻板印象，将怀特拉下"神坛"。

怀特"神话"的出现

怀特的神圣化与《塞耳彭博物志》的风行相辅相成。梅比认为，最初版本的怀特神话出现在19世纪20年代、30年代，但正式发端于1830年一名记者在《新月刊》上匿名发表的评论。林恩·巴伯（Lynn Barber）在《博物学的全盛期》（*The Heyday of Natural History*）中写道：19世纪20年代到60年代之间，维多利亚时期的每个神职人员都想模仿怀特，他们默默怀有出版一本属于自己教区的

博物志的雄心（Barber，1980：13）。

实际上在此之前，《塞耳彭博物志》已发行四个版本，虽然梅比认为没有达到预期，但也初具影响力。譬如著名的英国农民诗人约翰·克莱尔（John Clare，生于1793年）在青少年时期就读过《塞耳彭博物志》，并立志要为自己的家乡赫尔普斯顿（Helpston）写一本类似的博物志。

问题是，为什么在19世纪不到一百年的时间里，《塞耳彭博物志》能够出版一百多个版本，并使怀特逐渐成为神话？

梅比着眼于19世纪30年代这个时间节点，认为怀特神话的出现有其政治底色，尤其是当时农村地区的悲惨现状，激起以"斯温上尉"（Captain Swing）为代表的起义，社会动荡不安。时间范围进一步扩展，历史背景可能更复杂。

《在荒野与人文之间：维多利亚文学中的生态学和动因》（*Between Wildness and Art: Ecology and Agency in Victorian Literature*）中，作者给出了一个中肯的总体评论，即《塞耳彭博物志》在维多利亚时期的读者虽然来自不同阶层，但同样面临着劳动形式的改变、宗教信仰的颠覆和生态环境的破坏，于是他们不约而同地把怀特当成一种代表宁静生活的符号。

19 世纪中期的英国工业革命基本完成，工业发展迅猛，越来越多的工厂建立起来，随之有了定居城镇的工人阶级，城市的肮脏、拥挤和人们记忆中乡村的开阔、宁静形成反差。但同时，乡村经济体系也在发生变化，始于 15 世纪末的圈地运动愈演愈烈。这一方面是为了建立大农场，让土地的利用变得专业化，扩大生产，为城市人口提供口粮；另一方面，圈地造成农民被迫与土地分离，成为出卖劳动力给工厂的工人。

在农业经济向工业经济转变的过程中，各阶层的人都有不同程度的不安感。于是人们把理想中的田园生活投射到怀特身上。怀特笔下的塞耳彭尚未被圈地运动波及，仍然保留着公地，村民们可以在广阔的公共土地上自由地搬迁、放牧、捡拾柴火，传统的简单生活能够得到保障。梅比颇为赞赏这种公地制度，在《怀特传》中多次提及。

怀特还被 19 世纪的英国人用来对抗世俗化。他们将怀特视为自然神学的实践者，认为怀特示范了如何有益地过休闲时间，怀特表现出来的对神的造物的沉思、静观，让他成为道德和宗教上的榜样。

巴伯则认为，博物学对外行的友好，使得它在这一时期流行开来。与此相对的是，科学的专业化让普通人无法参与。

19 世纪的诸多编辑对《塞耳彭博物志》推崇备至，也是出于这个原因。此外，当时的一些人不满于技术文明的傲慢，反对科学在认识自然上的割裂感，反对科学家与社会和自然的区隔，提倡一种整体性，在他们看来，怀特与自然的相处模式，恰好体现了人与自然的和谐统一。

从历史编纂的角度来看，正如乔纳森·克拉克（J. C. D. Clark）在《1660—1832 年的英国社会》（*English Society, 1660—1832*）中所言，19 世纪的英国人对社会整体的建构有人为制造对立的倾向，他认为乡村与城市、现代与传统、宗教与世俗等二元对立的表述，模糊了中间立场在英国人生活中的意义。如果摆脱二分法来看待怀特，他身上体现出的所谓传统与现代、感性与理性的矛盾，也就不复存在。梅比的《怀特传》做到了跳出二元对立的框架，注重呈现怀特完整的生活，这是破除"怀特神话"的关键。

梅比重新编写怀特传的困难

写作怀特传记并非易事。首先，关于怀特的性格特征、生活细节、宗教信仰、思想情感等，信息不多。其次，在梅比之前，已经有一些介绍怀特的专著，基本资料已被发掘和使用。

沃尔特·约翰逊（Walter Johnson）著有《吉尔伯特·怀特：诗人、先驱和有格调者》（*Gilbert White: Poet, Pioneer, and Stylist*），该书按主题写作，由"怀特其人""怀特的工作""生态学""昆虫""植物"等篇章构成。沃尔特·斯科特（Walter Scott）的《塞耳彭的怀特》（*White of Selborne*）是一本不太严肃的传记作品。R.M. 洛克利（R. M. Lockley）的《吉尔伯特·怀特》（*Gilbert White*）、塞西尔·埃姆登（Cecil S. Emden）的《吉尔伯特在村庄》（*Gilbert White in the Village*）都比较简短。（Mullett, 1969）梅比在《怀特传》中对沃尔特·约翰逊、塞西尔·埃姆登的作品有所提及。

拉什利·霍尔特–怀特（Rashleigh Holt-White）两卷本的《吉尔伯特·怀特的生活与通信》（*Life and Letters of Gilbert White*）非常值得重视。拉什利是怀特弟弟的曾孙，他从追溯塞耳彭怀特这一脉的家族起源开始，事无巨细地列出了怀特一生的各种经历，将怀特写给亲友的书信按时间顺序编辑到一起，出版了这套珍贵的资料集。《怀特传》中的主线事件、出场的重要人物，都可以在这本书中找到相应的材料。

单从信息量而言，梅比很难有新的

贡献，但梅比的叙事自有其独到之处。

《怀特传》的编史特点

梅比讲了一个有起承转合的故事，相比上述著作，《怀特传》在简略概括和详尽罗列之间达成了折中。梅比通过一定程度的节略，既避免了信息堆积，又填充了足够多有利于塑造人物的细节。

《怀特传》虽然是一本通俗读物，对怀特的研究却很扎实。梅比并不倚重关于怀特的间接材料，而是主要仰赖怀特本人的手稿、作品、书信，包括《塞耳彭博物志》《博物学家日志》，怀特关于燕科的几篇论文，拉什利的《吉尔伯特·怀特的生活与通信》，以及拉什利编辑的另一本书信集《给塞耳彭的吉尔伯特·怀特的信》（*The Letters to Gilbert White of Selborne*，该书收入了怀特的好友马尔索写给他的大量信件）。怀特终身保持记账习惯，梅比从一笔笔开销中寻找证据，拼凑怀特的生活，但他坦承，这种考古发掘般的做法只能提供"可能性"多于"确定性"的猜测。汉普郡档案馆、牛津大学莫德林学院档案馆、塞耳彭的吉尔伯特·怀特博物馆等，也是梅比重要的资料来源。

梅比不只从文本解读怀特，还实地

考察了塞耳彭。这个村庄在怀特去世后的三百年间没有太大变化，垂林、之字小路、穿过村子的主街、经受风吹雨打凹陷下去的小道，仍然直观可感。在怀特故居改造而成的博物馆里，工作人员孜孜不倦地尝试复原怀特的花园，通过分析怀特留下的文字推测他究竟栽下了什么植物，并重新种上。

梅比并非职业的历史研究者，但他的《怀特传》十分具有历史感，梅比很克制自己对怀特及其工作的价值判断，对怀特整体上抱持一种冷眼旁观的态度。有意思的是，这与梅比在其他著作中的表现很不一样。譬如在《树的故事》（*Beechcombings: The Narratives of Trees*）中，梅比评价怀特"是一个典型的启蒙主义者……是第一个醉心文学的生态学家，在面对自然生命和自然风景时，他是第一个既能认真观察又能诗意欣赏的作家，是塞耳彭这个地方让他拥有了全新而独特的视角"。（梅比，2021b:160）

《怀特传》是梅比为数不多的二阶作品，他本身是一位很高产的自然作家，出版了大约三十本著作，绝大部分是以一阶的自然观察为基础，主题为杂草、树木、鸟、可食用植物等。这样一位博物实践者在面对怀特时，认为"相比怀特看待世界及他在其中的位置的方式，

他的科学发现（常常被夸大）就没那么重要了"。（梅比，2021a: 12）由此也突出了《怀特传》的另一个编史特点，即梅比没有用超越怀特时代的思想、理论去编辑怀特。

相较之下，唐纳德·沃斯特（Donald Worster）的《自然的经济体系：生态思想史》（*Nature's Economy: A History of Ecological Ideas*）将怀特置于生态学史的起点。书中区分了两类自然观：以怀特为代表的阿卡狄亚式，强调对本地的、小范围内的自然进行亲自观察；以班克斯为代表的帝国式，依靠庞大的人、财、物力，支撑对外扩张、探险，寻求对异域的认知。沃斯特对怀特的追溯，对当下处理人与自然的关系很有启发性，但生态学是 1866 年出现的术语，用这个后造的术语将怀特吸纳到生态学史中，难免会有时代错误的问题。

国内研究者程虹在《宁静无价》中高度评价怀特："不只是一位写了部不朽之作的作家，而且是一个行动的、有创造性的人。他的生活方式成为后人效仿的楷模"（程虹，2014：185），并将他与爱默生（Ralph Waldo Emerson）、梭罗（Henry David Thoreau）、约翰·巴勒斯（John Burroughs）、约翰·缪尔（John Muir）、托马斯·哈代（Thomas Hardy）等一起，置于英美自然文学的类目下。

而怀特天然的身份是博物学家，戴恩斯·巴林顿（Dianes Barrington）曾形容他是一位"博览群书和善于观察的博物学家"（霍尔特-怀特，1901：170）。《探赜索隐：博物学史》（*Deep Things out of Darkness*）简短介绍了从亚里士多德到卡森（Rachel Carson）的数十位博物学家，作者安德森（John G. T. Anderson）将怀特放在第七章"走向身边和远方"，和沃斯特一样拿怀特与班克斯作比较，优点是将其放在博物学史的脉络下叙述。但遗憾的是，全书跨越的时间很长，涉及的人物众多，分配给怀特的篇幅很有限。

以上这些著作各有自己的主题，作者往往选取怀特的某些片段，和其他描述对象共同构成对该主题的呈现。若希望对怀特有更全面、更准确的认识，一部篇幅充足、编史观念适宜的传记必不可少。梅比写作《怀特传》的出发点之一，也是他意识到，对于《塞耳彭博物志》这样一部影响深远的作品，我们对其作者的了解却少得不相称。

《怀特传》的叙事重点

梅比以时间为线索进行写作，但并非毫无侧重和拣择，书中以下几个方面令我印象深刻。

自然神学为 18 世纪的博物学提供了思想背景和观念基础，根据德勒姆《自然神学》一书的副标题，自然神学的戒律大体上是："神的造物证明了他的存在和属性。"（梅比，2021a：11）所以对于怀特而言，亲近、观察、了解神的造物，就是过一种神圣的生活。也许是为了表现怀特深受自然神学这一流派的思想影响，梅比从怀特少年时期带到贝辛斯托克的长长书单中，只摘取了威尔金斯（Walkins）的《自然宗教》(*Natural Religion*)、汤姆森（Thomson）的《四季》（*The Seasons*）放到《怀特传》中。梅比还特别提到，怀特在奥里尔学院的指导老师是爱德华·边沁（Edward Betham），后者三十岁出头就成为神学家，所以他推测怀特很可能会和老师讨论自然神学。

其次，梅比大量着墨于怀特在牛津的学习，他对城市生活的享受。于是我们看到，怀特会在咖啡馆里喝着苹果酒与朋友聊天，会去骑马、打猎、河上泛舟。他曾两度尝试回到牛津工作和生活，因为他"喜欢牛津这座城市，喜欢这里的学术氛围，以及作为大学教师可以享受的文化生活"（梅比，2021a：74）。他在奥里尔学院担任学监时，也毫不介意穿着华服四处巡视，并不是朋友马尔索想象中那个沉思者。他曾顺应英格兰绅士阶层的潮流，在假期外出游历，探索自己未来的方向。怀特一生都没有得到固定的牧师职位，只有过几段助理牧师的经历，也因此，他一直没有放弃奥里尔学院提供给年轻毕业生的过渡性职位，即学院的研究员。在马尔索看来，怀特是"被困在塞耳彭"，并且这是"个人情感、境遇和习惯等错综复杂的原因交织在一起的结果"。（梅比，2021a：110）梅比的这番刻画，让我们看到，怀特并不是天生的隐士。

即便怀特退隐至地理上封闭的塞耳彭，并不表示怀特本人信息封闭，《怀特传》充分体现了怀特发达的社交和通信网络。他在牛津学习期间交友广泛，这些朋友此后一直与他保持着联系。在怀特庞大的通信网络上，信件、书籍、报刊、标本等源源不断地被寄送、接收。除了《塞耳彭博物志》里两位著名的通信者托马斯·彭南特（Thomas Pennant）和巴林顿，怀特和自己的姑姑、弟弟、妹妹、诸多朋友，以及后来的众多后辈都有大量通信。弟弟约翰（John White）在直布罗陀担任随军牧师时，怀特也写信指导约翰进行博物探究，了解当地物种，讨论鸟类迁徙。他们还可以直接和班克斯、林奈等写信交流。怀特在经营自己花园的过程中，和许多专业的园艺家和商人有联络，以获取植株、种子，交流技艺。

梅比通过展现怀特普通、平常的一面，颠覆了怀特旧有的隐士形象甚至"圣人"形象，这非但不妨碍，反而有利于我们仿效他与自然、与地方的关系。梅比以他对自然的敏锐感受力，捕捉到了怀特对自然的观察、记录和描述。梅比拣择出《花园日历》《博物学家日志》《塞耳彭博物志》中的许多片段，梳理出怀特打理花园、建造小型工程、在塞耳彭四处漫步的日常生活，让人读来颇为亲切，仿佛看到身边一个老朋友的生活。

梅比对《塞耳彭博物志》成书过程的详细分析，则显示出怀特在筹备、写作、编辑该书时颇费心思，这是怀特"智慧与辛劳的产物"，不是像"鸟儿会唱歌"那样的天赋之物。怀特并非维多利亚时期塑造出的"原始人"。（梅比，2021a：8）

1770年春，巴林顿提议怀特出书时，怀特拒绝了。但就在同年，怀特向约翰透露了写书的想法，他建议两人选定一年，把各自现有日志中的所有观察集中到这一年，据此可以对两个地方做一番比较。1771年1月，怀特的想法有所变化，他向彭南特透露，想以日记的形式写一本1769年的塞耳彭博物志，提供一个范例，让各个地方都能照此记录各地的博物志，然后汇集起来，便是一本完整、详尽的博物志。到1774年时，怀特在给弟弟约翰的信中，就有了最终出版的《塞耳彭博物志》的写作说明，也就是把长达半个多世纪的书信结集到一起，再加上一些介绍乡村的环境和古文物的内容。怀特准确地预言了自己的拖延，因为真正成书还要等14年。

梅比进一步分析了怀特为什么会采用书信集的形式。他认为，第一是易于出版，只需稍加编辑即可；第二是可以使用大量原始材料，因为很多材料已经用到彭南特的《不列颠动物志》新版里，直接以书信的形式出版可以避免抄袭指控。再者，如果重新写成散文，时间的维度会大大折损，用书信的形式，可以让读者直观地感受到塞耳彭的季节变换。

梅比通过对比手稿和成书，发现了怀特做的很多编辑和增补工作。前9封"信"介绍教区的地理环境、景色和历史，为全书搭建起一幅背景图，后6封"信"表现天气带来的影响能超越地理限制，但它们都是假信，是怀特为了作品的完整性补写的。66封"致戴恩斯·巴林顿的信"中，有多达40封没有寄出去，有15封给彭南特的信也是如此，这些没有寄出的信件也标出了日期。即便是确实寄出去了的信，有的也会被拆散，有的又被整合，有的日期做了修改。

怀特在书籍出版方面，可谓顺应流行趋势、照顾大众读者，这从他给《直布罗陀动物群》的出版建议可以看出。他让约翰多写逸闻趣事和专题文章以取悦读者；当时流行图画书，他不但建议约翰尽量多插入一些整版插画，他也没有听从好友马尔索的建议，不能免俗地在《塞耳彭博物志》中加入了插图。怀特还批评约翰的写作，句子过长，描述重复，文风散漫，用拉丁语会增加读者阅读负担。最重要的是，怀特很清醒地认识到，也毫不避讳地向约翰指出，博物学在当时是一个好卖的主题。这些细节都展现了怀特的平常，甚至"庸俗"。

最后是梅比对怀特的一点辩护。有人批评怀特对村民的描写太少，即便描写人，也是写麻风病人、白痴男孩等，仿佛他们不是人，而是别的物种。梅比则主张，村民和当地文化早已渗透在《塞耳彭博物志》中，村民们在怀特的影响下，成了不错的观察者、描述者，他们会给怀特带来自己发现的新奇物种，转告怀特各种消息，"怀特的日志中满是村民协助他的具体事例"。（梅比，2021a：211）所以梅比认为，怀特的《塞耳彭博物志》是公共知识与个人见解的联姻，怀特使用的语言、对当地土壤的认识，都是长期积累的集体智慧和经验。

所以，梅比也无须像《吉尔伯特在村庄》那样，专门辟出章节讲述怀特与邻居、与助手仆人的相处，这些都隐含在他对怀特日常生活的描述中了。

《怀特传》的另一些可能

梅比的写作收敛在怀特个人的生平经历，贡献了一部优秀的人物传记。不过，对于如何编撰怀特的一生，梅比也只是给出了一种可能。

梅比没有过多探讨怀特对古文物的研究，而怀特最初的完整版作品是《塞耳彭博物志与古文物》，只不过从 1813 年开始，绝大多数版本都省去了古文物这部分内容。若是能就这一部分进行考察，怀特作为一位博物学家的形象可能会更完整。

此外，不熟悉 18 世纪英国历史的中国读者，可能会在阅读中产生不少疑问。假使我们能够将怀特置于大的历史背景下来呈现他独特的地方性，或许也会很有趣。比如，怀特虽然没有透露宗教生活的细节，但我们可以扩写英国当时的宗教信仰、教会组织，以及自然神学在其中的位置，因为这是怀特生活世界的一大基调。再比如，怀特经历了怎样的大学教育，知识在当时的生产和传播情形如何，为什么梅比会在书中提到

怀特就读的牛津大学腐败、堕落？在印刷术不那么发达时，书籍是很昂贵的物品，一本书的出版意义重大，若能从印刷技术、出版业状况的角度加以扩展，是否可以更清楚怀特及其著作在当时的地位？英国的对外扩张也是一个重要的背景，我们如果区分出以班克斯为代表的帝国博物学，以怀特为代表的阿卡狄亚式博物学，二者之间会呈现出怎样的对比、联系，或相互补充？循着诸如此类的问题，《怀特传》似乎还可以呈现出更多样貌。

结语

以编史学的视角来看，相比套上了"两百年历史构成的强大外壳"（梅比，2021a: 38）的"圣怀特"，梅比无疑成功地重塑了怀特的个人形象，使其变得立体、鲜活。怀特不再定格为一个严肃认真的中年人，而是历经了相对孤独的童年、兴致勃勃的青年，再达到总体上平和但不时感到焦虑、落寞的中年，最后是热热闹闹、怡然自得的老年。怀特的生活也并非一直很宁静，他也会遭遇复杂的人际关系和大大小小的生活波折，大到"职场"失意，小到晕车困扰。这样的怀特，更接近我们普通人，他所展现的与自然的相处方式，也更有现实

意义，更可效仿。

我们如何在历史中去定位怀特及其作品，是一个更复杂的问题。基于梅比在《怀特传》中的呈现，我们可以看到怀特作为博物学家的诸多特点、行为，那么把怀特放在博物学史中，大概是可行的。

参考资料：

程虹（2014）. 宁静无价：英美自然文学散论. 上海：上海人民出版社.

克拉克（2014）. 1660—1832 年的英国社会：旧制度下的宗教信仰、观念形态和政治生活. 姜德福译. 北京：商务印书馆.

刘华杰（2017）. 论博物学的复兴与未来生态文明. 人民论坛·学术前沿，（05）：76–84.

刘华杰（2018）. 西方博物学文化. 北京：北京大学出版社.

梅比（2021a）. 吉尔伯特·怀特传：《塞耳彭博物志》背后的故事. 余梦婷译. 北京：商务印书馆.

梅比（2021b）. 树的故事. 吴碧宇等译. 武汉：长江文艺出版社.

梅里尔（2021）. 维多利亚博物浪漫. 张晓天译. 北京：中国科学技术出版社.

唐纳德·沃斯特（1999）. 自然的经济体系：生态思想史. 侯文蕙译. 北京：商务印书馆.

吾文泉（2021）. 圈地运动与英国文学的乡村叙事. 南京：南京大学出版社.

殷斐斐（2011）. 19 世纪 30 年代英美社会"怀特崇拜"现象探究. 北京师范大学.

约翰·G.T. 安德森（2021）. 探赜索隐：博物学史. 冯倩丽译. 上海：上海交通大学出版社.

Armstrong, Patrick (2000). *The English Parson-Naturalists: A Companionship Between Science and Religion*. Wiltshire: Cromwell Press.

Barber, Lynn (1980). *The Heyday of Natural History*. London: Jonathan Cape.

Dories, Jeffrey S. (2010). *An Ecocritical Examination of British Romantic Natural History Writing: The Literature of a Changing World*. Bloomington: Indiana University of Pennsylvania.

Holt-White, Rashleigh (1901). *Life and Letters of Gilbert White*, 2 vols. London: John Murray.

Lipscomb, Susan Rae Bruxvoort (2005). *Between Wildness and Art: Ecology and Agency in Victorian Literature*. University of Illinois at Urbana-Champaign.

Mabey, Richard (1986). *Gilbert White: A Biography of the Author of the Natural History of Selborne*. London: Profile Books.

Mullett, Charles F. (1969). Multum in Parvo: Gilbert White of Selborne. *Journal of the History of Biology*，2（2）：363–389.

"博物·生态讲书会"纪要

赵梦钰、双皓

编者按：古老的博物之学并未因其"肤浅"而在高科技时代丧失活力，博物学文化研究也应当不断开拓视野。边疆史、环境史、生态哲学、环境美学、公民博物实践、自然教育、自然文学、生物多样性保护、地方性知识、可持续发展研究等与博物学文化有某种内在关联，最近十几年相关图书层出不穷，通过学者报告的形式可以打通相邻研究领域之间的隔阂。在刘华杰、徐保军的倡议下，中国自然辩证法研究会博物学文化专业委员会从 2021 年 3 月开始举办线上"博物·生态讲书会"。协办单位有北京大学科学传播中心、南方科技大学科学与文明研究中心、四川大学文化科技协同创新研发中心、清华大学科学史系、北京师范大学科学史与科技哲学研究所、北京林业大学马克思主义学院。本活动由徐保军主持的北京林业大学一流学科建设项目"生态文化的建设与传播路径探索"（2021XKJS0212）提供部分资助。活动侧重于介绍、分析近期出版的二阶博物学图书；通过腾讯会议在线上举行，设主持人、主讲人、评论人，每次参加人数约 100 人；活动周期不

定，大约 2—3 周一次，通常在周六晚 19：30 至 21：00。以下选择部分内容加以报道。

第 12 次"博物·生态讲书会"

2021 年 12 月 11 日，第 12 次活动，主题是美国生态学家、博物学家安德森（John G.T. Anderson）所著《探赜索隐：博物学史》（*Deep Things out of Darkness:A History of Natural History*）。主讲人为本书中文版译者景观设计师冯倩丽，点评人为西北大学教师杨莎，主持人为四川大学教师王钊。本次活动的精美海报由北京大学博士研究生官栋䜣设计，活动开始之前便获得广泛好评。

本书作者约翰·G.T. 安德森于获奖视频感言中表达了对译者的感谢：译者不仅出色地完成了翻译工作，还把中文版的图书封面设计成了一件美丽的艺术品。一本好书，除了作者的努力，好的译者同样重要。在此感谢包括冯倩丽在内的广大译者的辛勤付出。

《探赜索隐：博物学史》的英文版于 2012 年出版，中文版由上海交通大

学出版社于 2021 年出版（列入该社"博物学文化丛书"第 17 种）。作者并非科学史、科学哲学领域的学者，但他熟悉一阶博物学，为非专业人士撰写了一部通俗、别具特色的博物学简史。译者冯倩丽为北京大学文学学士、理学硕士，康奈尔大学景观设计学硕士，景观设计师，自然爱好者，著有《草木十二韵》。冯倩丽的报告包含如下内容：《探赜索隐》简介、选读和评价；《探赜索隐》中博物学家的成长路径；翻译过程和封面设计；一个业余博物学爱好者的可能性；个人所经历的美国博物学文化。

全书将博物学家们鲜活的个人经历串联成为一部博物学史。冯倩丽解释说，这是因为作者认为每个人都是这个长故事上的一环，而不应是一名旁观者。这种倾向影响到作者的编史网格，他愿意用一定笔墨细腻地描绘一些重要人物在关键历史节点的故事。冯倩丽花费大量精力，特意制作了数张图表以说明书中诸多人物环环相扣的关联。通过介绍博物学家生活时代的特征和人物特点，刻画博物学家们跨越时空的关联。如巴特拉姆父子、布封、洪堡、刘易斯和克拉克，通过美国总统杰弗逊而联系在一起。在冯倩丽看来，作者写作的另一个特点是，非常善于站在历史人物的处境思考问题。比如，以现代观念难以理解

历史上博物学家的一些典型行为，放在历史与境和生态主义的视角中就变得可理解。利奥波德射杀一只鹅完全是出于对鹅及其生存环境的喜爱和尊重，而胡克表达对博物学探险向往的方式则是希望亲手敲开企鹅的脑壳。安德森能够理解博物学家受时代限制的一些行为，而不去做出不恰当的评价。报告快要结束时，冯倩丽特别引用了安德森的一句话："我们生来都是博物学家，随后的发展则取决于每个人的机会、环境和境遇。"冯倩丽还用一些时间介绍本书的翻译过程和自己博物学的实践，以及她所了解的当代美国民众参与博物学的状况。在美国读书期间，她拜访过梭罗的林中小屋，也曾前往美国国家公园旅行。在冯倩丽看来，美国具有很浓厚的博物学文化氛围。在线上，有供博物学爱好者进行植物鉴定和交流的专门社群。在线下，比如大沼泽地国家公园会提供骑警（Ranger）导览项目，为游客讲解公园的典型物种。在国内时冯倩丽对于远足、植物、绘画很有兴趣，来到美国又迷上了观鸟活动，仅仅透过自家的窗户便观察记录了大量鸟类。

杨莎评论，本书所预设的读者是学生和博物学爱好者，所以内容以叙述为主，而评论较少，而且作者将主要篇幅都留给了田野博物学家，因为他们的经

历更加丰富有趣。这样做的缺点是博物学史的发展脉络呈现得不够清晰，但作者本就志不在此。其优点正是作者的用意所在，即激发读者"探索的热望，无论去环游世界还是观赏自家花园"。在这一点上作者很成功。

在书的最后，安德森同样呼吁复兴博物学，不过杨莎指出，安德森想要复兴的是"科学博物学"而非大众博物学。在安德森看来，现代生态学过于依赖实验和量化研究，而传统的博物学方法仍然是有用的，对某一地区长期严谨的博物学记录将有助于物种行为学和环境变化的研究。作者对梭罗评价不高，在作者看来梭罗对自然的态度贬低了博物学的科学地位。

在讨论环节，刘华杰介绍引进本书的初衷并非完全出于二阶学术研究目的，主要还是想在实践层面推动中国的博物学发展。国内大量博物学爱好者、实践者对博物学文化传统缺乏必要的了解和认同，此书有助于改变这样的局面。当然，一两本书是不够的，西方博物学史需要反复写，本书只是一个开端；中国的博物学史也是如此，难度可能更大。书写博物学史，不宜本质主义地理解 natural history 或者"博物"，建构论的立场可能更合适。此书正标题来自《圣经》，没什么特别之处，副标题

A History of Natural History 却值得思考。安德森通过个人视角书写了一种他理解的"博物学史"，他的用词不是"科学史"。王钊、冯倩丽、杨莎分别回答了听众关心的几个问题。最后，王钊预告了 3 周后第 13 次活动的主题及主讲人。

（北京大学哲学系博士研究生双皓供稿）

第 13 次"博物·生态讲书会"

2022 年 1 月 2 日，第 13 期活动，主题是美国早期环境运动领袖、生态文学家、博物学家约翰·缪尔（John Muir，1838—1914）所著的《冰川如斧：神奇的山脉整容术》（*Studies in the Sierra*）。主讲人为本书中文版译者周奇伟，点评人为北京大学哲学系教授刘华杰，主持人为四川大学教师姜虹。徐保军和王钊为系列讲座做了许多前期工作；本次活动的海报和微信推送由北京大学博士研究生官栋訢设计、排版。

《冰川如斧：神奇的山脉整容术》英文版由塞拉俱乐部（the Sierra Club）于 1950 年出版，书中收录了缪尔自 1874 年至 1875 年间发表在《陆路月刊》（*Overland Monthly*）的七篇讨论冰川的文章，这些文章在 1915 至 1921 年间曾在《塞拉俱乐部公报》（*Sierra Club*

Bulletin）重刊。本书主要内容是缪尔关于美国内华达地区山谷起源的冰川地质学研究汇总。经过长期实地考察，缪尔论证了冰川运动才是该地区丰富多姿的山谷地貌的主要成因。缪尔的冰川地质学研究和对自然的洞见是超前于当时美国地质学界乃至整个时代的，但是他的这一成果在当时并没有为地质学界所接纳，也没有为推动冰川地质学的发展起到明显作用。直到 20 世纪 30 年代以后，科学家们通过其他途径认识到冰川运动对塑造地貌的巨大影响后，才对缪尔当年的工作给予了肯定。《冰川如斧》中文版由北京大学出版社于 2021 年 11 月出版（列入"沙发图书馆·博物志"系列），译者周奇伟 2002 年至 2014 年就读于北京大学哲学系，导师吴国盛、刘华杰，读研期间研究约翰·缪尔的博物学和环境思想。周奇伟的报告分为如下四个部分：缪尔的成长经历；《冰川如斧》成书背景；作品内容简介；翻译此书的初衷和翻译思考，以及缪尔的博物学思想。

周奇伟从缪尔的父辈和他的童年讲起，介绍了缪尔写作《冰川如斧》之前的主要人生经历。1838 年 4 月 21 日，约翰·缪尔出生于苏格兰东海岸的邓巴（Dunbar）。在他 11 岁时，缪尔一家从苏格兰漂洋过海，前往美国大陆，并最终在威斯康星州定居，自此开启了农场生活，作为家中长子的约翰·缪尔承担起了家中农场的大部分农活。随着年龄增长，缪尔逐渐喜欢上了读书，并在阅读过程中接触到对其一生影响重大的蒙戈·帕克（Mungo Park，1771—1806）和亚历山大·冯·洪堡（Alexander von Humboldt，1769—1859）的作品。青年时期的缪尔具有发明机械的潜力与雄心，他曾在 1860 年夏末带着自己的发明乘坐火车前往麦迪逊参加博览会。此后缪尔离家闯荡，随后进入威斯康星大学学习。然而，缪尔最终没有完成学业，两年半之后，他决定离开学校，投身自然这座"荒野大学"之中继续人生的修行。此时的缪尔被裹挟在工业社会的飞速发展和探索自然的渴望之间反复摇摆，他既想进入大工厂学习更多的技术进行创造发明，又想远游以亲近自然。然而，1867 年在工厂车间发生的一次意外事故使缪尔差点丧失视力，这一经历坚定了他余生探索自然的信念。受洪堡的影响，加上挚友珍妮·卡尔的鼓励，缪尔开始了一次穿越美国南部、西印度群岛以及南美洲的宏伟植物学远足探险。自此，缪尔彻底投身自然，在许多人迹罕至的峡谷山峰留下足迹，其中就有《冰川如斧》所描绘的优胜美地山谷。

1871 年 10 月，缪尔在优胜美地的野外考察中发现了内华达山区的活动冰川，并于同年 12 月发表题为《优胜美地的冰川》（Yosemite Glaciers）的文章来说明冰川是塑造当地地貌的主要因素。这一结论对当时地质学界主流的灾变论提出了挑战，并非地质学科班出身的缪尔和他的冰川侵蚀论不但没能引起学界的重视，反而遭到代表地质学界主流意见的惠特尼及其支持者们的指责和嘲讽，这也激起了缪尔进一步证明自己结论的决心。经过多年实地考察和记录，在 1874 到 1875 年间，缪尔陆续以 "Studies in the Sierra" 为题发表了七篇文章，较为完整地讲述了冰川理论和冰川活动对该地地貌的塑造，这些文章正是《冰川如斧》的主要内容。这些文章在当时只是在非学术的杂志上发表，没有出版成书，也没对当时的地质学界造成多大影响。直到 1930 年，学界普遍接受了冰川运动是内华达山区峡谷地貌的主要成因后，缪尔的工作才得到追认。但是值得注意的是，无论是在当时的地质学界还是今日的缪尔研究中，他在地质学方面的工作一直没有受到足够的重视。

除了讲述缪尔的生平、分享《冰川如斧》一书相关的背景和主要内容，周奇伟也向听众简要介绍了缪尔的博物学思想。缪尔的环境思想和环境运动主张，很多都源于他的博物学考察工作。第一，和同时代的许多学院派博物学家不同，

缪尔博物学的最大特点是强调亲身体验自然，他也因此建立起了和自然之间强烈的亲近之情。第二，缪尔的博物学工作是对自然进行整体而全面的观察。他认为整个自然是一个和谐一致的整体，无论是观察植物、动物还是岩石，都是将其置于整体的背景下。缪尔选择观察对象以及观察视角的与众不同，使他的博物学包含了很多独具特色但也容易被忽略的事物。第三，缪尔的博物学作品具有很强的文学性和可读性，他也被认为是生态文学家。第四，缪尔博物学始终闪现着神性的光辉。这里所说的神性不是一种以清晰的形象出现的宗教意义上的神，而是指一种看待自然万物的态度。在缪尔眼中，世间万象没有褒贬。无论是狂风暴雨洪水泛滥，还是动物界捕猎，花草相生相克，这些都是自然，应当得到平等的对待，正是这种在神性光辉笼罩下的博物学思想，才使得缪尔走向非人类中心主义的环保之路。

周奇伟认为，译者坚持翻译一本书，意义之一便是选择一本好书，通过将之翻译出来呈现于读者面前的方式向读者推荐。他认为《冰山如斧》这本书对于缪尔本人意义重大，缪尔在一生中最好的年华投入大量精力所做的工作就是考察冰川地质学，这是缪尔自己认可的一项有价值的工作。也就是说，要想了解

缪尔，这本书很重要。另外，这部作品的语言优美，具有很强的可读性。文章内容兼具科学性与文学性。读者可以通过这本书了解冰川塑造山脉的理论，更为重要的是，当读者在日常生活和外出旅行中看到其他山的时候，或许可以触类旁通，在熟悉的风景中发现别有一番精彩的自然世界。在讲座的最后，周奇伟和大家分享了缪尔在博物学考察方面的其他工作，展示了他所绘制的博物画、制作的植物标本，以及字迹优美的手稿。

在点评环节，刘华杰首先对周奇伟的报告进行了简要回顾，并给予了充分肯定，认为周奇伟对缪尔的了解是非常全面、细致的。刘华杰结合缪尔的案例，就博物者和科学家所做的工作之间的关系做了讨论。19世纪60—80年代美国的地质学作为一门学科走向成熟，但是缪尔并非科学共同体的一员，其冰川研究虽然更加全面、深刻、正确（事后看），却不为当时的科学共同体所接纳。地质学权威惠特尼（Josiah D. Whitney, 1819—1896）嘲笑缪尔，认为博物者缪尔的冰川成因说是牧羊人（羊倌）的荒谬想法；惠特尼的追随者金（Clarence King, 1842—1901）继续贬低缪尔，说业余人士缪尔休想蒙骗对加利福尼亚颇为熟悉的地质学家们！几十年后，地质学界的主流观念发生了变化，人们回过头来才意识到，博物者缪尔早已给出了先于时代认知的正确结论。刘华杰特别强调，缪尔所做的工作并非只是对科学的补充，科学界承认与否虽然重要但并非特别重要。缪尔不仅仅是一名潜在的科学家、不够格的科学家、没有被科学共同体接纳的科学家。以科学和科学家为中心来理解缪尔，不是唯一可行的编史方案。那样理解或许是对缪尔博物学工作意义的误解和贬低，令其最迷人之处消失、被遗忘。缪尔当时也确实希望别人认可他的工作，他想了许多办法，动用了一些关系，但不成功。今日我们重提缪尔的探究，要努力发掘其独特性，我们并非单纯为了理顺冰川学、地质学、自然科学的历史。缪尔作为博物学家进行冰川探究，对当地大自然极其热爱、崇敬，其工作套路不同于当时主流科学界的调研方式，他写的文字也不是标准的科学论文，发表作品的刊物也不是自然科学期刊。谁也不能说缪尔当初为大众写作没有意义。缪尔对优胜美地山谷有长期而全面的了解，惠特尼等科学家做不到这一点，也不想做。除了可以收编为科学成果的那一点东西外，缪尔那里还有许多宝贝。北大出版社翻译出版缪尔这部书，其科学意义不大，科学家和科学史家通常不在乎缪尔150年前取得的那一点"可怜的成就"，绝大多数地质学教科书和科学史著作都不会提及缪尔的工作，那为什么还要特意出版呢？就是要让今日喜欢博物学的人看清楚缪尔当初做了什么，其 historia 是如何操作的，我们从中能借鉴什么。如今中国人已开始在乎缪尔的环境思想、文学写作等，还应当更细致地了解缪尔这个人，比如知道他如何与植物、与山川、与他人打交道，他有怎样的朋友圈，特别是了解他作为一名博物学家在野外是如何"工作"的。

在问答环节与听众的互动中，周奇伟指出，我们今天所处的是一个离自然越来越远的时代，正如缪尔在 19 世纪的美国试图通过自己的文字和行动呼吁大家，在城市化进程不断破坏自然的过程中，应当保留一些纯自然的风光作为人们心灵的归属之地。在现代化社会高速发展的今天，我们呼吁重读缪尔，重新关注他的博物学思想、博物学的研究方法，乃至整个自然生态文学，也有类似的考虑，希望阅读缪尔能够为今天反思自然对于我们人类的意义提供一个契机。刘华杰也指出，今天重提博物学是对现代性的一种反思。在现代世界，凡是涉及认知的事务，话语权一直牢牢掌握在科学家手中，缪尔的例子很好地提醒我们，真理并非仅仅存在于科学界，无论是博物学家还是普通百姓，大家关

于自然和世界的零碎的感知和认知也值得被尊重。

最后，周奇伟、刘华杰、杨莎分别回答了听众关心的问题。主持人姜虹预告了 3 周后第 14 次活动的主题及主讲人。

（北京大学哲学系博士研究生赵梦钰供稿）

第 14 次"博物·生态讲书会"

2022 年 1 月 22 日，第 14 期活动，主题是美国历史学家欧格尔维（Brian W. Ogilvie）的学术专著《描述的科学：欧洲文艺复兴时期的自然志》（*The Science of Describing: Natural History in Renaissance Europe*），也可译作《描述性的学问：文艺复兴欧洲的博物学》。主讲人为本书中文版译者、清华大学科学史系助理教授蒋澈，点评人为复旦大学英文系副教授包慧怡，主持人为北京林业大学教授徐保军。本次活动海报由北京大学哲学系博士研究生官栋訢设计，微信推送由北京林业大学马克思主义学院硕士研究生高郡排版。

《描述的科学》英文版由芝加哥大学出版社于 2006 年出版。作者欧格尔维为芝加哥大学史学博士，现任马萨诸塞大学阿默斯特分校历史学教授，主要研

究领域为科学史、宗教史、文艺复兴与近代早期欧洲。本书通过挖掘和考察这一时期的博物学出版物、通信手稿以及图像材料等多种类型材料，勾勒了文艺复兴时期博物学的全貌，重构了文艺复兴时期自然志的发展历程。英文版出版后不久，上海交通大学吴燕博士便在《我们的科学文化》中撰写了介绍。在英文版问世15年后，其中文版由北京大学出版社于2021年8月出版。译者蒋澈为北京大学哲学系科技史专业博士，现任清华大学科学史系助理教授、科学史系副系主任，主要研究领域为自然志史、西方前现代与现代早期科学史、科学编史学。他的著作有《从方法到系统——近代欧洲自然志对自然的重构》（商务印书馆，2019），译作有《走兽天下》（北京大学出版社，2011）等。

在讲座的开始，蒋澈首先对本书英文副标题中"natural history"的译法进行了说明。这里的"natural history"就是博物学，中译本中的自然志、自然志家、自然志学等相对比较陌生的译法，实际上指的就是博物志、博物学家、博物学，他在接下来的分享将采用读者更为熟悉的"博物学"的表述。

蒋澈接着介绍了《描述的科学》的结构，他认为这部作品为文艺复兴时期博物学绘制了一幅史学地图。蒋澈提炼出书中三个核心关切，并围绕以下三方面对本书前半部分第二、四以及第五章的内容进行了分享：（1）文艺复兴时期对博物学发展来说有何重要性？这个术语指示的代表性的博物学家都有谁？（2）为什么本书用"描述"来刻画文艺复兴博物学的特点？（3）当我们谈到文艺复兴博物学，文本、图像、传说、草药、腊叶标本、植物园、通信、旅行这些关键词指向的多种类型的历史材料以及衍生出的问题值得史学家关注。

蒋澈首先从书的核心论题谈起，介绍了文艺复兴时期博物学主要的知识背景和最为相关的思想史话题。文艺复兴时期博物学对于"描述"的追求有着五个方面的背景：（一）人文主义的文化运动；（二）同时代对经验主义和事实的强烈兴趣；（三）收藏和好奇心文化；（四）科学社交与新型科学组织的出现；（五）文艺复兴"世界观"的棘手问题。接着，蒋澈谈及文艺复兴博物学家的"经验"观。不同于强调一时一地对特殊事物进行特殊记录的科学革命时代的"经验"观（以早期英国皇家学会为代表），文艺复兴时期博物学家的"经验"观更为复杂，他们有时候会把对单个动植物的观察记录当作经验，但有时又倾向于把长期反复的观察视为经验。与此同时，他们还区分了亲身的一手经验和间接的二手经验。

蒋澈接着介绍了文艺复兴的博物学家群体。首先，从时间上来看，欧格尔维主要依据植物学对1490年到1620年之间的130年进行分期，每隔约30年为一代，划分出了四代文艺复兴博物学家。第一代（1490—1530）是医学人文主义者和考订家，这一时期最具代表性的博物学者是列奥尼切诺（Niccolò Leoniceno，1428—1524）；第二代（1530—1560）是初代植物志作家，到1560年，作为一门学科的博物学已经固定为一门学科。格斯纳（Conrad Gessner，1516—1565）是这一时期最具代表性的博物学家；第三代人（1560—1590）是编目家和收藏家，16世纪下半叶被认为是近代博物学的全盛时期；第四代（1590—1620）叫作系统化的研究者，代表人物是卡斯帕尔·博安（Caspar Bauhin，1560—1624，也译作鲍欣或鲍因）。

当我们聚焦到博物学家共同体，接下来关注的问题是：这些文艺复兴时期的博物学共同体是如何理解自己所从事的事业？对当时的博物学家而言，博物学是一个历代不断增加知识、大家不断合作的事业。合作则涉及博物学家工作标准化的问题。个体观察者的成果需要被标准化，才能为集体的研究所使用。也就是说，描述要想变得有用，就必须使用共同的语言，遵循共同的格式。在这一过程中，博物学家需要被规训：他们要为这个共同体想象出一个理想的社会空间，把自己想象成这个理念上的共同体的成员，在一种理念的学科边界之内从事博物学活动，并对共同体的研究活动有献身感。这里所说的博物学活动包括植物采集、长途旅行、通信和交换等。通过这些活动和途径，文艺复兴时期博物学逐渐融为一个共同体。

成为一个共同体的博物学家所要做的工作是发展出一套新的观察和描述技术及方法——我们称之为观察的技术（technology of observation）。蒋澈图文并茂地介绍了欧格尔维在书中展现的文艺复兴时期第二代以来的博物学家所使用的主要物质和非物质的观察工具，包括植物园和腊叶标本集、个人的田野笔记、言辞描述等文本描述以及绘画图像。蒋澈特别谈到了与标题直接相关的"描述"这一概念。狭义的描述，即文字的描述。文艺复兴时期博物学家对于自然物的描述要混合多层的经验，其中既包括博物学家的直接观察，也包括博物学家的记忆，还有用语言或图像作品表达的集体经验。最后，蒋澈介绍了16世纪后半叶以来，文艺复兴时期晚期博物学走向了较为系统的分类学工作。这一时期最具代表性的博物学家有切萨尔皮诺（Andrea Cesalpino，1519—1603）和扎卢然斯基（Adam Zalužanský ze Zalužan，约 1555—1613）。蒋澈建议听众通过阅读这本内容极为丰富的作品，探索如今我们既熟悉又陌生的文艺复兴时代。

在点评环节，包慧怡就自己对蒋澈报告中感兴趣的几点进行了词源学角度的补充说明。首先，包慧怡从"描述"一词入手进行阐发。"描述"一词的英文 description、意大利文 descrizione 来自中古拉丁文的 descriptio。值得注意的是，在拉丁文学中，这个词本身是修辞学的一个术语，指的是白描的写作方式，即把一件物品从头至尾巨细靡遗地进行类似工笔画的勾勒。中世纪拉丁文语境中，在 mappa、tabula 等词之外，地图也通常被称为"descriptio"。包慧怡将博物志或者说自然志的书写理解成一种为万物制图的方法，这个过程也就是在描绘一幅物种地图，这是一种制图学的努力。另外，她提到，在博物志的写作中，"描述"自然物这项活动是博物学从业者用拉丁文这种在共同体内达成共识的语言进行写作。早期博物志主要使用拉丁文进行书写，恰好构成了今天博物爱好者接触这些文本的一个语言难关。包慧怡认为，当人类描述万物的语言成为一种后巴别塔式的存在，统一

地使用拉丁语书写博物志正是为了防止混乱和尝试重建一种规范。她特别谈及植物名称可能存在的问题。有时候一种植物不止一个名字，即使用拉丁语学名，也可能有拉丁文别称，这容易产生混淆。比如今天常见的金盏花，其英文是"marigold"，拉丁名是"calendula"，译为日历花，意思是每个月都盛开的花。另外，它还有拉丁文别名"solsequium"，意思是随日而转的花，这一别名是对金盏花习性的描述，但这也引起了许多误解，因为随日而转的习性容易让人将它和向日葵搞混。这个例子说明了博物学这项集体事业需要各国从业者使用共同体所认同的一种语言进行描述活动，这是一个先决条件，也是今天的研究者需要啃的一块硬骨头。

另外，欧格尔维认为腊叶标本起源于中世纪的虔信手册（devotional manuals），包慧怡认为二者之间的联系颇为有趣。她指出，中世纪的很多朝圣是一项收集标本和纪念物以及神工（Opus Dei）的活动。相应的，腊叶标本的制作类似于一种旅行纪念物的自然主义再现。正如作者所言，腊叶标本的收集是一种扩展记忆的工具，就像朝圣之旅将空间神圣化一样。包慧怡认为这一点对于理解植物志或者自然志的工作原理十分重要。自然志和任何历史写作一样，既是

一种收集工作，也是一种记忆术，这一点无论是对理解这本著作还是对博物学这门学科都具有启发意义。另外，包慧怡简要回顾了自古典古代的亚里士多德、老普林尼到中世纪的大阿尔伯特（Albert Magnus，约1200—1280）以及伊西多尔（Isidore of Seville，约560—636）以来的博物志写作传统，并引入对西方影响巨大的"存在的巨链"（Great Chain of Being）的概念，对本书第三章的思想史进行了精彩的延伸补充。此外，包慧怡还从词源的角度对花园等意象进行了精彩拓展，并简要对比了中世纪和文艺复兴时期的博物学。

在问答环节，蒋澈和包慧怡对听众所关心的问题进行了耐心解答。本次读书会是2022年春节前夕的最后一期活动，活动圆满成功。

（北京大学哲学系博士研究生赵梦钰供稿）

博物学文化专业委员会 2021 年推荐书单[*]

（中国自然辩证法研究会博物学文化专业委员会）

1.《彼岸》，古尔德著，顾漩译，商务印书馆，2021（高郡）

《彼岸》是博物学家古尔德生命观念文集的末卷，是一位百科全书式传奇人物在生命最后时刻留给后人的科学随笔集。古尔德既是科学内行，又有着历史学家的眼光。科学家的知识维度、博物学家的自然情怀、文学家的流畅笔触、历史学家的创作尺度都体现在了古尔德的作品中。《彼岸》以生物演化为中心主题，运用叙事的写作手法，以别样的视角讲述了科学史上数十位传奇人物鲜为人知的经历，成为科学内涵与人文色彩完美辉映的典范。

2.《刺猬、狐狸与博士的印痕》，古尔德著，杨莎译，商务印书馆，2020（杨莎）

本书可算作对威尔逊《知识大融通》一书的回应。古尔德认为威尔逊误解且错用了他很喜欢的"融通"一词，也不

---

[*]　收录图书出版时间限于2020.01.01—2021.12.31。只收录二阶作品，涉及历史档案、日记时可例外。按书名音序排序。每条中各项顺序：书名，原作者，译者，出版社及出版时间。

同意后者提出的通过将人文学科还原、归入科学来融通的路径，而是认为科学与人文学科处理的是不同的问题，且各有所长，两者应平等共处，携手合作。古尔德本人算是博物学家，因此在讲述历史上的科学与人文学科关系、两者融合的成果等主题时都借助了博物学史上的例子。作为古尔德的遗作，本书融合了他在不同领域的丰富学识，书中处处有珍珠可采撷。

3.《达·芬奇的贝壳山》，古尔德著，傅强、张锋译，商务印书馆，2020（熊姣）

本书共收录了斯蒂芬·古尔德的21篇科学史随笔，分为6个主题：艺术和科学、科学家传记、史前史、人类历史事件、演化论。其中每篇都可以独立出来，作为一个耐人寻味的小故事来讲述。达·芬奇、欧文、画家透纳……史上有名的和曾经有名的，谁才是历史学家真正应该关注的？何谓"重要的错误开端"？古尔德的著作充满智慧火花，多用比喻和双关语，行文幽默而生动。不单科学史家可以从中得到灵感，开辟出许多新的研究进路，普通读者也会觉得科学史如此好玩，与我们的生活从未远离。

4.《大自然的收集者》，雷比著，赖路明译，商务印书馆，2021（官栋訢）

本书基于华莱士的信件、笔记等一手文献，为读者重现了这位传奇博物学家的一生及其博爱的人文关怀。传记作家彼得·雷比以生动的文字描写了华莱士对自然的广泛兴趣和相关的博物学实践，尤其是他先后在亚马孙、马来半岛的几次探险和考察。作者通过丰富而详实的细节，使读者在字里行间获得身临其境的代入感，体会面对大自然时的兴奋和感动。同时，本书还着重描写了华莱士与其学术竞争对手达尔文间微妙而有趣的关系，并探讨了社会上对达尔文作为自然选择理论提出者的种种质疑。

5.《地方与无地方》，雷尔夫著，刘苏、相欣奕译，商务印书馆，2021（赵梦钰）

《地方与无地方》是英国人本主义地理学家爱德华·雷尔夫最重要的著作，也是人本主义地理学鼎盛时期最具代表性的作品之一。本书运用现象学的观念与方法，首次对"地方"展开系统而综合的分析，是"地方研究"（place studies）领域开山鼻祖式的经典文本。地方将人的自我、共同体与大地三者联系起来，也将地方性、特定性、区域性和世界性连接在了一起，字里行间闪烁着人本地理学的人文关怀。对于我们每个人如何与世界相连，以及世界如何与每个人相连，地方提供了一个亲近且特定的基础，而且地方与无地方以并非绝对对立，而是充满矛盾性的交织形成张力，这也是我们理解上述连接的重要角度。

6.《地球法理》，伯登著，郭武译，商务印书馆，2021（双皓）

《地球法理：私有产权与环境》是一本从生态中心主义出发，分析规范的人与地球共同体协同关系的著作。本书的作者彼得·博登是一位环境法学者，他认为，现存法律中的私有产权概念建立于人类主宰自然的观念之上。考虑到如今的环境危机，人类必须转变这种观念。因而他强调地球法理，把生态而不是人的权威作为法律合法性的依据。博登从法律和文化、环境损害的关系入手，论述应将法律从人类中心主义立场转向生态中心主义立场。人类是地球共同体的一分子，自然不是法律中的客体，而是主体。

7.《草木花实敷：明代植物图像寻芳》，张钫著，广西科学技术出版社，2021（王钊）

明代是中国各类技术繁荣发展的时期，在这一阶段中国的植物知识也取得了长足的进步。这本书着眼于当时丰富文献中的植物插图，通过这些图像的研究连接起了博物学与艺术之间的交流与互动。这些悦目的植物图像并不仅仅是对传统的继承，它们在明代发生了许多新的变化，其中既有对传统药图的革新，也有从"救荒"思想中产生的新门类；手绘的彩色药图也在这个过程中成为博物画者手中的本草学，通过精细的造型和赋色艺术，植物绘画和本草绘图这两种不同功用的图像艺术又似乎融合在了一起。以上这些变化，不仅展示出明代植物图像的多元化，也体现出在图像生产过程中不同阶层自热知识的互动。传统博物学知识逐渐蜕变为文本考证而远离实践和观察，也使得文本对应的图像逐渐失去了实际指导价值，因而明代植物图像在多元发展过后，并未形成自身的体系而是逐渐成为文字的陪衬。

8.《花神的女儿：英国植物学文化中的科学与性别（1760—1860）》，希黛儿著，姜虹译，四川人民出版社，2021（姜虹）

加拿大女性主义学者安·希黛儿（Ann Shteir）的著作《花神的女儿》探讨了18、19世纪之交一百年间积极投身植物学文化的女性，撰写了一部英国

"植物学的女性志"。性别化的植物学文化曾为女性打开了植物学的大门,她们普及和传播植物学、绘制插图、采集和收藏标本、从事研究等,但同样的性别观念在科学职业化和专家文化中却阻碍了女性,将其边缘化。希黛儿以翔实的证据展示了女性为植物学、博物学文化贡献良多,让人们重新正视人类与植物交互的多样性,也启发我们反思科学世界图景,以实际行动丰富我们的生活世界。

9.《吉尔伯特·怀特传》,梅比著,余梦婷译,商务印书馆,2021(余梦婷)

怀特凭《塞耳彭博物志》一书留名后世。这是一部人类自然观发展过程中的经典文本,影响了达尔文、柯勒律治、伍尔夫等各领域的大家,仅19世纪的70年间,就涌现出一百多个版本。当时,怀特的生活方式是英国人应对现代化冲击的一剂良方,而怀特的形象也逐渐神圣化。理查德·梅比通过解析文献、书信、档案等史料,用丰富、有趣的故事,还给读者一个立体、亲切的怀特形象。他是兴致勃勃的牛津学生,严肃认真的教区牧师,也是受人尊敬的乡村绅士;他会为工作升职烦扰,也会为耕种丰收欣喜;独处的寂寥、亲友相聚的热闹都是他的人生经历。当然,书中最令人艳羡的,是怀特作为一个阿卡迪亚式博物学家所独有的那份自在平和。他对生活的热情,他对自然的热爱、亲近和观察,直到今天,仍值得我们仿效。

10.《寂静的春天》,卡森著,熊姣译,商务印书馆,2020(熊姣)

这部著作自诞生之初就被认为言过其实、危言耸听。事实上这本书之所以能经过时间的检验成为经典之作,恰恰是因为书中描述的"寓言式"的世界,至今也未成为现实。但正如卡森所说,这个"寂静的春天"并没有真正出现在世界上任何一个国家,然而在世界上任何地方——哪怕远离现代文明的偏远角落——都有局部现象正在上演。化学制剂或许改换了面貌,但依然在日复一日、年复一年地累积,悄无声息成为"正常"世界的一部分,融入我们乃至未来人类的血脉之中。我们始终茫然无知地生活在这种令人细思极恐的困境之下——在雪崩来临之前,甚至听不出细微裂纹出现的声音。

11.《空间、知识与权力》,克莱普顿、埃尔顿著,莫伟民、周轩宇译,商务印书馆,2021(赵梦钰)

本书是一部讨论福柯与空间、场所和地理学问题的论文集,全书较为全面地展现了福柯与地理学问题的接触以及地理学对福柯的接触，并提供了关于福柯与地理学之间关系的一系列质疑、鉴别、批评和发展。书中收录了福柯 1976 年参加法国《希罗多德》杂志访谈时所提出的一系列关于地理学的问题，及与之相关的若干讲座和文章；同时也精选了一系列来自英语学界和法语学界的地理学家、哲学家和社会科学家与这一话题相关的讨论。他们从各自领域出发，对福柯关于知识与权力的讨论中所涉及的空间性问题及其延伸应用进行讨论，涵盖了女性主义、后殖民主义、优生学等丰富的主题。

12.《描述的科学：欧洲文艺复兴时期的自然志》，欧格尔维著，蒋澈译，北京大学出版社，2021（邢鑫）

基于对文艺复兴时期博物学（自然志）出版物、手稿、通信乃至图像等不同类型材料的广泛挖掘，科学史家欧格尔维揭示了 15、16 世纪的欧洲博物学家如何通过融合医学人文主义、语文学及自然哲学三大不同的古典知识传统，打造一门描述自然物的新科学，形成了一个跨越国界、阶层、信仰的学术共同体。从意大利医生列奥尼切罗到瑞士的鲍欣兄弟，数代博物学家不再局限于普林尼等古典文本的解读，开辟了大学之外如植物园、博

物馆等新的知识生产空间，发明了如制作腊叶标本等一系列观察、记录动植物的新方法。林奈等人正是沿着他们的道路确立了新的自然秩序。

13.《〈山海经〉的世界》，刘宗迪，四川人民出版社，2021（王钊）

在大多数人眼里《山海经》似乎是一本讲怪力乱神的荒诞之书，书中有着各种叫人脑洞大开的神仙鬼怪，由此它被称为"志怪"之祖。但在《〈山海经〉的世界》这本书中，作者给了读者完全不一样的解读：《山海经》不仅不荒诞，而且是古人朴素观察描述的记录，书中的许多怪物都是现实中出现的动物，就连可以给人间带来灾祸的妖怪，也都源于古人在灾害出现时观察到的动物行为。古人以其博物学方式进行的记录因时间的隔离逐渐为后人所不解，最终使得一本地理博物志转变为志怪小说。而这本研究著作能带领读者回溯源头，重新了解《山海经》怪诞外表下朴素的古人智慧和思想。

14.《什么是环境史》，刘翠溶，三联书店，2021（姜虹）

本书是三联"乐道文库"中"什么是……"丛书之一，邀请著名的环境

史学者刘翠溶先生为年轻学生撰写的环境史入门书，介绍了环境史的概念沿革和学术史，涵盖了国内外环境史研究先驱的主要成就、当下的前沿理论和关注热点等，分别从环境与人口、经济、社会、政治、文化、疾病等几个重要方面的交互进行了阐述，读者可以通过本书对环境史有概括性的了解。美中不足的是，本书对国内学者研究成果的评述相对较少。

15.《生态美学引论》，程相占，山东文艺出版社，2021（张晓天）

生态美学作为二十世纪五六十年代兴起的美学研究新形态，包含着诸多复杂问题和多元化的理论成果。反思现代美学的根本缺陷，实现美学的生态转型，是生态美学研究的基本思路。《生态美学引论》以专题的形式，论述生态美学中的关键论题和国内外的美学立场，分析美学何以是生态的、美学与生态学如何合理联结、生态美学与环境美学的关系、生态美学的中国话语与东西方融合等问题。生态美学将人的存在理解为生态存在，将人与生态系统之间的审美互动作为理论基点，又从生态系统的生生特性出发，展开对审美价值的生态重估，并影响艺术观念。本书通过这些论题，考虑生态文明的理论内涵，反思如何更

理性地实现中国传统思想资源的生态转化和国际化，是极具启发性的美学思想史研究著作。

16.《丝路风云》，刘衍淮著，徐玉娟编，商务印书馆，2021（赵梦钰）

九十多年前，刘衍淮加入中国西北科学考察团，担任气象观测生，参与了这次史无前例的科学考察，后来他成为中国气象事业的开拓者和气象教育的奠基人。这部西北考察日记是一份珍贵的气象科考观测日志，它弥补了一直以来西北科考中气象资料的缺失。在今天看来，整理出版这部考察日记更为重要的价值在于其中丰富的历史纪实，这些内容无论是对于当年科考团的学术史、西北地区的社会风情，还是新文化运动以来北大学生的精神风貌，都是一份珍贵的遗产。

17.《探赜索隐：博物学史》，安德森著，冯倩丽译，上海交通大学出版社，2021（杨莎）

这是一本面向博物学爱好者的西方博物学通史著作。在安德森的笔下，历史上那些著名的或不那么著名的博物学家不只在书斋里著书立说，还进行了许多传奇曲折、引人遐想的探险：从亲自解剖海洋生物的亚里士多德，到跟随"贝格尔号"远航的达尔文；从与学生威路

比同游欧洲的约翰·雷，到与好友贝茨共探亚马孙雨林的华莱士；从前往南美绘制昆虫的梅里安，到漫游林间领悟生命本质的梭罗……安德森将他们的经历娓娓道来，绘就了一幅波澜壮阔、令人神往的博物学探索画卷。

18.《威廉·华兹华斯传》，吉尔著，朱玉译，广西师范大学出版社，2020（徐保军）

华兹华斯是英国浪漫主义诗人的重要代表，也是"湖畔诗人"的领袖。作者斯蒂芬·吉尔在《威廉·华兹华斯传》中试图呈现华兹华斯璀璨缤纷生命的不同阶段：生命之初、行道中流、迟暮之年。自然是诗人思考的重要灵感和素材，在经历了对法国大革命满怀热情到失望批评的心路历程之后，华兹华斯遁迹于山水，在对自然风光、平民生活的描述中，思考着"进步"与"速度"，坚守着"朴素生活，高贵思考"的信念，探寻着人生的意义。

19.《为自然书籍制图》，楠川幸子著，王彦之译，浙江大学出版社，2021（邢鑫）

图像向来在自然知识生产中扮演不可缺少的角色。楠川幸子的研究借助书籍史、图像研究等新视角，以文艺复兴时期富克斯的《植物史论》、维萨里的《人体的构造》两种出版物及格斯纳的《植物史》手稿为案例，探讨了图像如何被运用在科学论证中、与文本一道介入知识新旧权威的斗争中，突出展示了16世纪包括插图在内的书籍制作工艺、传播方式等技术、社会条件与博物学领域视觉经验的生产、流传之间的复杂互动。书内有不少精美插图，装帧雅致，为该书添色不少。

20.《维多利亚博物浪漫》，梅里尔著，张晓天译，中国科学技术出版社，2021（张晓天）

维多利亚时代堪称英国博物学的黄金时代。人对自然的观念在这一时期发生改变，对珍奇性的尊奉和对自然精细特性的迷恋形成了一种博物狂热，并在语言和社会行为层面深刻地影响了维多利亚时代的文化。《维多利亚博物浪漫》将博物学看作一种文化现象，从博物的积极力量、公众兴趣与文化表现、语言和叙事、博物馆和显微镜这些角度出发，指出博物学的立场介于科学与文学两种文化之间，博物学接触自然的方式对这两种文化都兼有涉及。书的前五章专题性地概述了英国维多利亚时代博物学的宏大流行，后五章则详细讲述了巴勒斯和拉斯金、拉斐尔前派、戈斯、金斯莱、米勒等维多利亚时代具有代表性的博物学家或艺术团体的故事，是从文化史进路研究博物学史的独特著作。

21.《西方生态美学史》，程相占等，山东文艺出版社，2021（张晓天）

西方生态美学以生态审美为研究对象，利用生态知识建构美学理论，诞生背景正是日益加剧的全球性生态危机。《西方生态美学史》较为系统地叙述了西方学术界从1949年到2019年的生态美学理论，指出西方生态美学的理论萌芽是1949年利奥波德的大地美学，正式发端是1972年米克的生态美学，并按时间顺序对之后勒班陀、卡尔森、高主锡、伯梅、戈比斯特、罗尔斯顿、普瑞格恩、克拉克、林托特和迈尔斯的学术研究与思想渊源进行了考察与评价。本书从宏观层面将西方生态美学的整体特点和发展规律描述为三种建构路径：哲学思辨路径、生态艺术理论路径、环境设计实践和管理路径，并补充了法国、意大利、西班牙和俄罗斯等其他外语世界的生态美学发展情况，是一本较为全面的生态美学史综述著作。

22.《寓兴：花木的图像史》，王中旭，上海书画出版社，2021（王钊）

在博物学图像日益受到关注的今天，越来越多介绍西方动植物的科学绘画图书被引介到中国，而我们民族艺术中深厚的博物学传统却很少被人关注。这些博物元素在传统花鸟画中被以各种形式和风格呈现出来，但它们与现代意义上力求科学严谨的科学绘画完全不同，中国传统的博物绘画更讲究美学和文化寓意。《寓兴：花木的图像史》正是对中国植物图像的一次探索性研究，作者敏锐地抓住了中国传统绘画在描绘植物时讲究寓意和抒情的特征——花木在图像中的造型、色彩乃至神韵都是为了更好地传达"寓兴"这一目的。通过这本著作我们可以一路追随中国花鸟画艺术的发展历程，细细品味花木图像在其中的演变。

23.《植物与帝国》，施宾格著，姜虹译，四川人民出版社，2020（姜虹）

斯坦福大学女性主义科学史家隆达·施宾格（Londa Schiebinger）在《植物与帝国》中围绕看上去名不见经传的植物"金凤花"，探讨了重商主义下殖民扩张中的女性身体、性别政治、医药学、知识传播、本土文化、语言帝国主义等殖民地植物学所涉及的丰富主题。作者引入"无知学"的方法论体系，探讨了金凤花等殖民地植物本身及其相关知识的传播，阐释了知识体系的构建以及文化因素导致的无知，回答了"我们不知道什么？为什么不知道？"的问题。

24.《自然的大都市》，克罗农著，黄焰杰译，江苏人民出版社，2020〔余梦婷〕

城市与乡村、人类与自然、生产与消费这些二元对立的元素，实际上共同构筑了一个完整的世界。这个看似有些空泛的论断，被《大自然的都市》用一系列故事填充得无比饱满。短短二三十年间，芝加哥就从草原上的商业贸易站发展为大都市，成为集各种罪恶和蓬勃生命力于一体的梦想之城。作者围绕粮食、木材、肉类等商品的流动，讲述了芝加哥与美国大西部的复杂关系，从城市发展的角度，重新看待美国传统的"边疆"，对不同人面对芝加哥时的心理状态，也刻画得入木三分。作者用接近日常交流、便于读者理解的友好笔触，呈现了一部环境史、经济史的佳作。

第五届博物学文化论坛综述[*]

徐保军、高郡（北京林业大学，北京，100083）

Summary of the 5th Cultures of Natural History Forum

XU Baojun，GAO Jun（Beijing Forestry University，Beijing 100083，China）

2021 年 10 月 23 日至 24 日，第五届博物学文化论坛在北京召开，本届论坛由中国自然辩证法研究会博物学文化专业委员会、《博物》杂志、国家动物博物馆、中国科学院《自然辩证法通讯》杂志社联合主办。因疫情防控需要，本届论坛严格控制线下参会人数，首次采用线上同步直播的形式，当日观看直播人数达 81 600 多人次。10 月 23 日的论坛主要由上午的大会主报告与下午的两个分论坛构成，报告议题涵盖中西博物学史、博物学文化、生物多样性保护、博物学实践、博物出版、文学与博物学等，共计 18 位学者做了相关分享；24 日，

* 项目支持：北京林业大学一流学科建设项目"生态文化的建构与传播路径探索"（2021XKJS0212）；北京市重点建设马院项目首届思政课（含课程思政）教学重难点问题研究项目"《自然辩证法概论》课程吸引力提升路径研究"（JXZNDWTYJXM202206）。

与会人员自行参观国家动物博物馆。

论坛开幕式于 10 月 23 日上午 9 时在中国科学院动物研究所召开，《博物》杂志主编许秋汉、国家动物博物馆常务副馆长张劲硕、中国自然辩证法研究会副理事长刘孝廷、《自然辩证法通讯》副主编王大明依次为本论坛致辞。许秋汉发出让《博物》杂志为社会和博物学事业做出更大贡献的愿景；张劲硕认为，博物馆与博物学有着深刻渊源，博物馆教育不仅是要孩子有渊博的知识，更希望他们有博爱的情怀；刘孝廷教授明确指出了在祖国山河大地上研究博物学的重要性；王大明指出，在疫情时代的背景下，微生物应该作为博物学中的重要部分受到关注。北京师范大学哲学院副院长冯伟光、国家动物博物馆前馆长孙忻、商务印书馆大众文化编辑室主任余节弘等人与会，开幕式由博物学文化专业委员会主任徐保军主持。值得一提的是，本届博物学文化论坛适逢联合国生物多样性大会（COP15）在昆明召开，开幕式当天又恰逢威尔逊（E.O. Wilson）倡导的"半个地球日"（Half-Earth Day），近年来博物学文化论坛倡导的"博物理念宣言"同后二者提出的"共建地球生命共同体"、生态保护在理念上完全一致。本次论坛也期待未来中国博物学能够立足自身理论和实践发展，为中国的生物多样性保护、地方传统文化、公民博物路径乃至生态文明建设等提供思考和借鉴。

一、大会主报告："走向第二开端的博物学"及其相关命题

大会主报告的一个重要议题是探讨未来中国博物学文化发展的相关命题。北京师范大学刘孝廷、北京大学刘华杰、中科院动物研究所解焱、四川大学王钊分别从博物学文化的当代价值、推动中国博物学文化发展的命题、生物多样性保护、清宫绘画中的动植物形象等角度做了精彩分享，大会主报告由张劲硕主持。

在以"走向第二开端的博物学"为题的报告中，刘孝廷教授以"新末世论"为引，简述了当代世界面临的核威胁、环境底线突破、灾害频发等诸多危机，基于此发出"霍金的三个预言都涉及人类的未来，是在警告还是提醒？"的疑问，随后指出人类文明面临拐点时刻，博物学可以有所作为，在存在论层次，博物学坚持建设性立场，承认生物多样性与万物一体；价值论层次，讲究各方都有好处；方法论层次，建设性主张"美美原则"；行动论层次，要求强者加强自我约束和对弱者

适度改善，进而提出，当下应该坚持博物学的建设性纲领，开展博物教育，等待博物学第二开端的到来。

作为中国博物学文化复兴的重要人物，刘华杰教授则结合近年来中国博物学文化发展的成绩和需求，以"推动当下中国博物学文化发展的几个命题"为题做了报告，从博物学与自然科学的"平行论"、中外博物之差异、博物视野与活动阶数、地方性知识生产、公民博物与生物多样性、博物出版、中国古代博物学史的重构七个方面阐述、探讨了博物学的定位与价值，强调博物学过去、现在、未来均平行于科学，它更关注人类的"生活世界"而非"科学世界"，博物学编史概念也亟待更新，应该鼓励公民博物，在拓宽博物视野的同时坚持"自然以自由"信念、抓住机遇投身博物实践，同时也指出了未来博物学文化发展的潜在方向，强调要加强地方博物手册的出版和世界范围内博物文化的引进，以及注重重构中国古代博物学史。

世界自然保护联盟物种生存委员会（IUCN/SSC）执委、中国科学院动物研究所解焱在报告中首先介绍了生物多样性保护的历史和现状，包括"生物多样性"一词的由来、全球面临的生态危机和困境；接着运用数据说明了中国20年来在生物多样性与生态保护方面取得巨大成就，中国案例可以为全球提供参考；最后指出，要解决"生物多样性状况"与"人类活动压力"之间的矛盾，"急需做出变革性改变、建立起危机与每一个人和国家之间的相关性"，采取有力行动。

四川大学的王钊老师则以清宫物候节令主题绘画为例，讲述了物候现象是如何由实际观察记录逐渐演变为物候文化，并被应用于文学艺术创作，以及在物候现象脱离实际变得模糊与混淆的过程中，动植物形象是如何成为标志性的物候图式，由此得出结论：这些清代宫廷节令物候绘画作品可以清晰地反映出当时人们对物候现象的真实了解程度。

二、分论坛：编史学反思、案例研究、文学与博物学、博物实践与教育

10月23日下午的报告在中国科学院地理科学馆进行，由两个分论坛构成，共计14场报告，内容涉及中西博物学史、人物评述、文本分析、文学与博物学、博物实践等多个议题，分论坛一与分论坛二分别由清华大学科学史系副主任蒋澈和《博物》杂志编辑部主任刘莹主持。

分论坛一的报告涵盖博物编史学反思、分类史研究、人物评述、案例研究等多个领域。

编史学反思方面，清华大学科学史系蒋澈在题为"'全球中世纪'编史学图景中的欧亚博物学史"的报告中，做出了三点阐述：第一，"全球中世纪"作为一种新近出现的编史纲领，"并非要将西欧的'中世纪'观念推广到其他文明，而是要使'中世纪'一语摆脱欧洲中心主义"，博物学在这一编史纲领下尤其具有可研究性；第二，中古的欧亚大陆普遍存在着对自然物的描述与解释体系，系统刻画这些自然物的解释体系，将有助于完整理解"全球中世纪"的知识史维度，并检验这一概念在编史意义上的有效性；第三，图像不仅是对自然物本身的一种描绘，还是一种解释行为，具有谱系和互文性，欧亚博物学史的研究要注意将图像等材料作为自然物解释体系加以考察。

分类史研究方面，北京大学哲学系的赵梦钰以老普林尼《博物志》第8—11卷中的 genus 与 species 为例，重点探究了老普林尼关于动物分类的思路和视角。她认为"人始终处在老普林尼《博物志》所构建的世界中心，人在自然中的活动以及与自然的互动是老普林尼所

关注的核心"。

同是谈博物学家，外语教学与研究出版社的何铭在题为"传播博物学思想的大师古尔德"的报告中，重点从"与人文元素无缝衔接、挑战持主流观点的大咖、毕生致力于批判生物决定论、毫不妥协地反对种族不平等"四个方面解答了"古尔德的传播力从哪里来"的问题，并且肯定了古尔德乐观博物的态度。北京林业大学的韩静怡从《宇宙之谜》的文本出发，认为海克尔作为"进化论的捍卫者"丰富并发展了进化论，他作为"一元论的倡导者"，虽然没有承认自己是唯物主义者，但认识到了机械唯物主义在当时的弊端，同时在对盛行的人类特殊说的批判中流露出"博物学家的自然情怀"。

案例研究方面，中山大学的程方毅通过对鞑靼羊和地生羊案例的讨论，展示了欧洲博物学在近代自然科学化与系统化过程中与中国的遭遇；西南大学的欧佳则根据湖湘地区出土的众多简牍，梳理了秦汉至西晋时期湖湘地区野生动物的生存与分布情况，为野生动物分布变迁的研究提供了重要参考；中科院自然科学史研究所的秦硕答则提供了中西方近代科学交流的典型案例"万卓志在中国的鸟类学研究"，梳理了万卓志在中国的鸟类考察活动及成果，并基于他

的鸟类学著作探究了他在中国鸟类学史上的独特贡献。

分论坛二的报告涉及文学与博物学、博物出版、博物实践、博物教育等多个话题。

文学与博物学的关系是近年来学术界的一个热点。在以"英国浪漫主义与博物学"为题的报告中，北京大学哲学系张晓天认为英国浪漫主义看待自然的方式与博物学密切相关，并且以雪莱的诗歌和英国浪漫主义时期的地质学为例分析了浪漫主义中的自然观念，说明英国浪漫主义自然文学把自然看作一种审美规范，是美和愉悦的持久源泉。厦门大学的侯学良强调了植物在文学作品中的重要作用，并尝试运用植物考据学、民族植物学等交叉学科的视角为文学植物的进一步研究提供新的思路与方法，基于此提出了划分文学植物类型的四个方案：植物分类学方案、文学方案、植物资源学与文学方案、资源植物学与民族植物学方案，并且以《受戒》为例，对方案的有效性进行了验证。

博物出版方面，博物爱好者罗晓图以"女性，蓝晒，英国藻类，与第一本摄影出版物"为题，介绍了运用蓝晒（Cyanotype）技术制作藻类图像、出版第一本摄影书籍《不列颠藻类：蓝晒印象》（*British Algae:Cyanotype Impressions*）的女性博物学家安娜·阿特金斯（Anan Atkins），肯定了她在科学、技术、出版和艺术等领域的贡献。

四川省青少年文联副主席刘乾坤介绍了成都开展的博物推广与实践，涉及课程、青少年实践、成人实践、传播和出版等内容；《博物》杂志的李聪颖分享了自己作为一名博物爱好者为《博物》杂志创作的历程与收获，展示了博物绘画作品创作过程中博物视野的妙趣，希望借此鼓励更多人开始自然观察与创作；洛阳龙门海洋博物馆馆长丁宏伟在题为"回归自然：博物教育的探索与实践"的报告中强调博物教育要重视整体性，强调层次性与多元性，并且善于利用不同的教育形态，开展不同场域的博物教育，达到博物教育的目的，并从博物教育的价值意蕴方面强调了博物教育对儿童身心、成长的重要性。天津的贾弘则以京津冀运河博物馆为切入点，介绍了自己在京津冀运河博物馆发展文旅的思路。

三、结语

历届博物学文化论坛的宗旨在于提供一个学术探究、实践研讨的平台，促进学术界及公众更好地理解博物学的历史、致知方式、文化特点及与生态文明建设的关系。博物学文化论坛举办五届以来，针对不同的背景和诉求，主题鲜明地推动了博物学文化事业的复兴、发展。比如，首届博物学文化论坛出于"复兴博物学"、理解"博物学意义"的目的，讨论了博物学文化多方面的内容，既涉及博物学的一阶工作和二阶工作，又包括西方博物学与中国博物学。此后，随着学界、教育界与传媒界对博物学的重视程度越来越高，为更好地引领大众认识和践行博物学，第二届博物学文化论坛的主题定位于当时广受关注的问题——博物出版与博物旅行。而第三届博物学文化论坛的一大亮点是首次加入了博物实践的要素，以"自然写作与自然教育"为主题，出于对生态文明与绿色发展国家战略的理解关注，结合"创新、协调、绿色、开放、共享"五大发展理念，从民间亲近自然的需求出发，畅谈生态文明建设和绿色发展理念。第四届博物学文化论坛在博物文化研究领域不断拓展与深化的背景下，立足于一阶博物实践与二阶博物研究并重的原则，以"究博物学内涵，扬新博物理念"为主题，为推动博物文化在国际、国内的交流迈出了坚实的一步。

本届博物学文化论坛的举办也有特殊的一面，尤其是近两年的"新冠"疫情在诸多方面改变了人们的生存生活方式，给人们带来很大困扰，这些困境与问题也提醒着人们，作为生命共同体中的一员，人应该如何和自然相处。而在新时代生态文明建设的大背景之下，尽管生态文明建设事业取得显著成效，但仍任重道远。生态文明建设非一日之功，客观审视国内、国际环境，生物多样性损失严重、生物资源遭遇破坏、生态赤字扩大等问题还没有完全解决，推动环境保护事业与生态文明建设取得长足进展，需要观念的转变，宣扬博物理念也可以为其增益。而解决好上述问题，宏观上关系国家战略、人类发展前景，微观上关乎个体的生存生活需要。因此，本届博物学文化论坛充分利用这一平台，探讨了人类生存危机、生物多样性保护、博物学的作为等问题，相信博物学文化会在鼓励人们热爱自然、珍惜人类生存空间、建设美好家园方面发挥正向作用，也期待博物学的存在及博物学文化的复兴能够为公众提供一种借鉴和可能性。

博物学文化 20 问

博物学文化专委会

编者按：博物学文化在中国已经讨论过一段时间，但是坦率地说，由于出发点不同、期望不同，学人通常各说各话，没有很好地相互碰撞。为了能适当聚焦，形成观点争鸣，展开深入的讨论，河南大学《人文》集刊曾于 2021 年底策划博物学专栏，并建议作者撰写文章时适当回答 20 个基础性问题，进一步论证自己的观点。"20问"只提供了若干讨论方向，并无标准答案。《中国博物学评论》转载相关问题，这里也欢迎学者撰写文章，发表见解。

1. 中国古代有没有博物学？西方的 natural history 与中国古代博物（学）有多大的差异，两者对译是否可行？

2. 中国古代讨论天地、动植物、环境问题与西方及世界其他地方讨论相关问题，有根本性的不同吗？

3. 博物之学是自然科学的一部分吗？相对于自然科学它是肤浅的科学、潜在的科学、前科学吗？

4. 如果博物学家（或叫"博物者"，中国早就有这些词语）有业余和专业之分，那么科学家是否有业余和专业之分？专业的博物者是否可算作科学家？

5. 达尔文被当时社会认为是科学家吗？

6. 科学史家皮克斯通在《致知方式》（中译《认识方式》）中，大量讨论博物学（natural history），它对"科技医史"的划分与自然科学四传统（博物、数理、控制实验、数值模拟）的划分有什么区别？优缺点是什么？

7. 说"博物学是完善的科学"，意味着什么？

8. 说中国古代没有科学却有博物学，意味着什么？

9. 博物学的历史与科学的历史相比，谁更长，或者一样长吗？

10. 博物学与自然科学存在与演化的"平行论"对于科学史研究意味着什么？

11. 可否用复兴博物学来部分平衡现代高科技带来的生态环境、竞争焦虑等问题？

12.F. 培根、布丰、达尔文在西方博物学发展史上的地位怎样？

13. 博物学家对于当代科学共同体而言并非好的头衔，跟科普一样几乎是肤浅的代名词，刚刚去世的 E.O. 威尔逊作为当代知名科学家为何将自传书名定为《博物学家》？

14. 中国古代哪些时期博物之学发展较快？

15. 如果列出中国古代博物学最著名的 10 名人物，可以考虑哪些人选？

16. "多识"之学就是中国古代的博物学吗？

17. 一定要写作才能成为博物学家（博物者）吗？

18. 西方中世纪和文艺复兴时期的博物学跟中国古代的博物学、西方 19—21 世纪博物学相比，相似性和差异如何？

19. 复兴博物学一定要建立新的博物学学科吗？ "博物 +"策略是否更好一点？

20. 博物学家（naturalist）与自然主义（naturalism）有何内在关联，博物学家一定是自然主义者吗？

（刘华杰，2021.12.27）